普通高校本科计算机专业特色教材·算法与程序设计

Java Web与JavaFX应用开发

——基于Oracle JDeveloper、Oracle DB XE与NetBeans实现

宋 波 编著

清华大学出版社
北 京

内容简介

本书以 Oracle JDeveloper 10g 与 Oracle AS 10g Container for Java EE 作为 Java Web 应用的开发与运行环境，介绍如何在上述两个环境下开发与运行 Servlet、JSP 等 Java Web 应用。同时，本书还介绍如何基于 NetBeans IDE 开发 JavaFX 应用。书中每章都有大量的实例，最后给出了基于 MVC 的 Java Web 应用的综合案例，以及 JavaFX 应用综合案例。本书还对重点实例阐述了编程思想并归纳了必要的结论和概念，并提供电子教案及实例源代码等配套教学资源。

本书可作为高等学校相关专业的教材，也可供自学者参考阅读。

图书在版编目(CIP)数据

Java Web 与 JavaFX 应用开发：基于 Oracle JDeveloper、Oracle DB XE 与 NetBeans 实现/宋波编著.
—北京：清华大学出版社，2022.10

普通高校本科计算机专业特色教材·算法与程序设计

ISBN 978-7-302-61475-3

Ⅰ.①J…　Ⅱ.①宋…　Ⅲ.①JAVA 语言－程序设计－高等学校－教材　Ⅳ.①TP312.8

中国版本图书馆 CIP 数据核字(2022)第 137532 号

责任编辑：郭　赛　常建丽
封面设计：傅瑞学
责任校对：焦丽丽
责任印制：曹婉颖

出版发行：清华大学出版社
　网　　址：http://www.tup.com.cn，http://www.wqbook.com
　地　　址：北京清华大学学研大厦 A 座　　**邮　　编**：100084
　社 总 机：010-83470000　　**邮　　购**：010-62786544
　投稿与读者服务：010-62776969，c-service@tup.tsinghua.edu.cn
　质量反馈：010-62772015，zhiliang@tup.tsinghua.edu.cn
　课件下载：http://www.tup.com.cn，010-83470236

印 装 者：三河市铭诚印务有限公司
经　　销：全国新华书店
开　　本：185mm×260mm　　**印　　张**：18.25　　**字　　数**：423 千字
版　　次：2022 年 10 月第 1 版　　**印　　次**：2022 年 10 月第 1 次印刷
定　　价：59.80 元

产品编号：097827-01

前言

FOREWORD

一、本书的定位

JavaFX是为了更好地满足现代GUI的需求与设计，而在JDK 8中推出的Java语言新一代GUI开发框架；Oracle DB 11g XE是Oracle公司推出的一个适用于中小型网站建设的优秀的网络数据库系统，具有大型Oracle数据库系统的基本功能，同时能够在个人计算机上安装、使用，具有小巧灵活、简单易学、快速安全等基本技术特征；Oracle JDeveloper是一个免费的Java EE集成开发环境（IDE），简化了Java Web应用的开发，解决了Java Web应用开发生命周期的每个步骤，JDeveloper为Oracle的平台和Oracle的应用提供了完整的端到端开发的解决方案；Oracle AS 10g Container for Java EE（OC4J 10g）是面向Java EE应用开发的Java EE容器，是Oracle Application Server最为重要的组成部分。

目前，单纯编写Java Web应用、JavaFX、Oracle DB XE、Oracle AS Container for Java EE以及Oracle JDeveloper的书籍较多，但是将这四者有机地结合起来又适用于Java Web应用开发的书籍却不曾见到。而且，四者所应用的软件都可以在Internet上免费下载使用，其实验环境的构建在单机与网络环境下都可以实现，具有软硬件环境投资少、经济实用、构建简单等特点，对各类高等学校的教学与实验都有很大帮助。本书在编写上体现了简单易学的特点，步骤清晰，内容丰富，并带有大量插图以帮助读者理解其基本内容，同时对内容的编排和例题的选择做了严格的控制，确保一定的深度与广度。书中每个例题都配有执行结果插图，并对源代码进行了分析与讨论。学习本书的读者应该具有Java语言程序设计的基础。

二、本书的特色

本书选择Oracle JDeveloper IDE与Oracle AS Container for Java EE作为Java Web应用的开发与运行环境，详细探讨了如何在这两个环境下开发与运行 Servlet、JSP 等 Java Web 应用。同时，本书还介绍了基于 NetBeans 开发 JavaFx 应用。书中每章都有大量的实例，最后给出了基于 MVC 的 Java Web 应用开发，以及基于 JavaFX 的综合应用案例。作者还对重点实例阐述了编程思想并归纳了必要的结论和概念。本书的电子教案及实例源代码等配套教学资源，均可以在清华大学出版社网站免费下载。

三、本书的知识体系

本书共 15 章，分为“Oracle JDeveloper 与 Java Web 应用开发”“Oracle DB XE 与 JDBC 应用开发”和“NetBeans 与 JavaFX 应用开发”3 篇。第 1 篇包括第 1～6 章。第 1～2 章介绍 Oracle JDeveloper 10g 这个强大的 Java EE IDE 与 Oracle AS 10g Container for Java EE 10g（OC4J 10g）的下载与安装、基本使用方法，以及如何将 Java Web 应用部署到 OC4J 中的基本原理与方法。第 3～6 章介绍如何在上述两个开发与运行环境下开发、部署，以及运行 Servlet、JSP 等 Java Web 应用。第 2 篇包括第 7～12 章，主要介绍 Oracle DB XE 基础知识与 JDBC 应用开发技术，Java Web 应用开发案例分析等内容。第 3 篇包括第 13～15 章，介绍 NetBeans IDE 的下载、安装以及基本使用方法，还介绍如何基于 NetBeans IDE 连接 Oracle DB 11g XE，以及 JavaFX GUI 程序设计与 JavaFX Media 程序设计等方面的内容。

本书从选题到立意，从酝酿到完稿，自始至终得到学校、院系领导和同行教师的关心与指导，特别是本书的责任编辑认真、严谨、热情的工作作风，为本书的顺利出版提供了有力保障。本书也吸纳和借鉴了中外参考文献中的原理知识和资料，在此一并致谢。由于作者教学、科研任务繁重且水平有限，加之时间紧迫，书中难免存在错误和不妥之处，诚挚地欢迎读者批评指正。

宋　波

2022 年 8 月

目录

CONTENTS

第1篇 Oracle JDeveloper与Web应用开发

第 3 篇　NetBeans 与 JavaFX 应用开发

第 1 篇

Oracle JDeveloper与Web应用开发

第1章 Oracle JDeveloper

Oracle JDeveloper是Oracle公司的一个免费的Java EE集成开发环境，简化了Java Web应用的开发，解决了Java Web应用开发生命周期的每个步骤。JDeveloper为Oracle的平台和Oracle的应用提供了完整的端到端开发的解决方案。本章将简要介绍Java 2企业版，重点介绍JDeveloper的下载、安装，以及启动方法，IDE编程环境以及怎样使用联机帮助，对开发过程中涉及的一些逻辑概念也将进行简要说明。

1.1 Java 2企业版

Java 2计算平台以Java语言为中心，其体系结构与OS无关，共有3个独立的版本，每种版本都针对特定的软件产品类型。

(1) Java SE(Java Standard Edition)

Java SE针对包含丰富的GUI、复杂逻辑和高性能的桌面应用程序。Java SE支持独立的Java应用程序，或者与服务器进行交互的客户端应用程序。

(2) Java EE(Java Enterprise Edition)

Java EE针对提供关键任务的企业应用程序，这些程序是高度可伸缩和可用的。Java EE是基于模块和使用Java语言编写的可重用软件组件，运行于Java SE之上。

(3) 微型版Java ME(Java 2 Micro Edition)

Java ME针对消费品市场。例如，移动电话、PDA(掌上电脑)、电视机的机顶盒，以及其他具有有限的连接、内存和用户界面能力的设备。Java ME使得制造商和内容创造者能够编写适合消费市场的可移植的Java程序。

1.1.1 Java EE体系结构

Java EE是一个标准的多层体系结构，适用于开发和部署分布式、基于组件、高度可用、安全、可伸缩、可靠以及易于管理的企业应用程序。Java EE 体系结构的目标是减少开发分布式应用的复杂性,以及简化开发和部署过程。Java EE 平台的简要体系结构如图 1-1 所示。Java EE 平台包含了创建一个标准 Java 企业应用的体系结构的设计模型,而这样的 Java 企业应用可以从客户层的消费者用户界面跨越到企业信息系统(Enterprise Information System,EIS)层的数据存储。

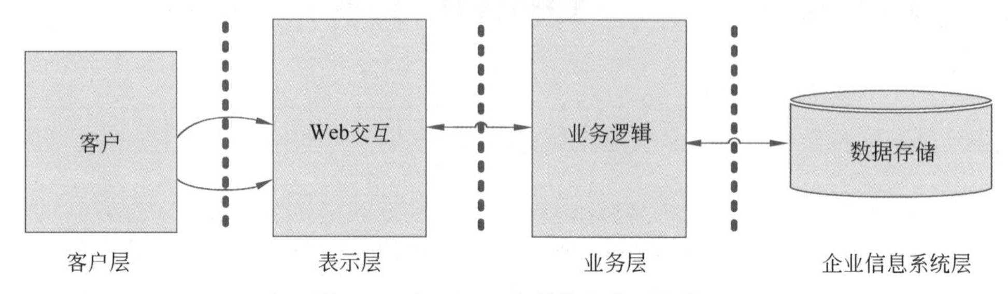

图 1-1 Java EE 平台的简要体系结构

Java EE 体系结构是一个多层、端到端的解决方案,这个体系结构横跨客户层到表示层、业务层,最终到达企业信息系统层。Java EE 体系结构将一个企业应用程序划分为 4 个层次,而这些层次被映射到在 Java EE 体系结构实现中处理特定的功能。

- 客户层——通常是一台桌面计算机,客户可以使用 GUI(图形用户界面)与程序进行交互。
- 中间层——由表示层与业务层组成,通常由一个或者多个应用服务器组成。服务器处理客户请求,执行复杂的表示形式和业务逻辑,然后将结果返回给客户层。Java EE 应用服务器提供两种类型的应用程序框架和网络基础架构,它们被称为容器。容器为 Java EE 平台支持的两种类型组件提供运行时环境——Web 容器和 EJB 容器。例如,Oracle 公司的 Java EE 容器 Oracle Containers for Java EE 10g 等。
- 企业信息系统层——也称为数据层,是驻留业务数据的地方。在处理业务逻辑时,由中间层访问 EIS 层。

1.1.2 客户层

客户层处理 Java EE 应用程序的客户表示和用户界面。客户层可以用现实世界中的台式计算机、Internet 设备或者无线设备表示。通常有瘦客户和胖客户两种类型。

1. 瘦客户

瘦客户基于 Web 或基于浏览器,使用 HTTP/HTTPS 与表示层交互。在一个基于 Web 的客户中,浏览器从 Web 层提交的页面为适当的设备下载静态的或者动态的 HTNL、XML(eXtensible Markup Language)或者 WXL(Wireless Markup Language)。

2. 胖客户

胖客户不是 Web 客户,不使用浏览器执行,而是在客户容器内执行。胖客户使用 RMI-IIOP(Remote Method Invocation,RMI;Internet Inter-ORB Protocol,IIOP)协议与

业务层交互。胖客户可以划分为基于 Java 和不基于 Java 的独立应用程序。当客户端需要丰富的 GUI 或者具有复杂逻辑的应用程序时,可以考虑使用独立的 Java 应用程序。

在一台计算机上的 Java 对象,可以通过使用 RMI 协议实现与另外一台计算机上的远程 Java 对象通信。RMI 是一种简单而又强有力的编写分布式应用程序的方法,但是只能在 Java 环境中运行。IIOP 基于 CORBA(Common Object Request Broker Architecture)的标准,建立在 TCP/IP 基础之上。Java EE 的目标之一是能与非 Java 和 CORBA 客户交互,所以 RMI 与 IIOP 被合并到一起实现跨平台通信。RMI-IIOP 赋予 Java 对象具有远程调用特征——调用位于其他计算机上的对象的方法,如同调用本地计算机上对象的方法一样容易的能力,而且与调用过程中设计的程序语言以及 OS 无关。

1.1.3 表示层

由 Web 容器代表的表示层也被称为 Web 层,负责处理瘦客户的 HTTP 请求和响应。Web 容器为 Web 组件提供运行时环境。Web 组件由 Servlet 与 JSP 两种类型的 Java 技术构成。Servlet 与 JSP 一起处理客户端的请求,它们也可以处理能够向业务层发送请求的表示逻辑,然后创建返回客户端的动态内容显示。本书第 2 章将介绍 Java EE 容器 Oracle Containers for Java EE 10g;第 3~6 章将介绍 Servlet 与 JSP 编程技术。

1.1.4 业务层

业务层由 EJB(Enterprise Java Beans)容器组成,它为 EJB 提供运行时环境。EJB 封装了业务逻辑,并且可以在 EJB 容器内的服务器端运行它的组件。业务组件服务处理客户端(Servlet、JSP、Java 或 CORBA 应用程序)的请求,并且有可能在处理请求时访问 EIS 层。EJB 应用只能用 Java 语言编写,而且必须使用 EJB API。EJB 应用无须修改任何源代码就可以在 Java EE 认证的应用服务器之间移植和互操作。

1.1.5 企业信息系统层

EIS 层将数据——数据库、企业资源规划(Enterprise Resource Planning,ERP)系统、大型机事务处理和其他遗留信息从业务层和客户层中分离出来。为了提供对 EIS 层的标准的、可移植的访问,Java EE 提供了两种技术——Java 数据库连接和连接器(Connector)。JDBC API 提供了一种标准、统一的方式从 Java 应用访问 RDBS,使用标准 JDBC API 调用 Oracle 数据库的 Java 应用程序可以不加修改地调用其他厂商的数据库。与 JDBC 技术类似,Connector API 允许应用程序以一致的和可植的方式访问 ERP 系统。本书第 7~11 章将详细介绍 JDBC 技术及其在 Oracle DB 11g XE 数据库中的应用。图 1-2 是带有组件和通信协议的 Java EE 体系结构。其中,双箭头描述了不同层之间的通信。瘦客户使用 HTTP/HTTPS 与 Web 层通信,胖客户以及非 Java 客户使用 RMI-IIOP 与业务层通信;Web 层使用 RMI-IIOP 和某种供应商专有的协议与业务层通信。

HTML 容器(浏览器)以及独立的和非独立的 Java 应用程序代表了客户端表示层;

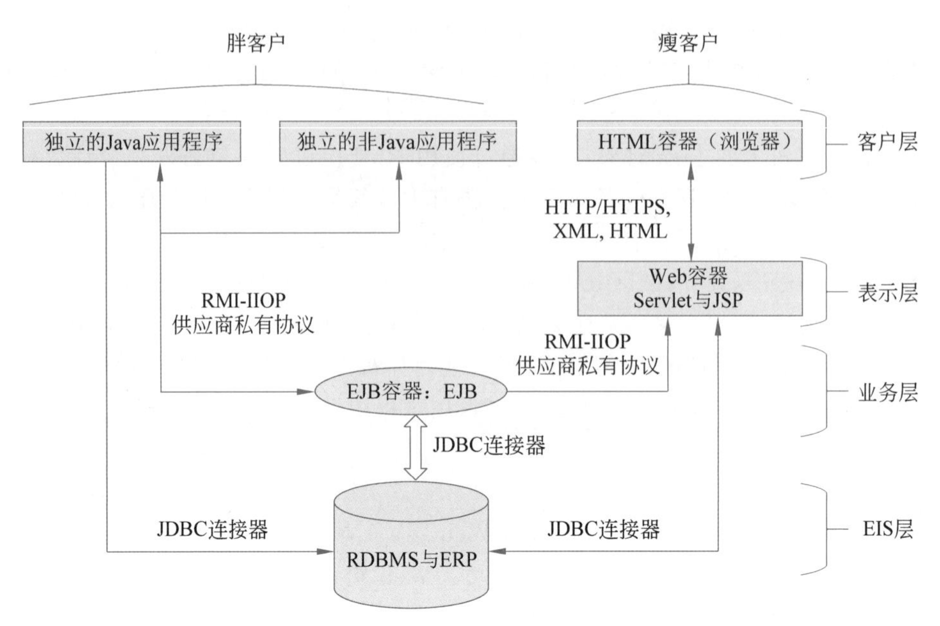

图 1-2　带有组件和通信协议的 Java EE 体系结构

支持 Servlet 和 JSP 组件的 Web 容器代表了服务器端的表示层；业务层由位于业务逻辑层中的 EJB 容器说明；标有 RDBMS 的圆柱形代表了 EIS 层或数据层。注意，应用服务器必须支持 RMI-IIOP 通信协议，应用服务器供应商可以自由地实现其他优化的专有协议。

1.2　下载与安装 Oracle JDeveloper 10g

在 Windows 下安装 Oracle JDeveloper 10g 对软硬件系统有如下最低要求：

- Intel Pentium Ⅲ　500MHz 或兼容处理器。
- Microsoft Windows 2000、Windows XP、NT4(Service Pack 2)、Windows 7/10。
- 内存最少为 256MB。完全初始化需要 1.75GB 硬盘空间。
- CD-ROM 和鼠标、SVGA 或更高级的显示器(最少支持 1024×768 像素的分辨率)。

1. 下载 Oracle JDeveloper 10g

登录 Oracle Technology Network 网站，免费注册会员后，就可以在登录后免费下载软件。Oracle JDeveloper 10g 软件包的下载网址为 https://www.oracle.com/technetwork/articles/soft1013-089137-zhs.html。本书下载使用的软件包是 jdevstudio1013.zip，这是一个压缩文件。注意，JDeveloper 的安装软件本身包含有 JDK 5 的版本，如果想使用更高版本的 JDK，可以在 Oracle 公司网站免费下载安装。

2. 安装 Oracle JDeveloper 10g

(1) 将压缩文件 jdevstudio1013.zip 压缩到某一目录中(本书为 E:\jdevstudio1013)。

(2) 修改 Oracle JDeveloper 10g 的启动配置文件(E:\jdevstudio1013\jdev\bin\jdev.

conf)。查找 jdev.conf 文件中有关 Java 2 SDK 1.5.0 的根目录默认的设置指令 SetJavaHome c:\jdk1.5.0,按照如下所示进行修改。注意,在启动之前,必须确认 Java 2 SDK 1.5.0 的安装目录与 Oracle JDeveloper 的启动配置文件内的设置一致,否则就不能够正确启动 IDE。

```
# Directive SetJavaHome is not required by default,except for the base
# install,since the launcher will determine the JAVA_HOME. On Windows
# it looksin ..\..\jdk,on UNIX it looks in the PATH by default.
# SetJavaHome C:\Java\jdk1.5.0_04
SetJavaHome E:\jdevstudio1013\jdk
```

(3) 完成上述配置文件之后,在 MS-DOS 窗口上执行如下命令(或者双击 D:\JDevstudio1013\jdev\bin 目录下的 jdevw 图标),就可以启动 Oracle JDeveloper 了,如图 1-3 所示。

```
E:¥>cd\jdevstudio1013
E:¥>cd jdev
E:¥>cd bin
E:¥>jdevw
```

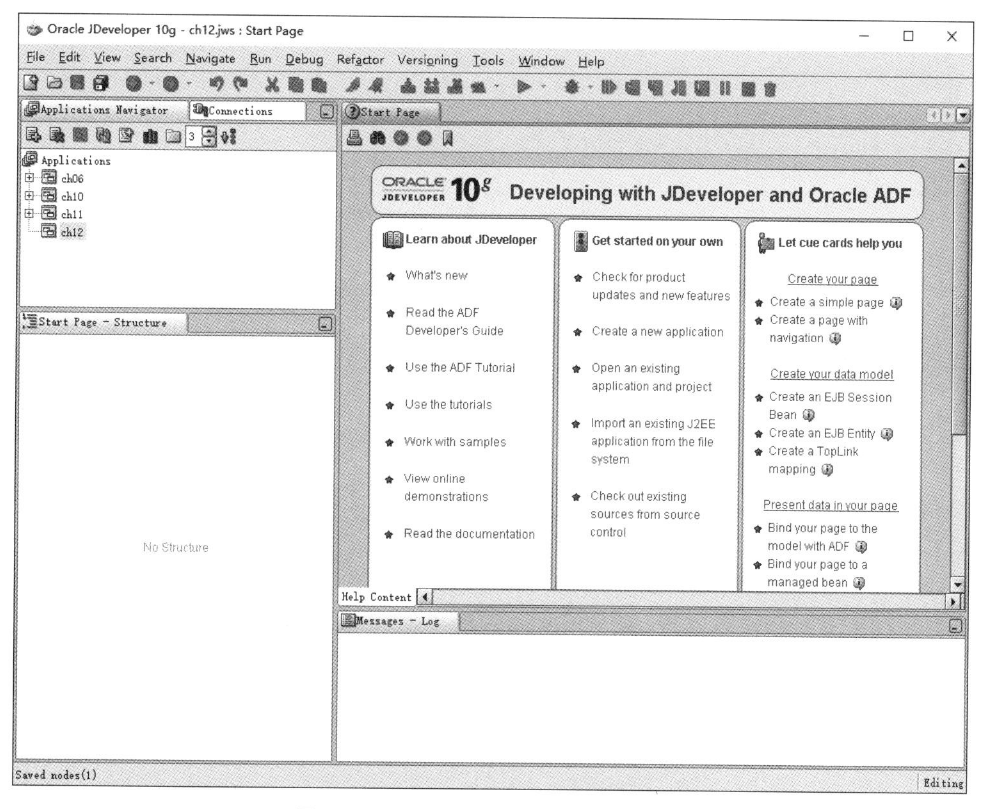

图 1-3 Oracle JDeveloper 10g 启动界面

1.3 集成开发环境

Oracle JDeveloper 10g 提供的集成开发环境主要由命令工作区、开发工作区和信息浏览工作区等区域组成，如图 1-4 所示。

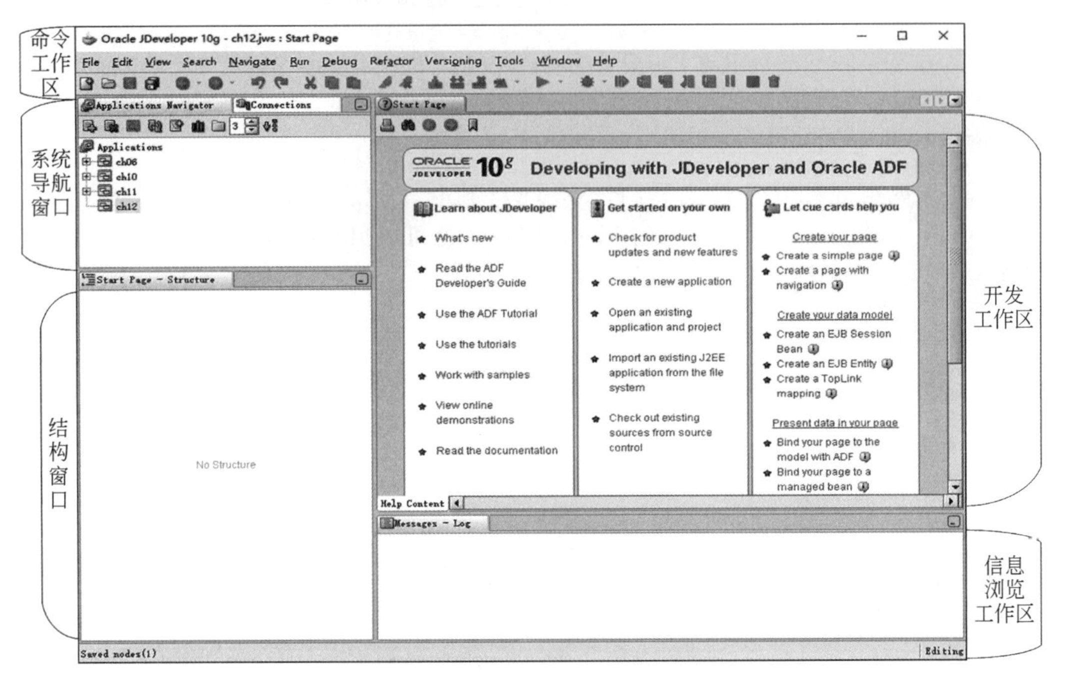

图 1-4 Oracle JDeveloper 10g 的工作区

1.3.1 命令工作区

命令工作区由菜单栏(Menu Bar)、工具栏(Tool Bar)、文档栏(Document Bar)和组件面板(Component Palette)4 部分组成。

1. 菜单栏

菜单栏由 12 个菜单组成，分别是 File、Edit、View、Search、Navigate、Run、Debug、Refactor、Versioning、Tools、Window、Help。

2. 工具栏

工具栏位于主窗体的中部，由一些操作按钮组成，分别对应一些菜单选项或命令的功能。可以直接单击这些按钮完成指定的功能。工具栏按钮使用户的操作过程得以简化。另外，菜单和工具都是上下文相关的，当它们以灰色显示时，表示与它们相关联的窗体或对象没有被激活，不能使用，如图 1-5 所示。

图 1-5 工具栏

3. 文档栏

文档栏用于显示开发工作区的源代码编辑器所打开的文件名，编辑器被关闭，文件名也随之消失，如图 1-6 所示。

图 1-6 文档栏

4. 组件面板

组件面板包括 UI Editor 所使用的组件，这些组件根据其来源被放置在不同的标签中。例如，AWT 标签中包含了一些来自 AWT 库的组件，如图 1-7 所示。

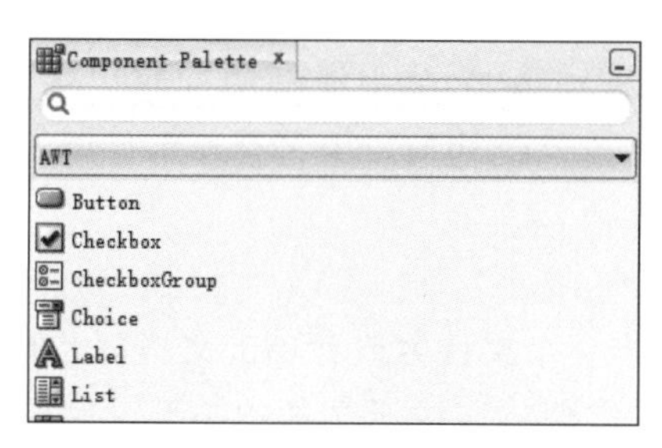

图 1-7 组件面板

UIEditor 提供了可视化开发用户界面的功能。开发人员可以从组件面板中选择 AWT、Swing、JDBC 等各类标准组件的菜单、滚动条、按钮等，然后直接放置在 UI Editor 上，IDE 将自动生成组件的设计和属性设置(Java 代码可以从 Code Editor 看到)。

1.3.2 开发工作区

开发工作区由系统导航(System Navigator)窗口、结构(Structure)窗口、视图编辑器(View Editor)窗口，以及属性检视器(Property Inspector)窗口 4 部分组成。开发工作区为开发人员提供了一个管理所有对象和文件的操作界面，以及一个进入各种编程功能的入口，用户可以通过它编辑类、管理项目、更改对象属性、连接各种数据源等。

1. 系统导航窗口

系统导航窗口显示了选定对象的层次化视图，如图 1-8 所示。最上面的节点为工作区，然后是工程，最下面一层是属于这个工程的.java 文件。当用 JDeveloper 进行开发时，需要关闭所有打开的工作区，并且创建一个属于自己的工程。

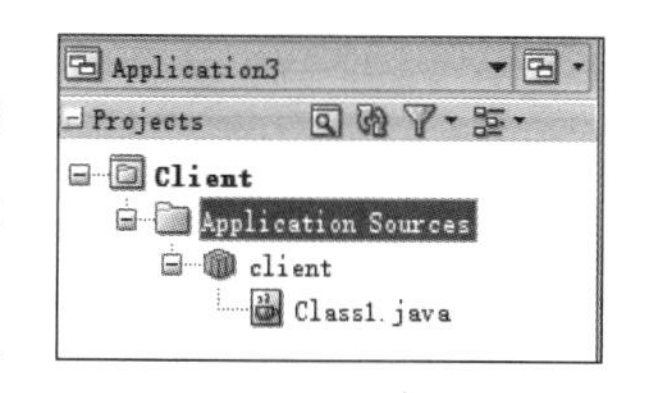

图 1-8 系统导航窗口

工作区是一个逻辑结构，它容纳了一个应用程序的所有元素。一个工作区也可以容纳多个工程。一个工作区就是一个扩展名为.jws 的文本文件，包含开发人员所建立的工程和应用程序的信息。工作区用来跟踪应用程序所用的文件和位置，工作区文件会和其他一些与工程相关的文件一起存入一个或多个目录中。存放一组相关文件的子目录称为包。包也指 Java 类库文件(.jar 或.zip)中一个代表库中存储路径的复制结构。JAR 是一个基本的压缩文件，包含开发人员编程时想要使用或共享的编译代码和一个描述 JAR 内容的附加文件。工作区能够维护存储在许多不同包中的文件的信息。当保存一个工作区时，当前打开的所有文件和窗口将会被更新和保存。

在工作区中，文件在逻辑上被划分为工程。从代码角度看，工程是只在功能上作为文件的一个逻辑上的容器。在物理上，一个工程就是一个扩展名为.jpr 的文件。在用 JDeveloper 进行开发工作之前，必须建立一个工作区和工程文件。这些文件在开发过程中提供一种组织代码的逻辑方式，并扮演容纳工作内容的表的角色。因此，最好建立分层目录，把工作区和工程文件以及相关源代码放入相同的目录中。

2. 结构窗口

结构窗口包含在系统导航窗口中的选择文件的内部项目的一个视图。这个视图的形式取决于所选文件的类型和 View 菜单中活动的标签。例如，在系统导航窗口中选择 Client 工作区作为一个实体，那么结构窗口中将会显示如图 1-9 所示的工程、包、类，以及构造方法等。

3. 视图编辑器窗口

在系统导航窗口中，双击一个文件名或者单击文档栏上的文件名，将会打开视图编辑器窗口。视图编辑器窗口的类型将取决于文件的类型。例如，如果是一个 Java 文件，将打开 Code Editor 窗口并显示其源代码，如图 1-10 所示。如果是一个图形文件，则将打开一个 UI Editor 窗口并显示这个文件的图形。

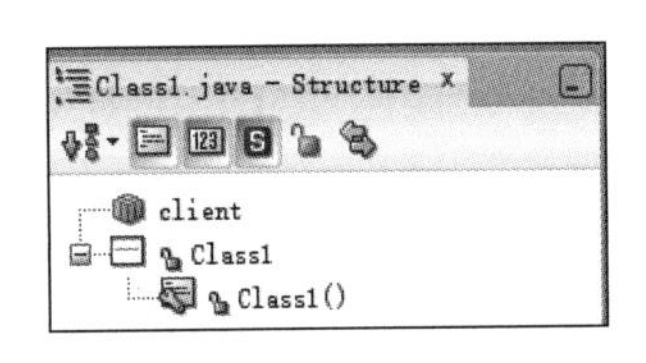

图 1-9　结构窗口

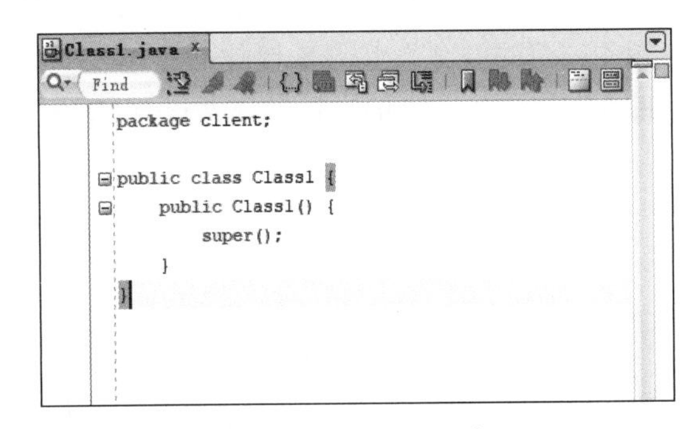

图 1-10　Code Editor 窗口

4. 属性检视器窗口

如果选择打开 UI Editor 窗口，属性检视器窗口将被激活。这个窗口包含属性和事件两个标签。属性标签是显示结构窗口所选类的一个属性列表，当修改一个组件的属性值时，代码将会改变以对应这个新的属性，一些属性的值可以通过直接输入来获得；另外一些属性则提供了一个固定的值列表形式以供选择；还有一些属性值区域将呈现一个“...”按钮，单击该按钮将显示另外一个窗口，在窗口中可以设置所需的属性值。事件标签显示了结构窗口中所选择组件的一个事件列表。通过在列表中输入一个事件的名称作为这个事件的值并按 Enter 键，就可以在这个标签中添加处理任何事件的代码。此时，Code Editor 将会被打开并定位于添加的代码处，可以在此输入一个事件处理程序，如图 1-11 所示。

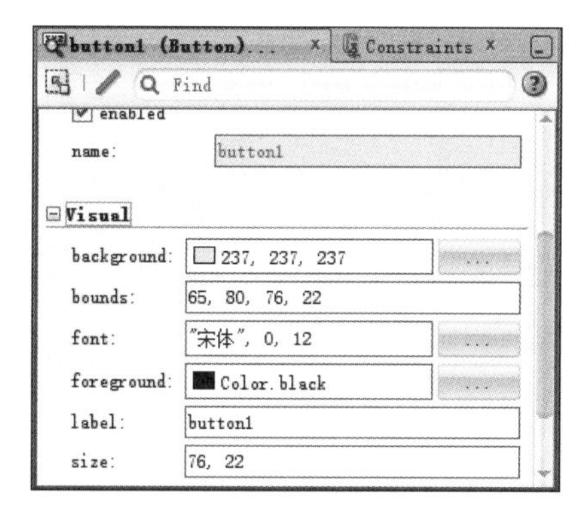

图 1-11　属性检视器窗口

1.3.3　信息浏览工作区

在运行、调试或编译代码时，这个窗口将显示对应的信息。如果是错误信息，在窗口中双击错误文本，错误的代码将会在 Code Editor 中突出显示。这个功能将能够使用户快速浏览错误代码，如图 1-12 所示。

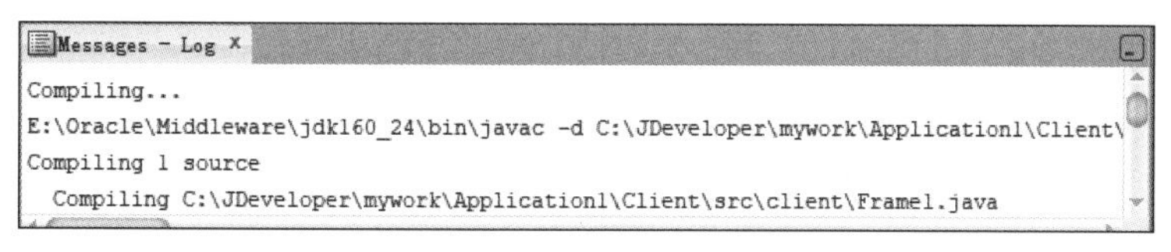

图 1-12　信息浏览窗口

1.4　联机帮助

Oracle JDeveloper 10g 提供了 6 种获取帮助信息的途径，如图 1-13 所示。

图 1-13　IDE 帮助菜单

单击“帮助”菜单上的某个帮助命令，将打开对应的帮助信息窗口，或者打开对应的Oracle帮助信息网页。例如，单击Table of Contents子菜单，将打开如图1-14所示的帮助信息窗口。

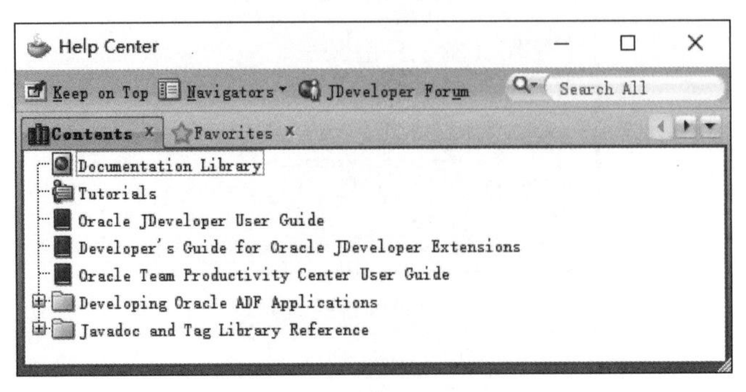

图1-14 帮助信息窗口

双击某个帮助命令，将在开发工作区或者网站打开对应的Oracle帮助信息页面，如图1-15所示网页。

About JDeveloper Support for the J2EE Platform

The J2EE architectural design pattern for the interactive enterprise application is known as Model-View-Controller, or MVC. The MVC pattern is ideally suited for the kind of application that combines distributed application logic with a complex user interface. When developing applications based on the MVC pattern, the goal is to enforce separating or "partitioning" the application logic and the user interface.

In the most general terms, the model is the underlying logical representation, the view is the visual representation, and the controller specifies how to handle user input. When the data model changes, it notifies all views that depend on it. This separation of state and presentation results in these important characteristics of the enterprise application:

- Multiple views can be based on the same model. For instance, the same data can be presented in both table form and chart form. As the data model becomes updated, the model notifies both views and gives each an opportunity to update itself.
- Because models specify nothing about presentation, you can modify or create views without affecting the underlying model.

A view uses a controller to specify its response mechanism. For instance, the controller determines what action to take when receiving keyboard input. To accomplish this requires additional objects to pass information between the two layers, but the benefits are worth the effort. Having a clean separation between application layers at each tier makes it easier for the development team to divide roles and responsibilities.

In JDeveloper, the integration effort is minimized, since the design time helps establish the wiring between the model, the view, and the controller, as described in the following table.

Layer	Browser-Based Web Application	Java Client Application
Model layer	A thin data binding layer, identical for web applications and Java clients, known as the *Oracle ADF model layer*, provides access to the business objects. In the web application, instances of the model layer are created by JSF manged beans or Struts action classes.	A thin data binding layer, identical for Java clients and web applications, known as the *Oracle ADF model layer*, provides access to the business objects. In a Java client application, instances of the model layer are created in Java code during a panel initialization.
View layer	HTML, JavaServer Faces (or Struts), and JSTL comprise the view layer in the JSP web application. JDeveloper also provides its own Faces components, known as *Oracle ADF Faces*. Both JSF and Struts have full design time support that integrates them with the model layer.	Standard Swing UI components comprise the view layer in the Java client graphical user interface. JDeveloper provides design time integration with the model layer for Swing components and specialized composite widgets (like chart controls), known as *ADF Swing controls*.
Controller layer	The JSF action servlet that dispatches incoming	Standard Swing UI components serve the role of the

Help Content

图1-15 帮助信息页面

1.5 IDE工作环境配置

IDE主菜单中的Tools子菜单有两个命令是用来为开发人员的工作环境设置参数的，下面对这两个命令进行简要说明。

1. Preferences 命令

Preferences 命令定义了怎样显示 IDE。选择 Preferences 命令，将进入 Preferences 对话窗口，如图 1-16 所示。在这个窗口中，可以定义编辑器的环境、Editor、Debugger 等功能部件的工作方式。

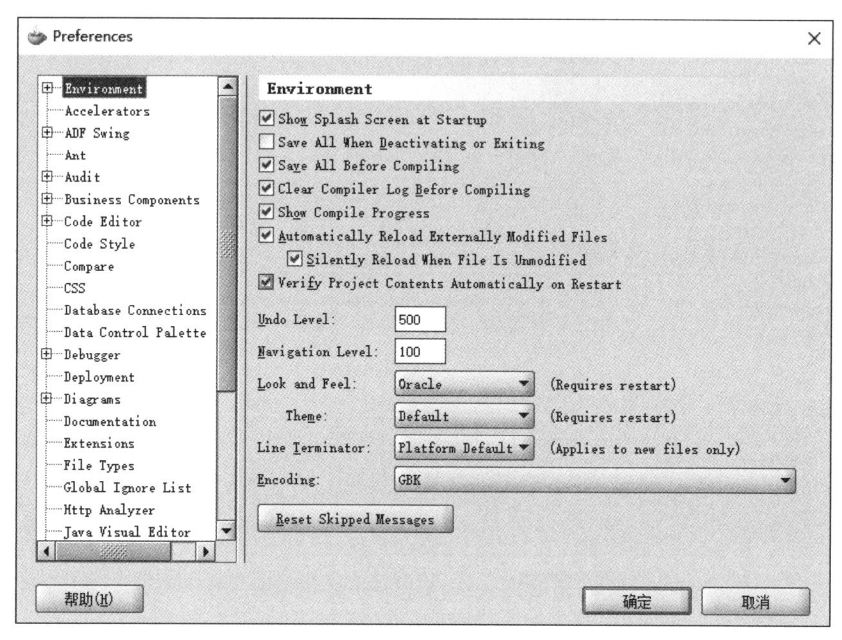

图 1-16 Preferences 配置对话窗口

2. Configure Palette 命令

Configure Palette 命令定义了怎样显示组件面板，这个对话框显示了与从组件面板的弹出式菜单中选择 Property 时一样的属性配置对话框，在这里开发人员可以增加或者修改组件面板工具栏的内容。

1.6 JDeveloper 对象库

Oracle JDeveloper 10g 对象库包含的向导快捷方式用来生成对象实例，例如 Java 类、Servlet/JSP 对象实例等。从 IDE 的主菜单中选择 File→New 命令，就可以进入 IDE 对象库对话窗口，如图 1-17 所示。

Oracle JDeveloper 10g 根据 Java EE 体系结构，将应用开发对象划分为 4 个层次——General(通用层次)、Business Tier(业务层)、Client Tier(客户层)、Database Tier(数据库层)，如图 1-17 所示。每一层又包括许多类别的对象，每一类对象包括许多对象实例。选择 Categories 区域的某一类别对象，Item 区域将会显示这个类别对象所能创建的对象实例。每个对象实例都对应一个快捷向导方式或模板。Oracle JDeveloper 基于 Java 语言创建代码轮廓，并将文件加入属于某一工作区的一个工程文件中。它们的具体使用方法将在后续章节中陆续介绍。

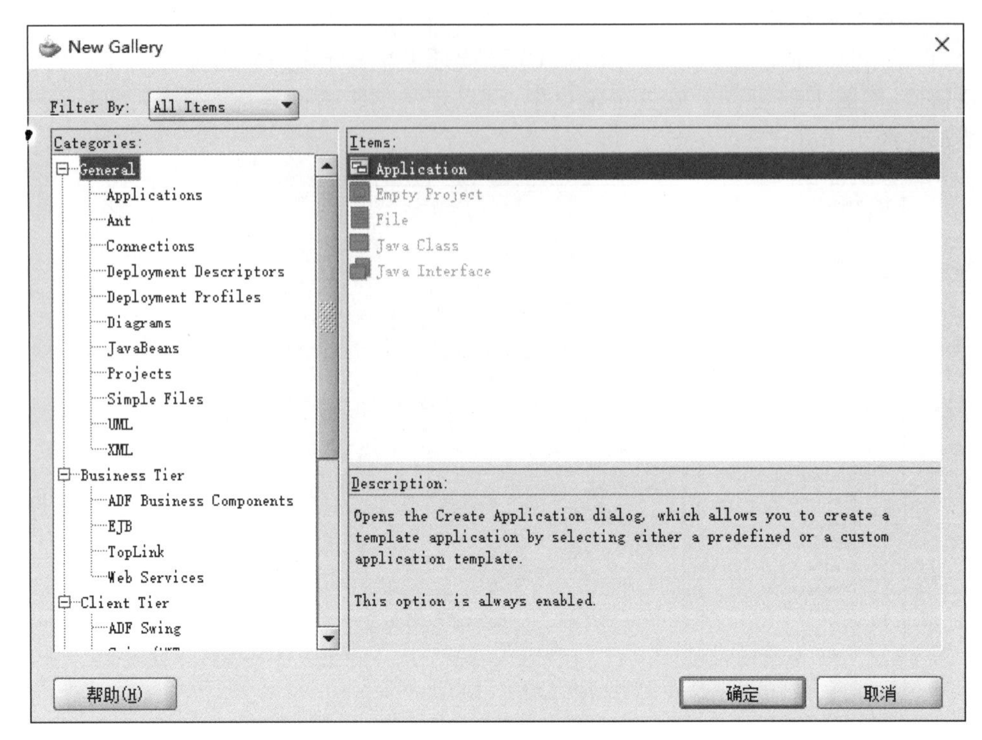

图 1-17 IDE 对象库对话窗口

1.7 本章小结

Oracle JDeveloper 为 Java 开发人员创建 Java EE 应用和 Web 服务提供了全面的支持，为 Java、XML、SQL、商业智能、Java EE Web 服务提供了功能强大的 IDE，在允许开发人员创建个性化的 Java IDE 方面具有无与伦比的技术优势。Oracle JDeveloper 与其他的 IDE 相比具有以下优势。

- Oracle JDeveloper 是一种高效的 Java 开发工具，对开发和部署 Java EE 应用提供 100%的支持。它提供了一个完整的 IDE——编辑、编译、配置和优化 Java EE 应用和 Web 服务，继承了 UML 建模功能，能够建模并生成 Java EE 应用和 Web 服务。
- 一个与 IDE 集成在一起的 Oracle AS 10g Container for Java EE，使得 Web 应用的编辑、编译、调试、部署周期快速而高效。一个能建立可伸缩、拥有广泛用户的基于 Web 的系统，能处理包括部门应用、公司内部应用和电子商务的可选工具。
- 一个基于 Java 的开发工具，对客户机的要求相对较低（例如，发布 JSP 应用，对客户机的唯一要求是具有一个能够解释 HTML 的浏览器）；一个 3GL 的代码生成工具，虽然有些代码需要手工编写，但是提供了对完成任务有很大帮助的大量向导。

- 开发人员可以利用 Java 快速创建业务逻辑，利用 Java 类、PL/SQL、数据库存储过程、EJB 创建 Web 服务，并能够很容易地建立业务逻辑与数据访问从用户接口分离的 BC4J 代码。BC4J 为不同应用和不同用户访问目标提供了一个统一的标准。
- Oracle JDeveloper 提供了与开放资源软件内嵌的集成性，允许开发人员直接从 Oracle JDeveloper 中使用大多数流行的开放式软件资源，包括 Apache Ant、Jakara Struts、JUnit 以及 CVS 等。这一集成特性主要通过 Oracle JDeveloper 10g Extension 软件开发者工具包建立，后者是一个基于标准的 API 集合，用于利用第三方工具扩展核心 IDE。

第2章 Oracle AS 10g Container for Java EE

Oracle AS 10g Container for Java EE(OC4J)是 Oracle Application Server 10g 提供的完全用 Java 语言开发的 Java EE 容器,具有快速、轻量级、高度可伸缩、易用、完善等技术特征,可运行在 Java 2 SDK 1.5.x 及 Java 2 SDK 1.5.x 以上版本的 JVM 上。OC4J 作为 Oracle JDeveloper 10g 的 Java EE 容器,既可以在 IDE 环境下直接使用,也可以作为 Web 服务器单独使用。本章将简要介绍 Java EE 应用程序的构成、开发角色和阶段,详细介绍 OC4J 的应用开发特性、初始化、启动与停止方法,以及在 OC4J 环境下使用和部署 Web 应用的基本原理与方法,对涉及的一些逻辑概念也将进行简要说明。

2.1 Java EE 应用程序的构成

Java EE 技术提供了一个基于组件的方法设计、开发、装配和部署企业级应用程序。Java EE 平台提供了一个多层结构的分布式的应用程序模型,该模型具有重用组件的能力,基于 XML 的数据交换、统一的安全模式和灵活的事务控制。开发人员不仅可以比以前更快地发表对市场新的解决方案,而且独立于平台的基于组件的 Java EE 解决方案不再受任何提供商的产品和应用程序编程接口(API)的限制。

1. Java EE 组件

Java EE 应用程序由组件构成。一个 Java EE 组件就是一个自带功能的软件单元,它随同相关的类和文件被装配到 Java EE 应用程序中,并实现与其他组件的通信。Java EE 规范是这样定义 Java EE 组件的:

- 客户端应用程序和 Applet 是运行在客户端的组件。
- Java Servlet 和 JSP 是运行在服务器端的 Web 组件。
- EJB 组件是运行在服务器端的商业组件。

Java EE 组件用 Java 语言编写,并和用该语言写成的其他程序一样进行编译。Java EE 组件和标准 Java 类的不同点在于,Java EE 组件被装配在一个 Java 应用中,具有固定的格式并遵守 Java EE 规范,而 Java 类被部署在产品中,由 Java EE 服务器对其进行管理。

2. Web 组件

Java EE 的 Web 组件既可以是 Servlet,也可以是 JSP。Servlet 是一个 Java 类,可以动态地处理请求并做出响应。JSP 是一个基于文本的页面,它以 Servlet 的方式执行,但它可以更方便地创建动态内容。在装配应用程序时,静态的 HTML 页面和 Applet 被绑定到 Web 组件中,但是它们并不被 Java EE 规范视为 Web 组件。服务器端的功能类也可以被绑定到 Web 组件中,与 HTML 页面一样,它们也不被 Java EE 规范视为 Web 组件。

一个 Java EE 应用可能包含一个或多个 EJB、Web 组件,或应用程序客户端组件。其中,应用程序客户端组件是运行于可容许存取 Java EE 服务的容器中的 Java 应用程序。

3. Java EE 容器

容器是一个组件和支持组件的底层平台特定功能之间的接口。在一个 Web 组件、EJB 或者一个应用程序客户端组件可以被执行前,它们必须被装配到一个 Java EE 应用中,并且部署到它们的容器中。装配过程包括为 Java EE 应用中的每个组件以及 Java EE 应用本身指定容器的设置。容器设置定制了由 Java EE 服务器提供的底层支持,这将包括诸如安全性、事务管理、Java 命名和目录接口(JNDI)搜寻以及远程连接。

4. 容器类型

部署时会将 Java EE 应用组件安装到 Java EE 容器中,如图 2-1 所示。

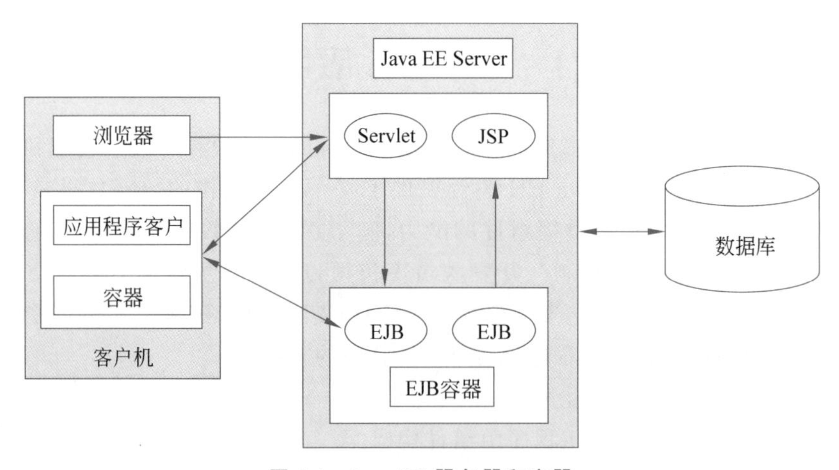

图 2-1　Java EE 服务器和容器

Java EE 服务器是 Java EE 产品的运行部分,提供了 EJB 容器和 Web 容器。EJB 容器管理 Java EE 应用的 EJB 的执行。EJB 和它的容器运行在 Java EE 服务器中。Web 容器管理 Java EE 应用的 JSP 和 Servlet 组件的执行。Web 组件和它的容器运行在客户端。客户端应用程序容器管理应用程序客户端组件的运行,应用程序客户端和它的容器运行在客户端中。

5. 部署

Java EE 组件被分别打包并绑定到一个 Java EE 应用中以供部署。每个组件的诸如 GIF、HTML 文件和服务器端功能类的相关文件,以及一个部署说明组成一个模块并被添加到 Java EE 应用中。一个 Java EE 应用由一个或几个 EJB 组件模块、Web 组件模块或应用程序客户端组件模块组成。根据不同的设计要求,最终的企业解决方案可以是一个 Java EE 应用,也可以由两个或更多个 Java EE 应用组成。

Java EE 应用以及它的每一个模块都有它们自己的部署说明,也就是一个 XML 文件,描述了一个组件的部署设置。因为部署说明信息是公开的,所以它可以被改变而不必修改组件的源代码。运行时,Java EE 服务器将读取这个部署说明并遵守其规则来执行。一个 Java EE 应用以及它的所有模块被提交到一个 Enterprise EAR 文件中。一个 EAR 文件就是一个具有.ear 扩展名的标准的 JAR 文件。

- 每个 EAR 文件都包含一个部署说明、EJB 文件以及相关的文件。
- 每个应用程序客户端 JAR 文件都包含一个部署说明、应用程序客户端的类文件以及相关的文件。
- 每个 WAR 文件都包含一个部署说明、Web 组件文件以及相关的资源。

使用模块和 EAR 文件,使得运用同一组件以装配许多不同的 Java EE 应用成为可能。不需要额外的开发工作,开发人员唯一要做的是在 Java EE EAR 文件中添加各种 Java EE 模块。

2.2 OC4J 概述

如今的企业应用都设计在一个 Internet 体系结构上,该体系结构中的一个中间层——Java EE 服务器为应用提供运行时环境。为了满足这些需求并为 Java EE 应用提供一个健壮的实现平台,Oracle AS 10g 包含了很多全新的特性,用以简化企业应用开发和提供部署应用时的高可靠性。Java EE 应用可以通过与 Oracle AS 10g 无缝集成的 JDeveloper 来构建。OC4J 作为 Oracle AS 10g 的一个 Java EE 容器,提供了完整的 Java EE 应用运行环境。

1. 在 Java 2 SDK 1.5.0 上运行的纯 Java 容器/运行时

Oracle AS 10g 的 Java EE 容器——OC4J 是使用 Java 语言实现的,其具备如下特性。

- 轻量级——85MB 磁盘空间,20MB 内存。
- 安装快速——不到 10 分钟就可以完成。
- 易于使用——简单的管理和配置,支持标准的 Java 开发和配置工具。
- 在 Solaris、HP-UC、AIX、Linux、Windows 的操作系统和硬件平台的 32 位和 64 位版本上均可使用。

2. OC4J 完全实现了 Java EE

OC4J 包括一个 JSP Translator(一个符合 JSP 1.2 标准的编译器和运行时引擎)、一个 Servlet Container 和一个 EJB 容器。OC4J 还支持 JMS 等其他的 Java 规范，如表 2-1 所示。

表 2-1 OC4J 支持 Java EE 技术

Java EE Standard Interface	支持的版本
JSP/Servlet	1.2/2.3
EJB	2.0
Java Transaction API(JTA)	1.0.1
Java Message Service(JMS)	1.0.1
Java Naming and Directory Inter(JNDI)	1.2
Java Mail	1.1.2
Java DataBase Connectivity(JDBC)	2.0/3.0
Java Authentication and Authentication Service(JAAS)	1.0
Java EE Connector Architecture(JCA)	1.0
Java API for XML Parsing(JAXP)	1.0

2.3 OC4J 的应用开发特性

Oracle AS 10g 进一步加强了对 Java EE 和 Web 服务开发的支持，为开发人员开发部署动态 Web 站点、事务性 Internet 应用和 Web 服务提供了一个高效的应用服务器环境。

1. Servlet

Java Servlet 是一个扩展 Web 服务器功能的组件。Servlet 接收来自客户端的请求，动态生成应答，然后将包含 HTML 或 XML 文档的应答发送给客户端。Servlet 与 CGI 类似，但是更容易编写，因为 Servlet 使用 Java 类实现。Servlet 的执行更加快速，原因是 Servlet 被编译成 Java 字节码，而且运行时 Servlet 实例被保存在内存中。OC4J Servlet 容器对 Servlet 提供了如下支持。

- 完全支持 Servlet 2.3。
- 与 Tomcat 完全兼容——与使用由 Apache 提供的 Tomcat Servlet 引擎按照 JSP/Servlet 标准开发的应用 100%兼容。因此，使用过 Apache Tomcat 的开发人员可以很容易地将这些应用部署到 OC4J 上。
- 对过滤器的全面支持——支持作为 Servlet 2.3 规范一部分的简单和复杂的过滤器。过滤器是在客户机请求该过滤器所映射到的资源(例如，URL 模板或 Servlet Name)时被调用的一个组件、应答或标头值(Header)，而不是用于为客户机产生应答的。
- 完全基于 WAR(Web Application Archive)文件的部署——通过使用标准的

WAR文件,Servlet被打包和部署到Java EE容器中。OC4J提供了如下功能:

- 一个获取多个Servlet并将其打包到WAR文件中的WAR文件打包工具。
- 一个获得作为结果的WAR文件,并将其部署到一个或多个OC4J实例的WAR文件部署工具。
- WAR部署工具支持集群部署,使得一个特定的档案文件可以被同步部署到所有被定义为组成某个集群的OC4J实例。

- Servlet的自动部署——在部署一个Web应用时,服务器自动解压缩.war文件,产生特定容器的部署描述符,并且无须请求服务器重新启动,就可以使应用程序立即可用。Web容器还能够以与JSP模型同样的方式为Servlet编译源代码并运行编译后的应用程序,这有助于缩短Web应用的开发—编译—部署周期。
- Servlet的状态故障时切换和集群部署——Servlet利用标准的Servlet HttpSession对象在方法请求之间(即一个请求结束之后,另一个请求开始之前)保存客户机的会话状态。HttpSession对象类似于特定客户机的存储域,保存在后续请求中需要的任何数据,并且以后通过客户机的特定键值来获取这些数据。集群是一组为了以一种透明的方式提供可伸缩的高可用服务而调整其操作的OC4J服务器。OC4J支持一个基于IP多点传送的集群机制,允许Servlet透明地(即无须API的任何编程改动)复制Servlet会话状态,尤其是集群中其他OC4J实例的HttpSession对象。

2. JSP

JSP是一个基于文本、以表示为中心的快速开发和轻松维护信息、丰富的动态Web页面的方法。JSP将内容表示从内容生成中分离出来,使Web设计人员可以改变整体页面布局而不影响基本的动态内容。JSP使用类似于XML的标记和用Java语言编写的脚本段来封装产生页面内容的逻辑。另外,应用逻辑可以放在页面通过这些标记和脚本段访问的基于服务器的资源中,例如JavaBeans。通过将页面逻辑与其设计和显示相分离,JSP使得构建基于Web的应用变得更加快速和简单。JSP页面看上去像一个标准的HTML或XML页面,以及一些由JSP引擎处理的额外元素。JSP页面和Servlet比CGI更理想,因为CGI不是平台无关的,使用成本高,而且访问参数数据并将其传递给一个程序也比较困难。一个JSP页面包括如下的元素。

- JSP指令——JSP指令向JSP容器传递信息。例如,Language指令指定脚本语言和任意扩展;include指令用于在页面中包含一个外部文档。
- JSP标记——通过基于XML的特定JSP标记符实施JSP处理。标记用于封装可以从JSP页面使用的功能,例如条件逻辑和数据库访问。
- 脚本段——JSP页面还可以在页面中包含小的脚本段(Scriptlet)。脚本段是一个代码段,在请求时间处理时执行。脚本段可以与页面上的静态元素结合建立一个动态生成的页面。脚本包含在＜%和%＞标记之间。这两个标记之间的任何代码都会经过脚本语言容器(例如,Java虚拟机)的检查。JSP规范支持所有的常用脚本元素,包括表达式和变量声明。

OC4J提供了一个符合JSP 1.2的翻译器和运行时引擎——Translator,它具有如下特性。

- 简单标记、主体标记、参数化标记和协作标记——OC4J支持简单JSP标记，这样标记的主体只求值一次；主体(Body)标记的主体将被求值多次；参数化(parameterized)标记可以接受和显示参数；协作(collaboration)标记是一种特殊的参数化标记，两个标记可以设计为对一个任务进行协作。例如，一个标记可以增加一个特定值到页面范围，另一个标记可以查找这个值进一步处理。
- 预打包的JSP标记——为了提高开发效率，OC4J提供了预打包JSP标记库来简化JSP应用程序的构建过程。标记库包括连接池标记、XML标记符、EJB标记、文件上传/下载标记、电子邮件标记、缓存标记、个性化标记等。
- JSP预编译——为了改善程序性能，OC4J提供了在部署前将JSP预编译为最终格式的功能。这使得容器无须在JSP被首次请求时将其编译为相应的Java类文件，缩短了第一次访问Web应用的响应时间。
- 完全基于WAR文件的部署——OC4J提供了将JSP和Servlet打包为Java EE标准的WAR文件的工具，并提供了获取WAR文件并将其部署到一个或多个OC4J实例上的部署工具。WAR部署工具支持集群部署，使得一个特定的档案可以被同步部署到所有被定义为组成某个集群的OC4J实例。

OC4J的应用开发特性不仅局限于JSP/Servlet，还有表2-1所示的JDBC、EJB、JTA等特性。

2.4 初始化OC4J

OC4J既可以单独作为Java EE容器使用，也可以配置为JDeveloper 10g的Java EE容器使用。无论是哪一种方式，OC4J都要求Windows OS上安装Java 2 SDK 1.5或者Java 2 SDK 1.6版本。当OC4J单独作为Java EE容器使用时，需要下载OC4J软件包。可以登录Oracle公司网站免费下载，下载网址为https://download.oracle.com/otn/java/oc4j/101350/oc4j_extended_101350.zip。

1. 初始化OC4J

如果将OC4J单独作为Java EE容器使用，那么可以将oc4j_extended.zip解压缩到某一目录中，然后执行如下命令初始化：

```
cd\<oc4j_install_dir>\j2ee\home
D:\java\jdk1.6.0\bin\java -jar oc4j.jar -install
```

启动OC4J服务器，则需要执行如下命令：

```
D:\java\jdk1.6.0\bin\java -jar oc4j.jar
```

初始化Oracle JDeveloper 10g内嵌的OC4J时，需要执行如下命令：

```
cd\<oracle JDeveloper 10g_root>/j2ee/home
D:\java\jdk1.6.0\bin\java -jar oc4j.jar -install
```

启动OC4J服务器，则需要执行如下命令：

```
D:\java\jdk1.6.0\bin\java -jar oc4j.jar
```

OC4J 支持的集中网络协议的默认端口号分别为

- HTTP——端口号为 8888。
- RMI——端口号为 23791。
- JMS——端口号为 9127。

2. 启动 OC4J

启动 OC4J 的命令如下：

```
D:\java\jdk1.6.0\bin\java -jar oc4j.jar
```

图 2-2 所示为 OC4J 启动信息界面。

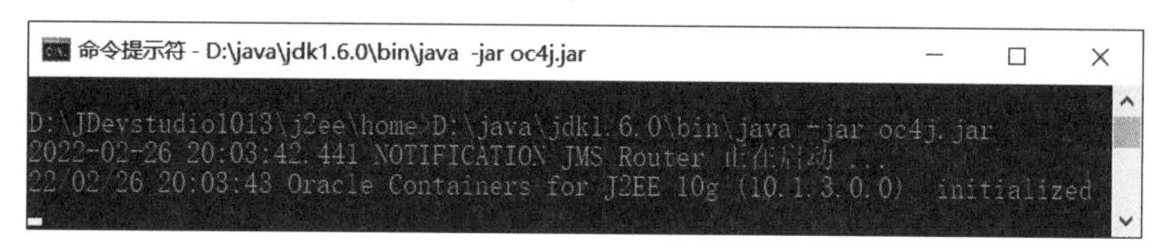

图 2-2　OC4J 启动信息界面

3. 测试 OC4J

启动 IE 或其他浏览器，在地址栏输入 http://localhost:8888 即可。如果浏览器显示如图 2-3 所示的画面，则说明 OC4J 正常启动了。OC4J 提供了用于测试 JSP/Servlet 的实例，单击 JSP Test Page 或者 Servlet Test Page 这两个超文本链接，就可以运行这些实例。

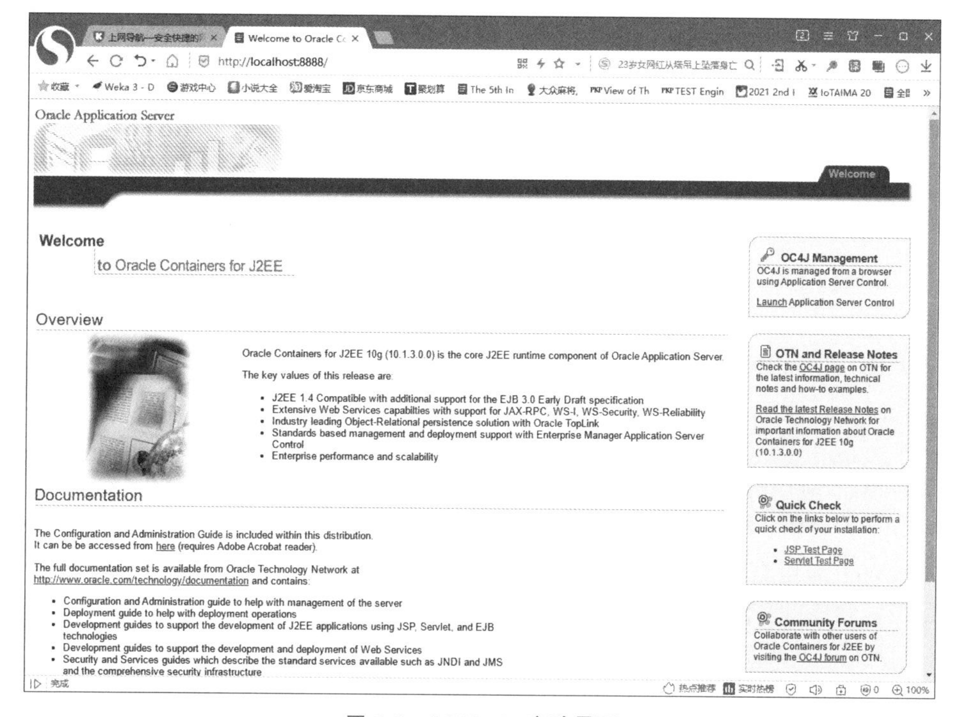

图 2-3　OC4J 10g 启动界面

2.5　使用与部署 Web 应用

一般地，Web 应用定义为：一个由 Servlet、HTML 页面、JSP、JSP 标记库、类以及其他任何可以捆绑起来，并且在来自多个厂商的多个 Web 容器上运行的 Web 资源构成的集合。可以将 Web 应用从一个服务器移植到另一个服务器，或者移植到同一服务器的不同位置，而不需要对 Web 应用中的任何 Servlet、JSP 或者 HTML 文件做任何改动。

2.5.1　注册 Web 应用

对于 Servlet 2.2(JSP 1.1) 或更高的版本，Web 应用是可移植的。无论什么服务器，都可以把文件保存在相同的目录结构中并用同样格式的 URL 访问。如图 2-4 所示就是 OC4J 默认的 Web 应用的目录结构和 URL。

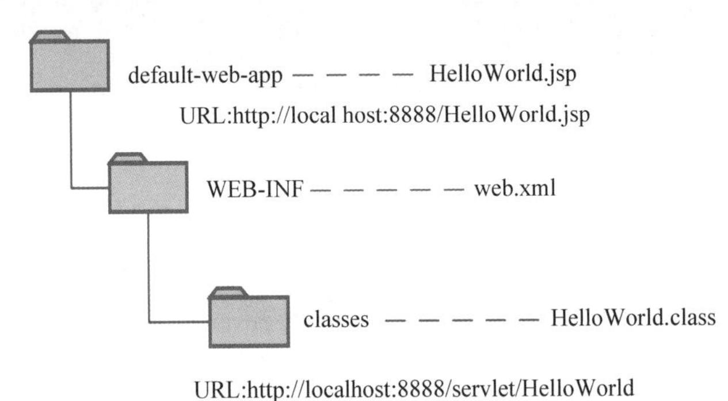

图 2-4　Web 应用的目录结构和 URL

虽然 Web 应用自身是可移植的，但是注册过程是服务器特有的。例如，要把 default-web-app 从一个服务器移植到另外一个服务器，完全不需要修改图 2-4 所示目录中的任何内容。但是，顶层目录 default-web-app 所在的位置在不同的服务器上是不同的。因此，需要使用服务器的专用配置文件以便告诉服务器系统应该以 http://host/default-web-app 开始的 URL 应用到这个 Web 应用。但是，在 OC4J 中，default-web-app 是一个系统默认的 Web 应用，所以只要按照图 2-4 所示那样存放 JSP 和 Servlet 类文件，并按照给定的 URL 进行访问就可以得到正确的执行结果。

2.5.2　Web 应用的结构

注册 Web 应用的过程不是标准化的，常常要用到服务器专用的配置文件。但是，Web 应用本身具有一种完全标准的格式，对于 Servlet 2.2 或更高的版本(JSP 1.1 或更高的版本)，Web 应用是可移植的。一个 Web 应用的顶层目录是一个具有用户所选择的名称的目录。在该目录内，一定类型的内容放入指定的位置。

一般地，JSP 页面和其他常规的 Web 文档放入顶层目录，未打包的 Java 类放入 WEB-INF/classes 目录，JAR 文件放入 WEB-INF/lib 目录，web.xml 文件放入 WEB-INF 目录，如图 2-5 所示。

1. JSP 页面

JSP 页面应该放入顶层 Web 应用的目录，或者放入除 WEB-INF，或者 META-INF 以外的任意目录中。服务器禁止用户使用来自 Web-INF 或 META-INF 目录的服务文件。在注册 Web 应用时，要告诉服务器指出该 Web 应用目录位于何处。一旦注册前缀之后，就可以使用 http://hostname/WebAppPrefix/subDirectory /filename.jsp 形式的 URL 访问这些 JSP 页面了。

2. HTML 文档、图像以及其他常规的 Web 内容

只要涉及 Servlet 和 JSP 引擎，HTML 文件、GIF 和 JPEG 图像、CSS 样式表以及其他 Web 文档都与 JSP 页面遵循完全相同的规则。它们放置在完全相同的位置并用形式完全相同的 URL 访问。

3. Servlet、JavaBeans 以及 Helper 类

Servlet 和其他.class 文件或者放入 WEB-INF/classes 目录，或者放入 WEB-INF/classes 目录中的一个与它们的程序包名相匹配的子目录中。但是，不要忘记在开发过程中设置 CLASSPATH 应该包含的 classes 目录。服务器虽然知道这个位置，但是用户的开发环境并不知道。访问 Servlet 的默认方法是使用 http://hostname/WebAppPrefix/servlet/ServletName 形式的 URL。如果 Servlet 或其他.class 文件打包在 JAR 文件中，则这些 JAR 文件应该放置在 WEB-INF/lib 目录中。如果类位于程序包中，则在 JAR 文件中它们应该位于与它们的包名匹配的目录中。

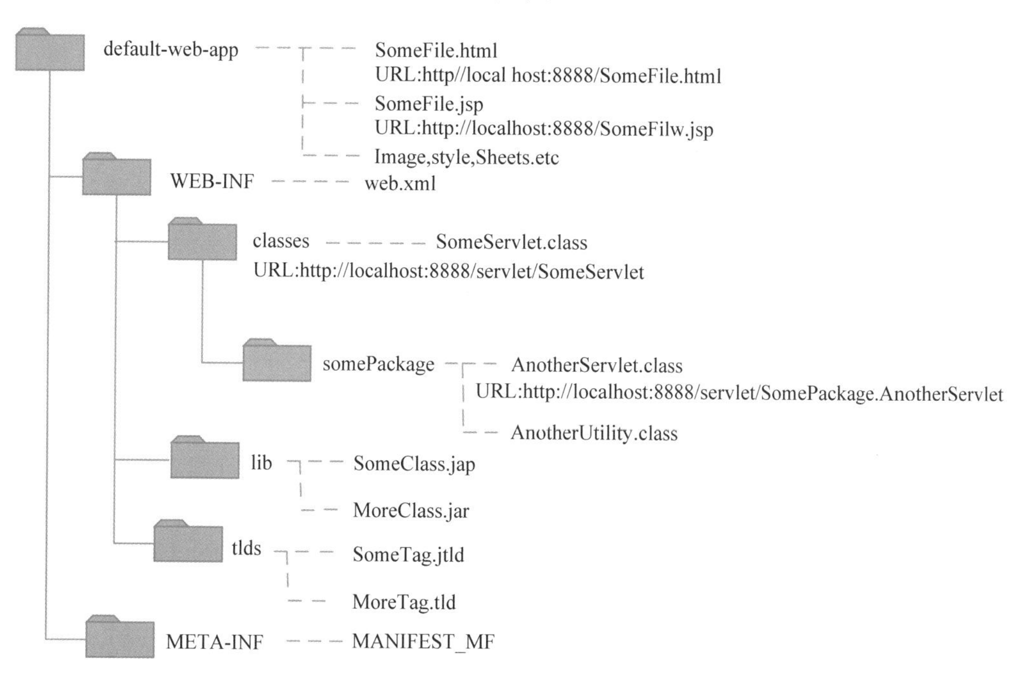

图 2-5 典型的 Web 应用的目录结构

4. 部署描述符文件

部署描述符(Deployment Descriptors)文件 web.xml 应该保存在 WEB-INF 子目录

中，是 Web 应用不可分割的一部分，在 Web 应用部署之后帮助管理 Web 应用的配置。例如，可以使用部署描述符管理程序的访问控制，指定 Web 应用是否需要登录，如果需要登录，应该使用什么登录页面，以及用户会作为什么角色等。

5. 标记库描述符文件

标记库描述符(Tag Library Descriptors，TLD)文件可以保存在 WEB-INF 的 tlds 目录中，这样可以简化管理。

6. WAR 文件

Web 应用具有如图 2-4 所示的结构以后，就具有了两种部署方法：第一种方法是把上述阐述的组成 Web 应用的 Web 资源复制到对应的目录中，这种部署方法称为分解目录格式，适用于简单的 Web 应用的部署；WAR 文件提供了一种将 Web 应用打包为一个文件的便捷方法，这将使得 Web 应用从一个服务器移植到另一个服务器更为方便。可以在 JDeveloper IDE 中利用向导工具很方便地实现一个 Web 应用的部署，第 3 章将详细介绍这种方法。

2.6 本章小结

在一个 Internet 体系结构上设计应用程序已经成为企业发展的迫切需求。在 Intcrnct 体系结构中，中间层 Java 应用服务器为应用程序提供了一个运行时环境。为了满足这些需求，并为 Java EE 应用提供一个强健的关键任务平台，Oracle 推出了 Oracle AS 10g，它可以简化企业应用程序的开发，并在应用程序部署后为其提供更高的可靠性。这样，Java EE 应用就可以通过与 Oracle AS 10g 无缝集成的 Oracle JDeveloper 10g 来创建。

Oracle AS 10g Container for Java EE 是一个完全符合 Java EE 标准的容器，支持 Servlet、JSP、EJB、Web 服务和所有的 Java EE 服务。OC4J 提供了一个快速、可伸缩、可用和高效的环境来构建和部署企业规模的 Java EE 应用。

第3章 基本 Servlet 程序设计

Java EE 建立在 Java SE 的基础上，为开发和部署企业应用程序提供 API 和服务。将 Java SE 与 Java EE 的服务以及 API 结合起来，将有助于开发独立于系统平台、基于 Web 的 Java EE 应用。Servlet 属于 Java EE 应用中的 Web 组件，是 JSP 技术的基础，而且大型的 Web 应用开发需要 Servlet 与 JSP 相互配合才能完成。

本章将介绍 Servlet 的基本概念、Web 服务器与 Web 容器的关系、基本 Servlet 结构，通过实例介绍在 Oracle JDeveloper 10g 环境下开发、部署和运行 Servlet 的基本方法和步骤。

3.1 Servlet 的基本概念

Servlet 是 CGI 程序设计的 Java 解决方案，是一种用于服务器端程序设计的 Java API。Servlet 自从 1997 年诞生以来，由于具有平台无关性、可扩展性以及能够提供比 CGI 脚本程序更加优越的性能，因此它的应用量快速的增长，其成为 Java 2 企业应用平台的一个关键组件。Servlet 是一些 Java 类，用于动态地处理请求以及构造响应信息。它们动态地生成 HTML Web 页面作为对请求的响应，还可以向客户以其他格式发送数据。例如，串行化 Java 对象——Applet 和 Java 应用程序，以及 XML。这些 Servlet 在一个 Servlet 容器中运行，并且可以访问由该容器提供的服务。Servlet 的客户可以是一个浏览器、Java 应用程序，或者任何其他可以构造一个请求并从中接收响应的客户。当然，正常情况下这些请求是 Servlet 可以识别和响应的 HTTP 请求。

在用 Servlet 和 Java EE 技术进行 Java 企业服务器端编程时，Web 服务器从客户机接收请求，并把该请求映射到适当的资源上。如果该请求是一个静态资源，则它会简单地返回该资源给相关的客户机。请求的对象也可以是一个 Java EE 组件（如 Servlet）。在这种情形下，Java EE 服务器会提供一个 Web 容器给 Web 服务器，Web 服务器接着把这个对容器组件的请求转发给指定的容器，随后由该容器把请求转发给相应的组件，再由该组件处理请求并且返回一条响应信息，其执行过程如图3-1所示。

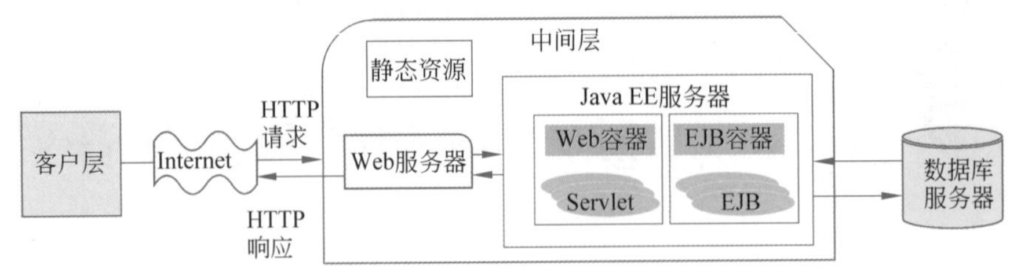

图3-1 Servlet的基本执行流程

中间层由Web服务器和Java EE服务器组成。一个Java EE服务器上有2个容器，即Web容器和EJB容器。Web容器就是管理着一个Web应用的所有Servlet和JSP运行的Java环境，它是一个Java EE服务器的组成部分，它的请求来自Web服务器。它必须支持HTTP，并且可以选择支持其他协议。它可以建立在一个Java EE服务器中，也可以作为一个组件插入Web服务器中。同时，它还负责管理Servlet和JSP实例的调用和生存周期。

EJB容器是包含业务规则或逻辑的业务组件，主要提供对JDBC等Java EE API的访问。EJB有两种类型：会话Bean是面向逻辑的，并处理客户机的请求，也进行数据逻辑的处理；实体Bean与数据本身紧密耦合，并处理数据访问和持久性。在客户机端，应用程序容器是由Java EE提供的在客户机上运行的Java应用程序，它通常使用AWT、Swing API，以及JavaFX构造GUI。Servlet不是用户直接调用的程序，而是由实施该Servle的Web应用中的Web容器根据进入的HTTP请求调用的Servlet。当一个Servlet被调用后，Web容器把进入的请求信息转发到该Servlet，这样Servlet就可以处理它并且生成动态响应信息。Web容器通过接收Servlet的请求与Web服务器交互，并且把响应信息回送到Web服务器。

3.2 基本Servlet结构

Java Servlet API 2.3为以Servlet技术为基础的基于Java EE和Java SE的Web应用开发提供了成熟的技术。Servlet 2.3 API包括javax.servlet和javax.servlet.http两个包。第一个包包含所有的Servlet实现和扩展的通用接口和类；第二个包包含在HTTP实现特定的Servlet时所需要的扩充类。

基本Servlet结构的核心部分是javax.servlet.Servlet接口，它提供了所有Servlet的框架结构。Servlet接口提供了5种方法，其中3个最重要的方法是：init()方法对Servlet进行初始化；service()方法负责接收和响应客户请求；destroy()方法执行清除对象等收尾工作。所有的Servlet必须实现这个接口，实现的方式或者是直接地，或者是通过继承的方式。

3.2.1 GenericServlet与HttpServlet

在Servlet API 2.3中，两个主要的类是GenericServlet与HttpServlet，而

HttpServlet 类是从 GenericServlet 类继承而来的。开发 Servlet 时，通常的做法是继承这两个类中的一个。Servlet 中没有 main()方法，这就是为什么所有的 Servlet 都必须实现 javax.servlet.Servlet 接口的原因。每当 Web 服务器收到一个指向某个 Servlet 的请求时，它总要调用 Servlet 的 service()方法。

当用户的 Servlet 继承 GenericServlet 类时，必须实现 service()方法。GenericServlet 类的 service()方法是一个抽象方法，其定义如下。

public abstract void service(ServletRequest req, ServletResponse res) throws ServletException,IOException;

- ServletRequest——含有发送给 Servlet 的信息，用来保存客户机向服务器发出请求的各种属性，如 IP 地址。
- ServletResponse——保存返回给客户机的数据，如设置服务器如何对客户机进行响应。

与 GenericServlet 类不同，当用户的 Servlet 继承 HttpServlet 类时，不需要实现 service()方法，HttpServlet 类已经为用户实现了。HttpServlet 类的 service()方法的定义如下。

```
protected void service (HttpServletRequest req, HttpServletResponse res)
throws ServletException, IOException;
```

当 HttpServlet.service()方法被调用时，它将读取请求中存储的方法类型，然后基于该值确定应该调用哪一个方法，这些方法是被强制执行的。如果方法的类型是 GET，service()方法将调用 doGet()方法；如果方法的类型是 POST，service()方法将调用 doPost()方法。

3.2.2 Servlet 的生命周期

Servlet 的生命周期如下。

(1) Servlet 由 Web 容器初始化，然后再处理请求。

(2) Servlet 组件从客户层接收请求。

(3) Servlet 处理相应的请求；

(4) 一旦处理完毕，就会向客户层返回一条响应信息。

(5) 最后，Web 容器负责销毁自己生成的任何 Servlet 实例。

上述执行过程中的第一步和第五步只执行一次，第二、第三和第四步将循环多次，以处理众多的请求。

javax.servlet.Servlet 接口说明了 Servlet 生命周期的框架结构。这个接口定义了 Servlet 生命周期的 3 个方法：init()、service()、destroy()。

1. init()方法

init()方法是 Servlet 生命周期的起点，一旦加载了某个 Servlet，服务器立即调用它的 init()方法。在 init()方法中，Servlet 将创建和初始化它在处理请求时要用到的资源，例如数据库连接。init()方法的定义如下。

```
public void init(ServletConfig config) throws ServletException;
```

init()方法使用ServletConfig对象作为参数。用户应该保存这个对象，以便在后续程序中引用。一般用如下的方式定义init()方法。

```
public void init(ServletConfig config) throws ServletException {
    super.init(config);
    ...
}
```

2. service()方法

service()方法处理客户发出的所有请求。在init()方法执行之前，service()方法无法对客户的请求提供服务。因此，它不能直接实现service()方法，除非继承了GenericServlet抽象类。

3. destroy()方法

destroy()方法标志着Servlet生命周期的结束。当服务需要关闭时，Web容器调用Servlet的destroy()方法。此时，在init()方法中创建的任何资源都将被清除和释放。例如，如果有打开的数据库连接，就应当被关闭。destroy()方法的定义如下。

```
public void destroy();
```

3.3 基于JDeveloper开发Servlet

本节通过一个实例介绍在Oracle JDeveloper 10g环境下怎样创建一个基本的Servlet。下面对生成的Servlet源代码进行分析，这是主要着眼于这个Servlet的每个组成部分、Servlet的实现方法以及Servlet使用的对象。

3.3.1 创建基本的Servlet

(1) 启动Oracle JDeveloper，创建一个新的工作区，如图3-2所示。

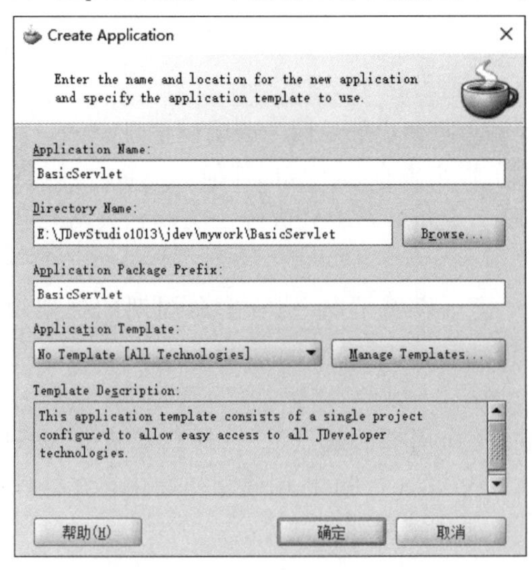

图3-2 创建一个新的工作区

(2) 单击“确定”按钮，将显示如图 3-3 所示的对话框，让用户创建一个工程文件。输入项目文件名为 BasicServlet，然后单击“确定”按钮，则可以完成工作区和工程文件的创建。

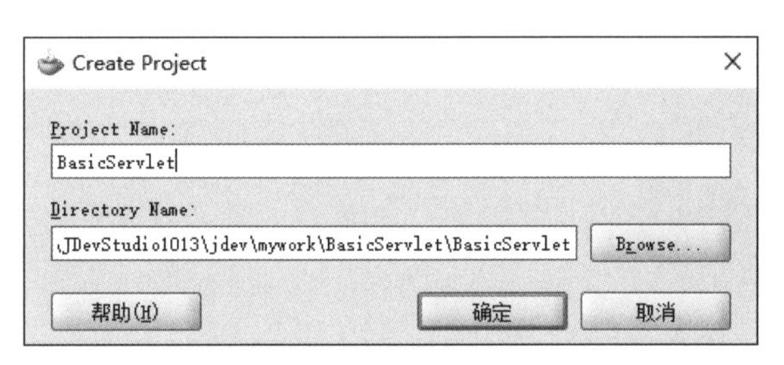

图 3-3　创建一个新的工程

(3) 在创建的工程文件中增加一个 Servlet 对象。从 IDE 主菜单中选择 File→New 命令，将显示如图 3-4 所示的对话框。选择 Web Tier→Servlets→HTTP Servlet，单击“确定”按钮，将会显示 HTTP Servlet Wizard，如图 3-5 所示。

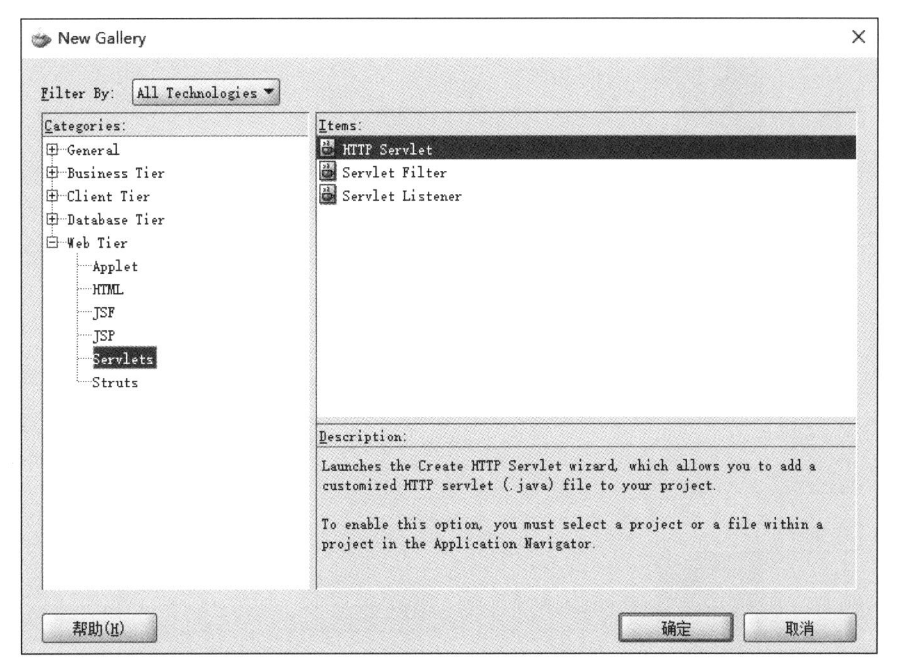

图 3-4　增加一个 Servlet 对象

(4) 单击“下一步”按钮，将会显示 Web 应用版本对话框，如图 3-6 所示。单击“下一步”按钮，将会显示创建 Servlet 对话框，如图 3-7 所示。

(5) 如图 3-7 所示，分别输入 Class 与 Package 域，勾选 doGet()与 doPost()复选框。之后单击“下一步”按钮，将会显示 Servlet 的 URL 映射名字对话框，如图 3-8 所示。

(6) 图 3-8 用来指定创建的 Servlet 的 URL 映射名字和 URL 前缀。这样，在浏览器中运行该 Servlet 时，Web 容器 OC4J 就知道这个 Servlet 的具体存放位置。

图 3-5　HTTP Servlet Wizard

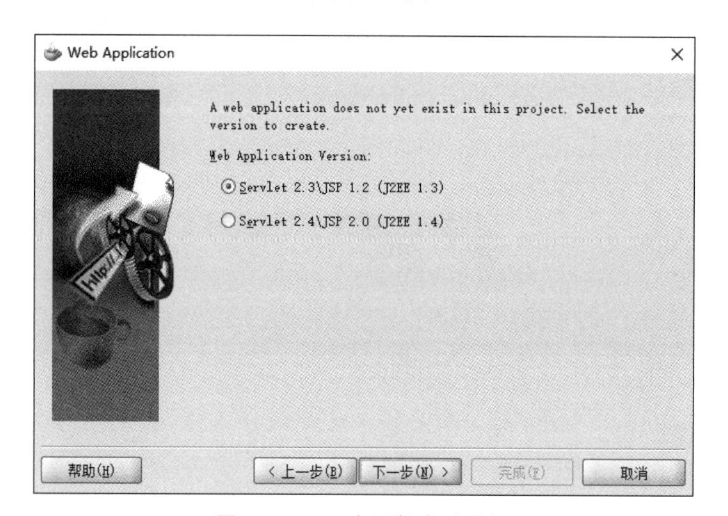

图 3-6　Web 应用版本对话框

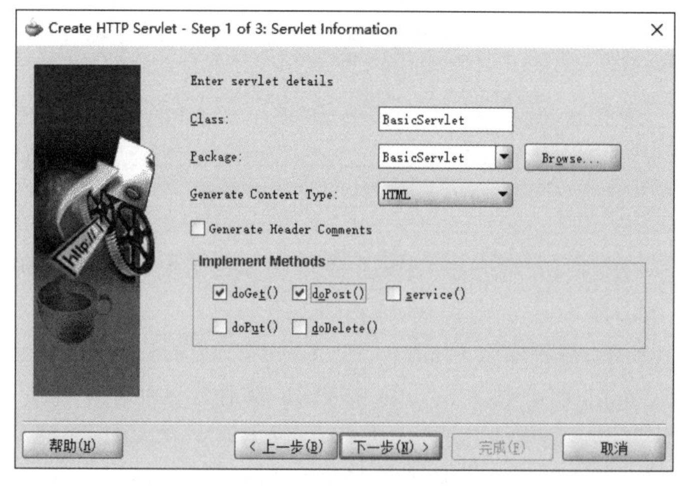

图 3-7　创建 Servlet 对话框

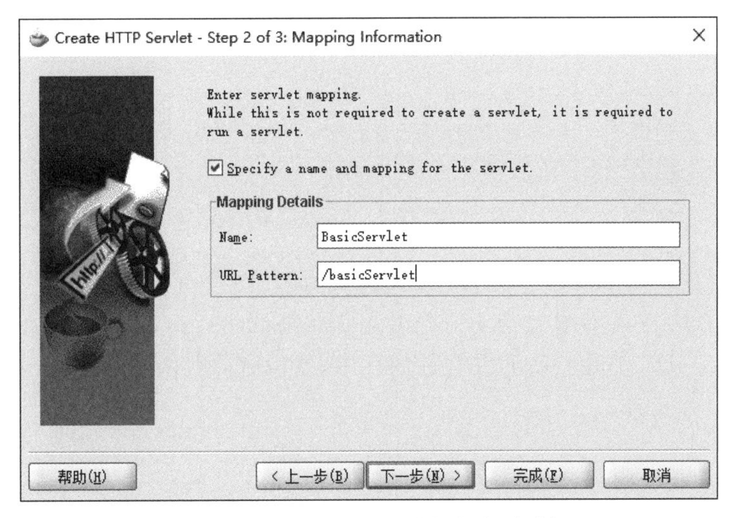

图 3-8　Servlet 的 URL 映射名字对话框

（7）单击"完成"按钮，就可以在 Code Editor 窗口得到如下所示的 BasicServlet.java 的源代码。

```
package basicServlet;
import java.io.IOException;
import java.io.PrintWriter;
import javax.servlet.*;
import javax.servlet.http.*;
public class BasicServlet extends HttpServlet {
    private static final String CONTENT_TYPE = "text/html; charset=GBK";
    public void init(ServletConfig config) throws ServletException {
        super.init(config);
    }
    public void doGet(HttpServletRequest request, HttpServletResponse response)
        throws ServletException, IOException {
        response.setContentType(CONTENT_TYPE);
        PrintWriter out = response.getWriter();
        out.println("<html>");
        out.println("<head><title>BasicServlet</title></head>");
        out.println("<body>");
        out.println("<p>这个 servlet 接收一个 GET 请求.</p>");
        out.println("</body></html>");
        out.close();
    }
    public void doPost(HttpServletRequest request, HttpServletResponse response)
        throws ServletException, IOException {
        response.setContentType(CONTENT_TYPE);
        PrintWriter out = response.getWriter();
```

```
            out.println("<html>");
            out.println("<head><title>BasicServlet</title></head>");
            out.println("<body>");
            out.println("<p>The servlet has received a POST. This is the reply.</p>");
            out.println("</body></html>");
            out.close();
        }
    }
```

(8) 从IDE的主菜单中选择Run→Run BasicServlet.jpr，运行该工程。JDeveloper首先启动内嵌在IDE中的OC4J，并常驻内存中，然后启动默认的IE浏览器，运行结果如图3-9所示。

图3-9 BasicServlet.jpr的运行结果

3.3.2 分析BasicServlet类

从上述开发过程可以看到，在Oracle JDeveloper环境下开发Servlet给开发人员带来了极大的便利。下面分析BasicServlet类的组成及使用方法。

1. BasicServlet类的基本组成结构

首先，BasicServlet类继承了HttpServlet类。HttpServlet是一个抽象类，简化了HTTPServlet的编码工作。同时，HttpServlet类继承了GenericServlet类，提供了处理HTTP特定请求的功能。

2. BasicServlet类继承的方法

BasicServlet类重写了它继承的3个方法，下面说明这3个方法的用法。

(1) init()方法

init()方法首先读取传递给它的ServletConfig对象，再把该对象传递给它的父init()方法，否则将保存该对象以备以后使用。一个Servlet可以使用ServletConfig对象访问其配置数据。init()方法如果不能正常完成，将抛出一个ServletException。

Servlet技术规范保证了init()方法只在Servlet的任何给定的实例上被调用一次，init()方法被允许在任何请求传递到该Servlet之前完成。

执行上述动作的代码如下。

```
super.init(config);
```

在init()方法中可以实现下列一些典型任务。

- 从配置文件中读取配置数据。
- 使用 ServletConfig 对象读取初始化参数。
- 初始化诸如注册一个数据库驱动程序、连接日志记录服务等这样的一次性活动。

BasicServlet 在 init()方法中没有创建任何资源，所以也就没有定义 destroy()方法。

(2) doGet()和 doPost()方法

这两个方法的唯一区别是它们的服务的请求类型不同。doGet()方法处理 GET 请求，doPost()方法处理 POST 请求。它们均接收 HttpServletRequest 和 HttpServletResponse 对象，它们封装了 HTTP 请求/响应信息。HttpServletRequest 对象包含客户机发出的信息，而 HttpServletResponse 对象则包含回送给客户机的信息。在这两个方法中被执行的第一条语句如下。

```
response.setContentType(CONTENT_TYPE);
```

这个语句用于设置响应的内容类型和字符编码，这个响应属性只能设置一次，在开始向 Writer 或 OutputStream 输出流输出信息之前，必须先设置这个属性。在 BasicServlet 类中，正在使用的是 PrintWriter，所以把响应类型设置为 text/html。

下一步要做的就是创建 PrintWriter 的对象，以便通过输出流对象把 HTML 文本信息输出到客户机的浏览器上。可以通过调用 ServletResponse 的 getWriter()方法达到这一目的。执行这个动作的语句如下。

```
PrintWriter out=response.getWriter();
```

现在就有了一个输出流对象的引用，它允许输出 HTML 文本，并回送给 HttpServletResponse 对象所对应的客户机浏览器，下面的程序片段描述了这个过程。

```
out.println("<html>");
out.println("<head><title>BasicServlet</title></head>");
out.println("<body>");
out.println("<p>The servlet has received a GET. This is the reply.</p>");
out.println("</body></html>");
out.close();
```

上述程序片段是一个非常直观地把 HTML 文本回送给客户机浏览器的方法，需要做的仅是把在响应中包含的 HTML 文本传递给 PrintWriter 对象的 println()方法，然后再关闭输出流。

通过上面内容的学习，读者对 Servlet 的组成有了一定程度的了解，也知道了编制自己的 Servlet 的哪一部分需要符合 Servlet API 的框架结构要求，即类与类、类与接口之间的继承关系。因此，读者现在能够创建自己的基本 Servlet 了。

3.3.3 部署 Web 应用

1. 创建与 OC4J 的连接

(1) 启动 OC4J，启动命令以及启动后的提示信息如图 3-10 所示。

(2) 连接 Web 容器 OC4J。在 Oracle JDeveloper IDE 的系统导航窗口展开

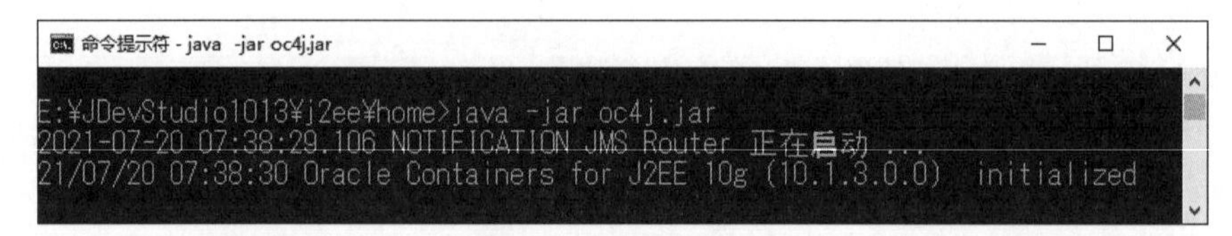

图 3-10 启动 OC4J

Connections 节点，选择 Application Server 对象，右击，在弹出的快捷菜单中选择 New Connection 命令，将显示如图 3-11 所示的连接 OC4J 向导窗口。

图 3-11 连接 OC4J 向导窗口

(3) 单击“下一步”按钮，将会显示如图 3-12 所示的对话框。在 Connection Name 域输入 OracleAS10g，Connection Type 选择独立 OC4J 10g 10.1.3，如图 3-12 所示。

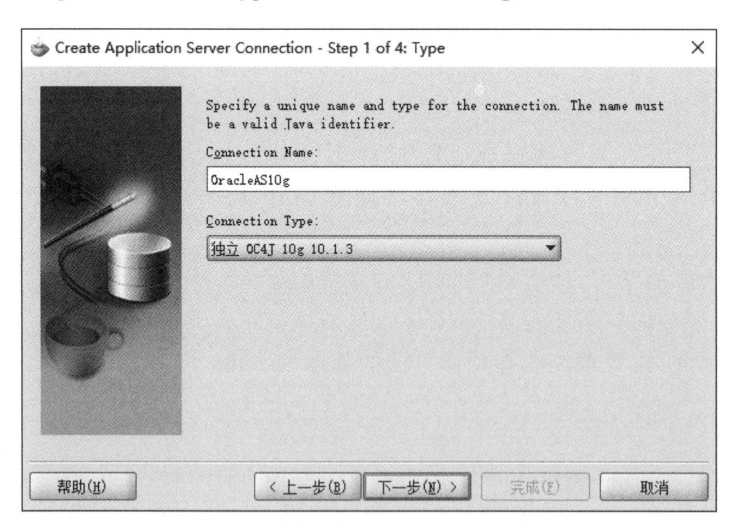

图 3-12 确定连接名称与连接类型

(4) 单击“下一步”按钮，将会显示如图3-13所示的对话框。Username域使用默认值，Password域输入连接OC4J的密码，并勾选Deploy Password复选框。

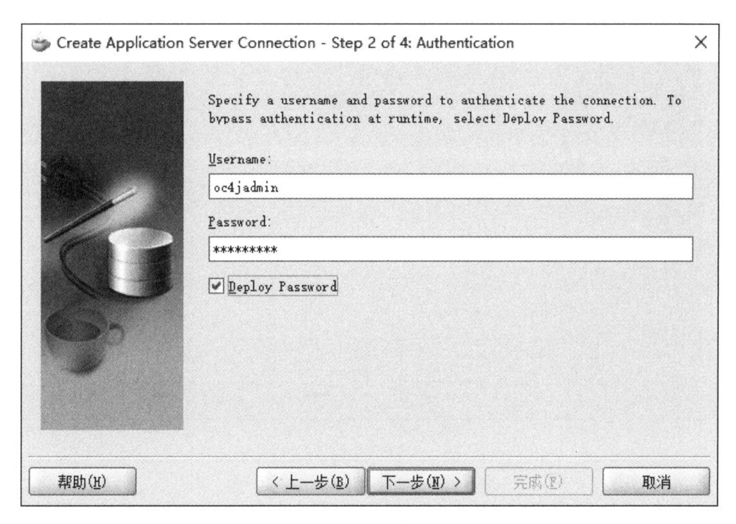

图3-13 确定用户名与密码

(5) 单击“下一步”按钮，将会显示如图3-14所示的对话框。这里，输入Host Name的值为Dell(作者所使用计算机的默认机器名)，URL Path可以省略。

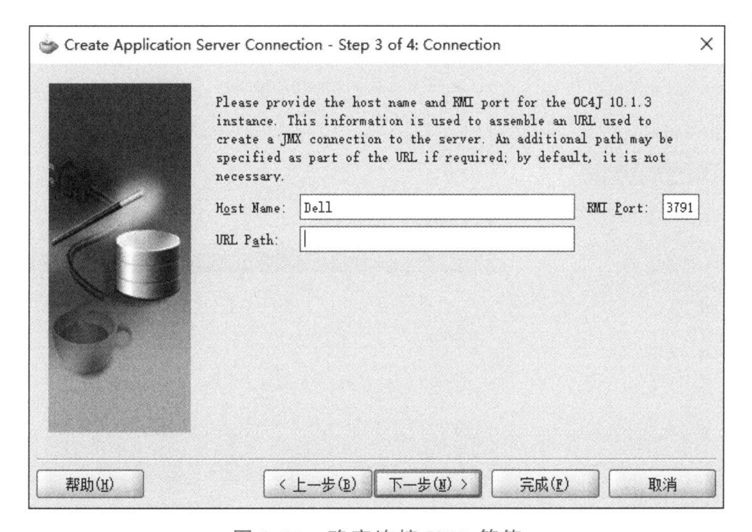

图3-14 确定连接URL等值

(6) 单击“下一步”按钮，将会显示如图3-15所示的对话框。单击Test Connection按钮，如果显示Success! 信息，则说明已经连接成功。单击“完成”按钮，完成与OC4J的连接。

2. 创建Web应用的部署描述文件

(1) 在工程文件BasicServlet中添加一个Web对象。从IDEE的主菜单中选择File→New命令，在所显示的如图3-16所示对话框的Categories区域选择General→

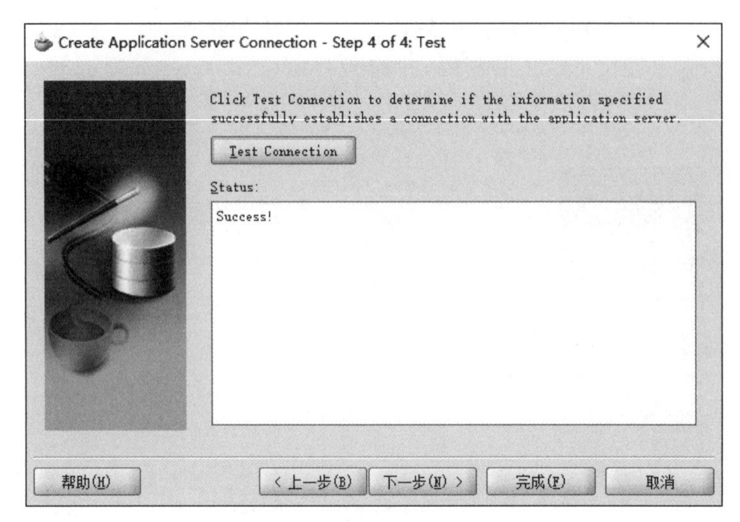

图 3-15　测试连接是否成功

Deployment Profiles，在 Items 区域选择 WAR File，单击“确定”按钮，将会显示如图 3-17 所示的对话框。将 File Name 域的文件名改为 BasicServlet.deploy。

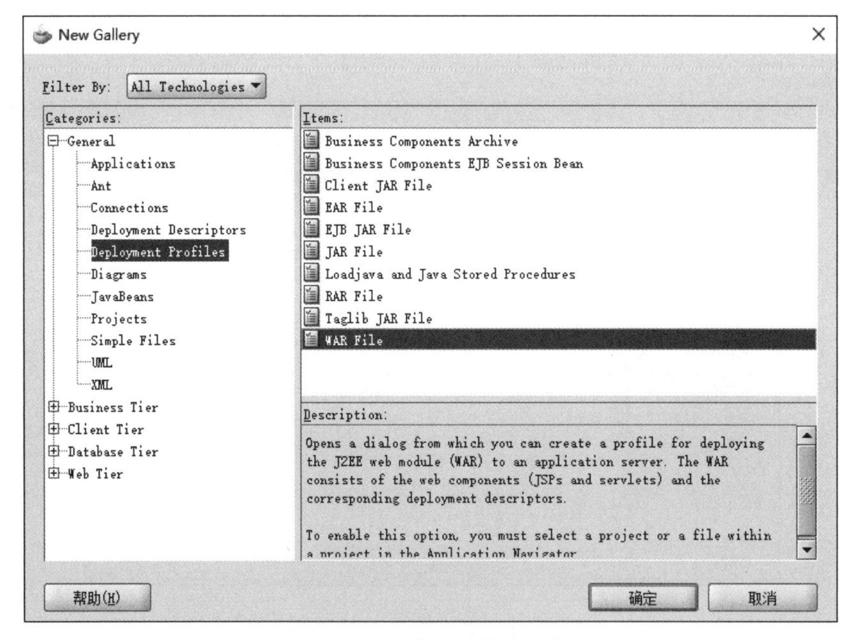

图 3-16　创建部署描述文件

(2) 单击“确定”按钮，将会显示如图 3-18 所示的 Web 应用的部署信息。单击“确定”按钮，将完成 Web 应用的部署描述文件的创建工作。

3. 部署与运行 Web 应用

在系统导航窗口选择 BasicServlet.deploy，右击，从弹出的快捷菜单中选择 Deploy to OracleAS 10g，如图 3-19 所示。

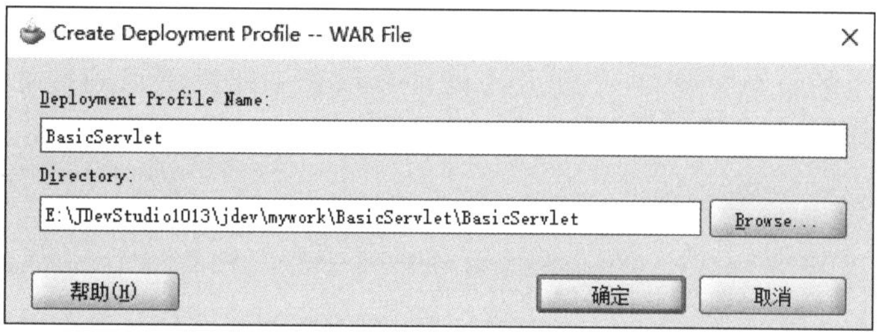

Create Deployment Profile -- WAR File
Deployment Profile Name:
BasicServlet
Directory:
E:\JDevStudio1013\jdev\mywork\BasicServlet\BasicServlet
Browse...
帮助(H)
确定
取消

图 3-17　确定部署描述文件的名称和路径

WAR Deployment Profile Properties
General
WAR Options
File Groups
Web Files
Contributors
Filters
WEB-INF/classes
Contributors
Filters
WEB-INF/lib
Contributors
Filters
Profile Dependencies
Platform
Standalone OC4J
OracleAS Remote DCM
WebLogic 8.x
WebLogic 9.x
New...
Delete
General
WAR File:
ork\BasicServlet\BasicServlet\deploy\BasicServlet.war
Browse...
EAR File:
ork\BasicServlet\BasicServlet\deploy\BasicServlet.ear
Browse...
Enterprise Application Name:
BasicServlet
Web Application's Context Root:
Use Project's J2EE Web Context Root
BasicServlet-BasicServlet-context-root
Specify J2EE Web Context Root:
Deployment Client Maximum Heap Size (in Megabytes):
Auto
帮助(H)
确定
取消

图 3-18　Web 应用的部署信息

Applications
BasicServlet
BasicServlet
Application Sources
BasicServlet
BasicServlet.java
Resources
BasicServlet.deploy
Web Content
WEB-INF
web.xml
Deploy to OracleAS 10g
Deploy to
Deploy to WAR file(F)
Deploy to EAR file
Delete
Delete
Compare With
Replace With
Properties...

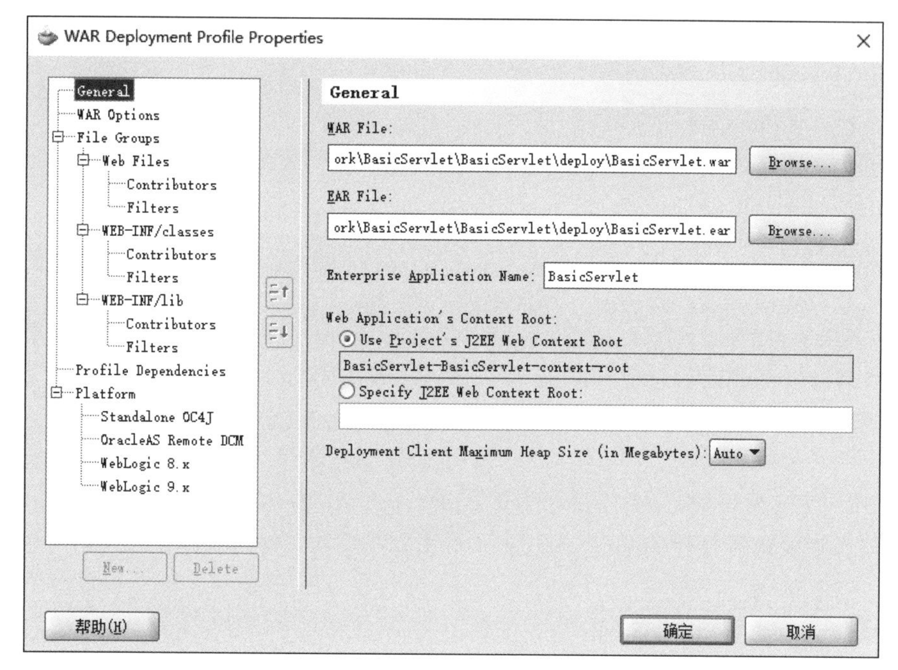

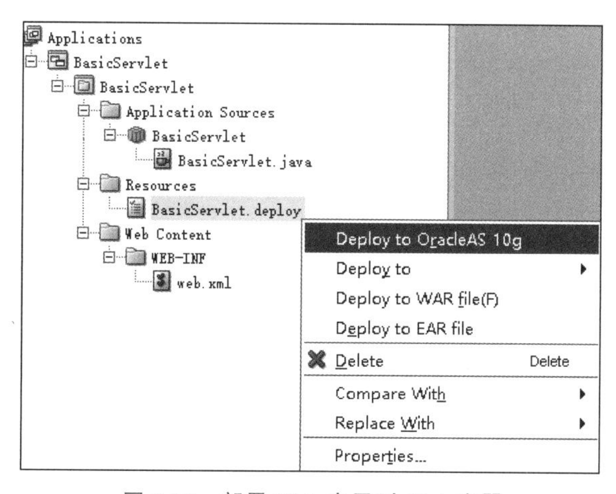

图 3-19　部署 Web 应用到 Web 容器

此时,IDE将根据用户的配置进行BasicServlet.jpr工程的部署工作。在部署过程中,信息浏览工作区将不断显示Web应用的部署信息。如果用户的配置有错误,也会将错误信息显示出来。如果最后显示如下信息,则说明Web应用的部署配置成功完成。

```
----  Deployment started.  ----2021-7-20 11:56:12
Target platform is 独立 OC4J 10g 10.1.3 (OracleAS10g).
Wrote WAR file to E:\JDevStudio1013\jdev\mywork\BasicServlet\BasicServlet\
deploy\BasicServlet.war
Wrote EAR file to E:\JDevStudio1013\jdev\mywork\BasicServlet\BasicServlet\
deploy\BasicServlet.ear
BasicServlet 的 Application UnDeployer 开始。
......
初始化 BasicServlet 开始…
初始化 BasicServlet 结束…
已启动的应用程序: BasicServlet
将 Web 应用程序绑定到站点 default-web-site 开始…
将应用程序 BasicServlet 的 BasicServlet Web 模块绑定到上下文根 BasicServlet-
BasicServlet-context-root 下的站点 default-web-site
将 Web 应用程序绑定到站点 default-web-site 结束…
BasicServlet 的 Application Deployer 完成。操作时间: 107 msecs
Elapsed time for deployment: 15 seconds
----  Deployment finished.  ----2021-7-20 11:56:27
```

在MS-DOS窗口,改变当前目录为E:\jdevstudio1013\J2EE\HOME\config,用IDE或其他的文本编辑器打开default-web-site.xml文件。其文件内容如下。

```
1.  <?xml version="1.0"?>
2.  <web-sitexmlns:xsi="http://www.w3.org/2001/XMLSchema-instance" xsi:
    noNamespaceSchemaLocation="http://xmlns.oracle.com/oracleas/schema/web-
    site-10_0.xsd"port="8888" display-name="OC4J 10g (10.1.3) Default Web
    Site" schema-major-version="10" schema-minor-version="0" >
3.  <default-web-app application="default" name="defaultWebApp" />
4.  <web-app application="system" name="dms0" root="/dmsoc4j" access-log=
    "false" />
5.  <web-app application="system" name="dms0" root="/dms0" access-log=
    "false" />
6.  <web-app application="system" name="JMXSoapAdapter-web" root=
    "/JMXSoapAdapter" />
7.  <web-app application="default" name="jmsrouter_web" load-on-startup=
    "true" root="/jmsrouter" />
8.  <web-app application="ascontrol" name="ascontrol" load-on-startup=
    "true" root="/em" ohs-routing="false" />
9.  <web-app application="bc4j" name="webapp" load-on-startup="true" root=
    "/webapp" />
10. <web-app application="BasicServlet" name="BasicServlet" load-on-
```

```
    startup="true"root="/ServletWS-BasicServlet -context-root" />
11. <access-log path="../log/default-web-access.log" split="day" />
12. </web-site>
```

在一个 Web 容器中，每个 Web 应用与一个上下文环境（Context）相关联，并且一个 Web 应用中包含的所有资源都相对于其上下文环境而存在。一个 Servlet 上下文环境存在于 Web 容器的一个已知路径中，这个路径提供了用户访问 Web 容器中存放的 HTML 文件和 Servlet/JSP 等 Web 资源的 URL 值的前缀。

在 Web 容器中，default-web-site.xml 文件提供了部署 Web 应用的上下文环境。

- 从第 3 行开始，针对每一个已经部署的 Web 应用提供服务，包括每个 Web 应用的名称和上下文环境（root），而这个 root 就是 URL 所指定的 Servlet 的映射地址的前缀。即客户机浏览器访问 URL 的前缀。
- 第 10 行处画了波浪线，就是部署的 BasicServlet 这个 Web 应用的上下文环境。因此，可以确定 URL 值为：
  - 对于 HTML 文档——http://dell:8888/ServletWS-BasicServlet-context-root/HTML 文档名
  - 对于 Servlet——http://dell:8888/ServletWS-BasicServlet-context-root/servlet/BasicServlet

图 3-20 所示就是 BasicServlet 的运行结果。

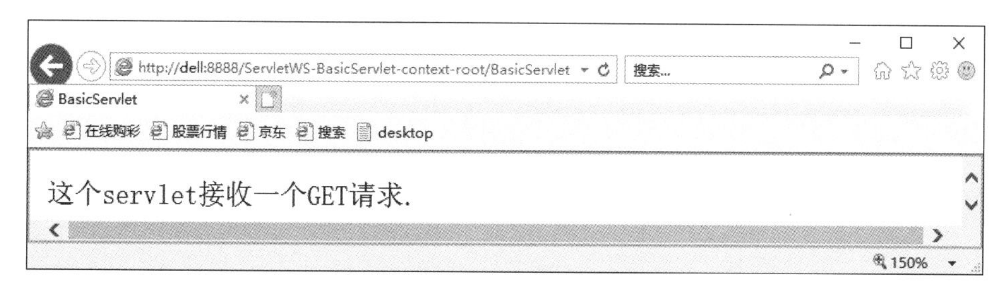

图 3-20　BasicServlet 的运行结果

3.4　本章小结

本章首先介绍了 Java Servlet 的基础知识，并通过实例介绍了在 Oracle JDeveloper 10g 环境下开发、部署和运行 Servlet 的基本方法和步骤，然后分析了一个基本 Servlet 的组成，使读者对一个基本 Servlet 的组成有了一定的认识，也了解了开发 Servlet 的哪一部分需要符合 Servlet 的框架结构要求；最后介绍了怎样确定一个 Servlet 的 URL 的值，以及用户访问这个 Servlet 的 URL 值的方法。

第4章 Servlet API 程序设计

Servlet 2.3 API 包含在 javax.servlet 和 javax.servlet.http 这两个包中，这个 API 包含 20 个接口和 16 个类。在 API 中使用大量的接口，使得开发人员可以根据一个特定 Web 容器的要求自定义和优化 Servlet 实现。开发人员并不需要了解 Servlet API 提供的类是如何由 Web 容器实现的细节，只要能够根据类的规则访问这些类中定义的方法即可。本章将介绍 Servlet 2.3 API 中主要的接口和类，通过实例介绍这些接口和类的用途与使用方法。

4.1 javax.servlet 包

javax.servlet 包提供了 Servlet 和 Web 容器之间通信的规则，这使得 Servlet 容器厂商能够致力于按照最适合于其要求的方式开发容器，为 Web 应用提供指定的 Servlet 接口实现。

4.1.1 javax.servlet 接口

javax.servlet 包由 12 个接口组成。Servlet 容器提供了 ServletConfig、ServletContext、ServletRequest、ServletResponse、ServletDispacher、FilterChain、FilterConfig 7 个接口的实现。这些接口是 Servlet 容器必须向 Servlet 提供的对象，以便于向 Web 应用提供服务。开发人员创建自身的 Servlet 需要实现剩余的 5 个接口，即 Servlet、ServletContextListener、ServletContextAttributeListener、SingleThreadModel、Filter 接口。实现这些接口的目的是使 Servlet 容器能够通过接口中定义的方法调用相应的实现。因此，Servlet 容器只需知道接口中定义的方法，而实现的细节则由开发人员完成。

- Servlet 接口定义了基本 Servlet 的初始化、服务和销毁的生命周期方法，这些方法介绍见第 3 章。这个接口中还包含 getServletConfig()方法，Servlet 可以使用它访问 ServletConfig 对象，由 Servlet 容器通过该对象向 Servlet 传递初始化信息。

- ServletConfig 接口中最重要的方法是 getServletContext，负责返回 ServletContext 对象。ServletContext 对象在执行诸如写入日志文件等操作时被初始化，并且只有当该 Web 应用被关闭时才被销毁。
- ServletContextListener 接口是一个生命周期接口，由开发人员实现监听 ServletContext 的变化。所以，ServletContext 的初始化和销毁的生命周期事件将会触发一个监听该 Web 应用的 ServletContextListener 实现。ServletContextAttributeListener 对象执行的是相似的功能，但它监听的是 ServletContext 上的属性列表的改变。
- ServletDispacher 接口定义了一个对象，它通过把客户请求导向服务器上适当的资源实现对这些客户请求的管理。
- Servlet 容器提供了用于实现 ServletRequest 和 ServletResponse 接口的类，这些类向 Servlet 提供客户请求信息，以及用于向客户机发送响应的对象。
- SingleThreadModel 接口没有定义方法，它用于保证一个 Servlet 一次只能处理一个请求。
- Filter、FilterModel 和 FilterConfig 接口向开发人员提供了过滤功能。Filter 既可以用于过滤一个 Servlet 请求，又可以过滤来自一个 Servlet 的响应。过滤可以用于身份验证、日志记录和本地化等应用。

4.1.2　javax.servlet 类

javax.servlet 类包括 GenericServlet、ServletContextEvent、ServletContextAttributeEvent、ServletInputStream、ServletOutputStream、ServletRequestWrapper、ServletResponseWrapper 7 个类，以及 ServletException 和 UnavailableException 2 个异常类，共计 9 个类。

- GenericServlet 抽象类用于开发独立于协议的 Servlet，并且仅要求实现 service()方法。
- ServletContextEvent 和 ServletContextAttributeEvent 两个类用于提供 ServletContext 以及各个属性的改变情况的事件类。
- ServletInputStream 和 ServletOutputStream 两个抽象类为与客户机之间发送和读取二进制数据提供 I/O 流。
  - ServletInputStream 抽象类用来在使用 HTTP POST 和 PUT 方法时，从一个客户请求中读取二进制数据。除了 InputStream 中的方法之外，还提供了一个 readLine()方法，用于一次一行地读取数据。
  - public int readLine(byte[ ] b,int off,int len) throws java.io.IOException
    - 该方法一次一行地读取数据并保存在一个 byte 数组中。读取操作从指定的偏移量 off 开始，持续到读取指定数量的字节 len，或者达到一个新行符。新行符也存储在字节数组中。如果还没有读到指定数量的字节就达到了文件结束符，则返回－1。
  - ServletOutputStream 类用来向一个客户机写入二进制数据。它提供了重载版本的 print()和 println()方法，可以用来处理基本类型数据和 String 数据类型。

其用法与 OutStream 中定义的相同。

- ServletRequestWrapper 和 ServletResponseWrapper 是包装类，提供了 ServletReques 和 ServletResponse 接口的实现。这些实现可以产生子类，以便开发人员为自身的 Web 应用增强包装对象的功能。这样做可以实现客户机与服务器之间约定的一个基本协议，或者透明地使用请求的一种特定格式。
- ServletException 是 Servlet 在遇到问题必须放弃时可以抛出的一个通用异常。抛出的这个异常表明用户请求、处理请求或者发送响应时出了问题，这个异常抛到 Servlet 容器中以后，应用程序便失去了处理请求的控制权。Servlet 容器会接着负责清理这些请求，并向客户机返回一个响应。根据容器的实现和配置，容器可能向客户返回一个出错页面以表明出现了服务器故障。当一个过滤器或者 Servlet 临时或永久性地不可用时，这该抛出 UnavailableException 异常。这可以应用在 Servlet 处理请求时请求的资源。例如，数据库、域名服务器不可用时，就应该抛出这个异常。

4.1.3 Servlet 接口

所有用户开发的 Servlet 都必须实现 Servlet 接口，尽管大多数情形下都是从一个已经实现了 Servlet 接口的子类继承而来的。Servlet API 提供了抽象类 GenericServlet 实现 Servlet 接口。一般地，开发一个 Servlet 可以通过生成 GenericServlet 类的子类，或者生成 GenericServlet 类的子类 HttpServlet 的子类来实现。

Servlet 接口中定义的需要 Servlet 实现的方法有：2 个由 Servlet 容器调用的生命周期方法 getServletConfig()和 getServletInfo()，如下所示。

- public ServletConfig getServletConfig()——返回一个 ServletConfig 对象的一个引用，其中包含相应 Servlet 的初始化和启动参数。
- public String getServletInfo()——返回一个 String 对象，其中包含该 Servlet 的信息。例如，Servlet 的作者与版本信息。

4.1.4 GenericServlet 类

GenericServlet 类是 Servlet 接口的一个抽象类实现方式。它根据 Servlet 接口的定义实现了相应的生命周期方法，以及 ServletConfig 有关方法的默认实现方式，如下所示。

- public void init()——该方法可以防止继承的 Servlet 存储 ServletConfig 对象。
- public ServletConfig getServletConfig()——该方法返回与调用 GenericServlet 子类对象关联的 ServletConfig 对象。一个 ServletConfig 对象包含用于初始化 Servlet 的参数。
- public String getServletName()——该方法返回与调用 GenericServlet 对象的名字。

4.1.5 ServletRequest 接口

ServletRequest 接口用于向一个 Servlet 提供客户机的请求信息。当客户机向

Servlet 发出请求时，Servlet 就使用这个接口获取客户机的信息，该接口是由用户实现的。当一个 Servlet 的 service()方法执行时，Servlet 就可以调用这个接口的方法，ServletRequest 对象作为一个参数传递给 service()方法。ServletRequest 接口定义的一些方法如下所示。

- public Object getAttribute(String name)——该方法返回指定属性名的值。
- public String getCharacterEncoding()——该方法返回一个包含字符编码的 String 对象，该字符编码用在请求的主体中。如果没有编码，则返回 null。
- public String setCharacterEncoding()——该方法替代在此请求主体中使用的字符编码。
- public getContentLength()——该方法返回请求的主体部分的长度字节数，如果不知道其长度，则返回－1。
- public ServletInputStream getInputStream()——该方法返回一个 ServletInputStream 对象，可用于读取请求主体中的二进制数据。
- public String getProtocol()——该方法返回请求使用的协议的名字和版本号。返回的典型版本号是 HTTP/1.1。
- public String getScheme()——该方法返回用来形成请求的方案(如 HTTP、FTP 等)。
- public String getServletName()——该方法返回包含接收请求的服务器名字的一个 String 对象。
- public int getServerPort()——该方法返回接收该请求的端口号。
- public BufferedReader() getReader()——该方法返回一个 BufferedReader 对象，它可以用来读取请求的主体作为字符数据。
- public String getRemoteAddr()——该方法返回一个 String 对象，其中包含发出请求的客户机的 IP 地址。
- public String getServerHost()——该方法返回一个 String 对象，其中包含客户机的名字。如果无法确定其名字，则返回其 IP 地址。

4.1.6　ServletResponse 接口

ServletResponse 接口用来向客户机发出一条响应信息。一般在 Servlet 的 service()方法中调用，由用户实现这个接口。当 service()运行时，Servlet 可以用它的方法把响应信息返回给客户机。ServletResponse 对象是作为一个参数传递给 service()方法的。ServletResponse 接口中定义的方法如下。

- public String getCharacterEncoding()——该方法返回一个 String 对象，其中包含请求主体中使用的字符编码，默认值为 ISO-88591-1。
- public ServletOutputStream getOutputStream()——该方法返回一个 ServletOutputStream 对象，用于把响应信息写成二进制数据。
- public PrintWriter getWriter()——该方法返回一个 PrintWriter 对象，它可以把响应信息写成字符数据。
- public void setContentLength(int len)——该方法用于设置响应信息主体的长度。

- public String setContentType(String type)——该方法用于设置发送给服务器的响应信息的内容类型。String 参数指定了一个 MIME 类型。

4.2　javax.servlet.http 包

javax.servlet.http 包提供了用于生成 HTTP 专用的 Servlet 类和接口。抽象类 HttpServlet 是用户定义的 HTTP Servlet 的一个基础类，并且提供了相关方法处理 HTTP 的 DELETE、GET、OPTIONS、POST、PUT 和 TRACE 请求。Cookie 类允许包含状态信息的对象被放置在客户机上并且由一个 Servlet 访问。另外，这个包还通过 HttpSession 接口打开了会话跟踪功能。

4.2.1　HttpServletRequest 接口

HttpServletRequest 接口的定义如下。

```
public interface HttpServletRequest extends ServletRequest
```

这个接口继承了 ServletRequest 接口，以提供可用于获取关于一个请求信息的方法，这个请求针对的是一个 HttpServlet。HttpServletRequest 接口定义的方法如下所示。

- public String getHeader(String name)——该方法返回一个 String 对象指定的标题值。如果请求中没有包含指定的标题，则返回 null。
- public String getMethod()——该方法返回用来生成相关请求的 HTTP 方法的名字，例如 GET、POST 等。
- publicString getPathInfo()——该方法返回在请求 URL 中包含的任何附加路径信息。这些额外信息位于 Servlet 路径之后，查询字符串之前。如果没有，则返回 null。
- public String getPathTranslated()——该方法返回与 getPathInfo()返回相同的信息。
- public String getQueryString()——该方法返回包含在请求 URL 中的查询字符串。
- public String getRemoteUser()——该方法返回相关请求的用户的登录信息。
- public String isUserInRose()——如果身份验证的用户拥有指定的逻辑角色，则该方法返回 true。
- public String getRequestedSessionID()——该方法返回由客户指定的会话 ID；否则，返回 null。
- public String getRequestURL()——该方法返回相关请求 URL 的一个子部分，从协议名到查询字符串。
- public String getRequestURL()——该方法重新构造用来发出请求的 URL，包括协议、服务器名、端口号和路径，但不包含查询字符串。
- Public String getServletPath()——该方法返回请求 URL 中用来调用相关 Servlet

的部分，但不带任何其他信息或查询字符串。

- public String getSession()——该方法返回与相关请求关联的HttpSession对象。
- public String getAuthType()——该方法返回请求中使用的身份验证方案的名字；否则，返回null。

4.2.2 HttpServletResponse接口

HttpServletResponse接口的定义如下。

```
public interface HttpServletResponse extends ServletResponse
```

这个接口继承了ServletResponse接口，并通过提供访问HTTP专用功能（例如，HTTP标题）继承了ServletResponse接口。这个接口定义了许多常量来指示服务器返回的状态。ServletResponse接口定义的一些常量如下。

- public static final int SC_OK——状态码200表明请求被成功地处理。
- public static final int SC_CREATED——状态码201表明请求被成功地处理，并在服务器上创建了一个新的资源。
- public static final int SC_ACCEPTED——状态码202表明请求被接收并正在处理，但没有完成。
- public static final int SC_NO_CONTENT——状态码204表明请求被成功地处理，但没有新的信息返回。
- public static final int SC_BAD_REQUEST——状态码400表明客户机发出请求的句法不正确。
- public static final int SC_UNAUTHORIZED——状态码401表明请求HTTP认证。
- public static final int SC_FORBIDDEN——状态码403表明服务器懂得客户机的请求，但拒绝响应。
- public static final int SC_NOT_FOUND——状态码404表明所请求的资源不能使用。
- public static final int SC_BAD_GATEWAY——状态码502表明HTTP服务器作为一个代理服务器或网关服务器时，收到一个所请求的服务器发过来的无效信号。
- public static final int SC_INTERNAL_SERVER_ERROR——状态码500表明HTTP服务器不支持所需要的功能而不能完成客户机请求。
- public static final int SC_NOT_IMPLEMENTED——状态码501表明HTTP服务器不支持所需要的功能而不能完成客户机请求。
- public static final int SERVICE_UNAVAILABLE——状态码502表明HTTP服务器负载太重，不能处理客户机请求。

4.2.3 HttpServlet类

HttpServlet类的定义如下。

```
public abstract class HttpServlet extends GenericServlet implements java.
io.Serializable
```

这个类继承了 GenericServlet 类，以便于提供 HTTP 调整的功能，包括用于处理 HTTP DELETE、GET、OPTIONS、POST、PUT，以及 TRACE 请求的方法。与 GenericServlet 类类似，HttpServlet 类提供了一个 service()方法。但与 GenericServlet 类不同的是，service()方法不需要用户实现，因为 service()方法的默认实现把相关请求分配到了适当的处理器方法上。

HttpServlet 类的一个子类必须至少替代 HttpServlet 或者 GenericServlet 类中定义的一个方法。而 doDelete()、doGet()、doPost()和 doPut()方法是最常被替代的。

(1) doGet()方法

```
protected void doGet(HttpServletRequest req, HttpServletResponse res) throws
ServletException,java.io.IOException
```

doGet()是由服务器通过 service()方法调用的，用来处理 HTTP GET 请求。GET 请求可供客户机向服务器发送表单数据。有了 GET 请求，这些表单数据就会附在浏览器发送的 URL 的后面，作为查询字符串发送给服务器。可以发送的表单数据的数量由 URL 允许的最大长度限制。

(2) doPost()方法

```
protected void doPost(HttpServletRequest req, HttpServletResponse res)
throws ServletException,java.io.IOException
```

doPost()是由服务器通过 service()方法调用的，用来处理 HTTP POST 请求。POST 请求可供客户机向服务器发送表单数据。有了 POST 请求，这些表单数据就会被单独发送给服务器，而不是追加到 URL 后面，这样就可以发送大量数据。

(3) doHead()方法

```
protected void doHead(HttpServletRequestreq, HttpServletResponse res) throws
ServletException,java.io.IOException
```

doHead()方法是由服务器通过 service()方法调用的，用来处理 HTTP HEAD 请求。HEAD 请求使客户机能够检索出响应信息的标题，而不检索出主体信息。

(4) doPut()方法

```
protected void doPut(HttpServletRequest req, HttpServletResponse res) throws
ServletException,java.io.IOException
```

doPut()方法是由服务器通过 service()方法调用的，用来处理 HTTP PUT 请求。PUT 请求可供客户机把一个文件放在服务器上，并且在概念上类似于通过 FTP 向服务器发送文件。

(5) doDelete()方法

```
protected void doDelete(HttpServletRequest req, HttpServletResponse res)
```

```
throws ServletException,java.io.IOException
```

doDelete()方法是由服务器通过 service()方法调用的，用来处理 HTTP DELETE 请求。DELETE 请求可供客户机从服务器上删除一个文档或者 Web 网页。

(6) doOption()方法

```
protected void doOption (HttpServletRequest req, HttpServletResponse res)
throws ServletException,java.io.IOException
```

doOption()方法是由服务器通过 service()方法调用的，用来处理 HTTP OPTION 请求。OPTION 请求确定服务器支持哪个 HTTP 方法，并且通过一个标题向客户机回送信息。

(7) doTrace()方法

```
protected void doTrace (HttpServletRequest req, HttpServletResponse res)
throws ServletException,java.io.IOException
```

doTrace()方法是由服务器通过 service()方法调用的，用来处理 HTTP TRACE 请求。TRACE 请求返回随 TRACE 请求发送的标题，回送给客户。

(8) getLastModified()方法

```
protected long getLastModified(HttpServletRequest req)
```

getLastModified()方法返回请求的资源上次被修改的时间，返回值表示为从 1970 年 1 月 1 日零时算起的毫秒数。

4.3 构造一个 HTTP 请求头的 Servlet

创建一个有效的 Servlet 的关键是理解 HTTP，因为 HTTP 对 Servlet 的性能和可用性具有直接的影响。下面给出一个 Servlet 实例，它建立所接收到的所有 HTTP 请求头及其相关值的一个表，并打印出主请求行的 3 个成分：方法、URI 以及协议。

(1) 启动 Oracle JDeveloper 10g，在工作区 ServletWS.jws 中创建一个工程文件 ShowRequestHeaders.jpr。

(2) 在工程文件 ShowRequestHeaders.jpr 中增加一个 Servlet 文件 ShowRequestHeaders.java。在 CodeEditor 窗口对生成的源代码做如下所示的修改。

```
1.  package showrequestheaders;
2.  importjavax.servlet.*;
3.  import javax.servlet.http.*;
4.  import java.io.IO.*;
5.  import java.util.*;
6.  public class ShowRequestHeaders extends HttpServlet {
7.  private static final String CONTENT_TYPE ="text/html; charset=GBK";
8.  public void init(ServletConfig config) throwsServletException {
9.  super.init(config);
```

```
10.  }
11.  public void doGet(HttpServletRequest request, HttpServletResponse
     response) throws ServletException, IOException {
12.  response.setContentType(CONTENT_TYPE);
13.  PrintWriter out =response.getWriter();
14.  out.println("<html>");
15.  out.println("<head><title>ShowRequestHeaders</title></head>");
16.  String title="Show Request Headers";
17.  out.println("<body>");
18.  out.println("<h1 align=\"center\">"+title+"</h1>\n");
19.  out.println("<b>Request Method: </b>"+request.getMethod()+"<br>\n");
20.  out.println("<b>Request URI: </b>"+request.getRequestURL()+"<br>\n");
21.  out.println("<b>Request Protocol: </b>"+request.getProtocol()+"<br>
     <br>\n");
22.  out.println("<table border=1 align=\"center\">\n"+"<tr>\n");
23.  out.println("<th>HeaderNames<th>Header Value");
24.  Enumeration headerNames=request.getHeaderNames();
25.  while(headerNames.hasMoreElements()) {
26.  String headerName=(String)headerNames.nextElement();
27.  out.println("<tr><td>"+request.getHeader(headerName));
28.  out.println("<td>"+request.getHeader(headerName));
29.  }
30.  out.println("</body></html>");
31.  out.close();
32.  }
33.  }
```

(3) 参阅第 3 章的内容，部署这个 Web 应用。运行结果如图 4-1 所示。

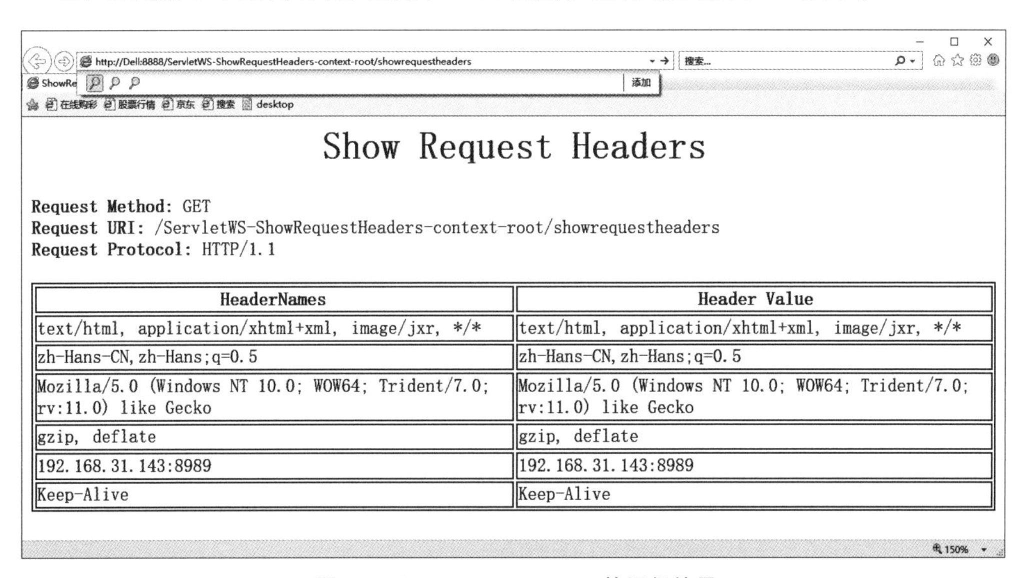

图 4-1　ShowRequestHeaders 的运行结果

【分析讨论】

该 Web 应用为了实现要求的功能，使用了如下几个方法。

- getMethod()——该方法返回 Web 请求的方法名。
- getRequestURL()——该方法返回 Web 请求的 URL。
- getProtocol()——该方法返回 Web 请求的协议名。
- getHeaderNames()——该方法返回一个 Enumeration 对象，该对象包括 HttpServletRequest 中所有的 Header 名称。
- getHeader()——该方法根据 Header 的名称返回其值。

4.4 Servlet 会话处理

Internet 通信协议一般分为无状态连接(Stateless)和持续性(Stateful)两类，两者的最大差别在于客户机与服务器之间维持连接的状态不同。例如，文件传输协议(FTP)属于 Stateful 协议。因为客户机连接到服务器后，是通过相同而且持续性的连接传输各种操作，服务器在等待操作完成之后才切断这种连接。服务器能够识别并记忆发出请求的每一个客户机，只要连接操作没有结束，就将保持这种持续性的连接和记忆。

HTTP 属于 Stateless 的协议。HTTP 只关心请求和响应的状态，当客户机有请求时，服务器才会建立连接。一旦客户机的请求结束，服务器便会中断与客户机的连接，不与客户机保持持续性的连接状态。

会话跟踪是 Servlet 维护单个客户机一系列请求的当前状态的一种能力。服务器使用的 HTTP 是一个无状态的协议，服务器无法从协议中得知传送的请求是否来自同一个客户机。例如，网上书店必须能够确定每一个购买书籍的访问者所执行的一系列动作。当用户发现他需要购买的书籍时，他将做出选择。但是，用户的每一个请求与先前的请求是相互独立的，所以 Web 服务器无法确定是谁做出了这个选择。因此，必须使用其他的方式才能得知这一要求来自哪一个客户机。

4.4.1 HttpSession 接口

Javax.servlethttp 包提供的 HttpSession 接口，提供了在客户机与服务器之间定义一个会话的方法。尽管 HTTP 是无状态的，但是这个会话可以持续一段指定的时间，用于来自客户机的多个连接或者请求。这个接口声明的方法可以访问关于会话的信息并且把对象绑定到会话上。绑定的对象可以包含状态信息，以供每个请求访问。

HttpSession 接口提供了核心的会话管理功能，抽象了一个会话。从概念上讲，一个 HttpSession 对象就是一个客户会话过程中存活的对象，并且与请求对象关联。HttpSession 接口提供了下列方法来获取 HttpSession 接口的实例。

① public HttpSession getSession()；

② public HttpSession getSession(boolean create)。

这个会话返回与这个请求关联的会话。如果目前还没有会话与这个请求关联，那么可以使用第二个方法生成一个新的 Session 对象并且把它返回。如果其参数为 false，并且目前没有会话与这个请求相关联，则这个方法返回 null。Session 接口定义的方法如下。

- public void setAttribute(String name，Object value)——该方法绑定一个 Object 到这个会话指定的属性 name 上。如果该属性 name 已经存在，则传递给该方法的 Object 将替代以前的 Object。
- public void getAttribute(String name)——该方法从会话返回一个指定名字的属性。
- public void removeAttribute(String name)——该方法从会话中删除绑定在指定名字上的对象。
- public Enumerration getAttributeNames()——该方法返回一个会话中所有属性的名字 Enumerration。
- public long getCreationTime()——当一个客户第一次访问容器时，容器会生成一个会话。
- public String getId()——该方法返回分配给这个会话的唯一标识符。
- public long getLastAccessedTime()——该方法返回与该会话关联的一个客户请求发送的时间。
- public void getMaxInactiveInterval(int interval)——该方法指定服务器在两个客户之间将等待的秒数。此段时间之后该会话将失效。如果向该会话传递了一个负值，则该会话将永远不会超时。
- public void invalidate()——该方法使相关会话失效，并且解除在会话上的任何绑定。
- public boolean isNew()——如果相关服务器已经生成了一个还没有被客户访问的会话，则该方法返回 true。

4.4.2　计数器 Servlet

下面给出一个计数器 Servlet 的实例，用于显示关于客户机会话的基本信息。当客户机连接时，这个计数器 Servlet 使用 request.getSession(true)检索现在的会话。如果没有会话，则建立一个新的会话。然后，计数器 Servlet 将查找一个整型属性 accessCount。如果不能找到属性，则访问次数为 0。否则，对这个值增 1 并通过 setAttributr 将它与会话关联。

(1) 启动 Oracle JDeveloper，在工作区 ServletWS.jws 中创建一个工程文件 ShowSession.jpr。

(2) 在工程文件 ShowSession.jpr 中增加一个 Servlet 文件 ShowSession.java(HTTP Servlet)。在 CodeEditor 窗口将生成的 Java 代码进行如下所示的修改。

```
package ShowSession;
import java.io.IOException;
import java.io.PrintWriter;
import javax.servlet.*;
```

```
import javax.servlet.http.*;
import java.sql.Date;
publicclass ShowSession extends HttpServlet {
    private static final String CONTENT_TYPE ="text/html; charset=GBK";
    public void init(ServletConfig config) throws ServletException {
        super.init(config);
    }
    public void doGet(HttpServletRequest request,
        HttpServletResponse response) throws ServletException, IOException {
        response.setContentType(CONTENT_TYPE);
        PrintWriter out =response.getWriter();
        String title="Session Tracking Examples";
        HttpSession session=request.getSession(true);
        String heading;
        Integer accessCount=(Integer)session.getAttribute("accessCount");
        if(accessCount==null) {
            accessCount=new Integer(0);
            heading="欢迎访问!";
     }
        else {
            heading="欢迎再次访问!";
            accessCount=new Integer(accessCount.intValue()+1);
        }
        session.setAttribute("accessCount",accessCount);
        out.println("<html>");
        out.println("<head><title>ShowSession</title></head>");
        out.println("<body>");
        out.println("<h1>"+heading+"</h1>\n");
        out.println("<h2>Information on Your Session:</h2>\n");
        out.println("<table border=1>\n");
        out.println("<tr>\n"+"<th>Information Type<th>Value\n");
        out.println("<tr>\n"+"<td>"+session.getId()+"\n");
        out.println("<tr>\n"+"<td>Creation Time\n"+"<td>");
        out.println(new Date(session.getCreationTime())+"\n");
        out.println("<tr>\n"+"<td>Time of Last Access\n"+"<td>");
        out.println(new Date(session.getLastAccessedTime())+"\n");
        out.println("<tr>\n"+"<td>Number of Previous Accesses\n");
        out.println("<td>"+accessCount+"\n"+"</table>\n");
        out.println("</body></html>");
            out.close();
    }
}
```

(3) 参阅第 3 章的相关内容,部署这个 Web 应用。执行结果如图 4-2 和图 4-3 所示。

欢迎访问!

Information on Your Session:

Information Type	Value
c0a81f8f231d5becf09977404f578e4b91d90ed249eb	
Creation Time	2021-07-22
Time of Last Access	2021-07-22
Number of Previous Accesses	0

图 4-2　客户机第一次访问计数器 Servlet 的执行结果

欢迎再次访问!

Information on Your Session:

Information Type	Value
c0a81f8f231d5becf09977404f578e4b91d90ed249eb	
Creation Time	2021-07-22
Time of Last Access	2021-07-22
Number of Previous Accesses	3

图 4-3　客户机第三次访问计数器 Servlet 的执行结果

4.5　本章小结

本章介绍了 Java Servlet API 的基本组成、用途,以及在编程中用到的主要方法。通过使用 Servlet API 接口,使得开发人员可以根据一个特定 Web 容器的要求自定义和优化 Servlet 实现。开发人员并不需要了解 Servlet API 提供的类是如何由 Web 容器实现的细节,只要能够根据类的规则访问这些类中定义的方法即可。本章通过实例介绍了 Servlet 2.3 API 中主要的接口和类的用途与使用方法。

第5章 基本JSP程序设计

Java Server Pages(JSP)是基于Java语言的脚本技术，是Java EE Web层用于生成网页的另外一种主要技术。JSP使用类似于HTML的标记和Java代码段，能够将HTML代码从Web页面的业务逻辑中分离出来。JSP技术规范的目标是通过提供一种比Servlet更简洁的程序设计结构，以简化动态Web页面的生成和管理。每个JSP页面在第一次被调用时都会被翻译成一个Servlet，而该Servlet是JSP页面中的标记和脚本标记指定的嵌入动态内容的结合体。本章首先介绍JSP的基本运行原理、执行机制和生命周期，然后在此基础上介绍JSP页面的基本组成、语法、JSP隐含对象的用途和适用范围。最后，本章通过实例阐述了在Oracle JDeveloper和OC4J环境下，开发、部署和运行JSP的基本原理和方法。

5.1 JSP概述

JSP是一种用于取代CGI的技术，而且性能比CGI脚本优越。Servlet在服务器上运行并且截获来自客户端浏览器的请求，适用于确定如何处理客户请求以及调用其他的服务器对象。但是，Servlet并不适用于生成页面内容。另外，从Java代码中生成标记是很难维护的，而且Servlet必须由熟悉Java语言的开发者编写。Servlet与JSP在功能上虽然有所重叠，但是可以把Servlet看作控制对象，而把JSP看作视图对象。在创建Java Web应用时，不需要在使用Servlet还是使用JSP之间做出艰难的选择。Servlet与JSP是互补的技术，对复杂的Web应用，它们两者都会被使用到。

另一方面，JSP利用JavaBeans和Java标记对静态HTML代码和动态数据进行了分离。静态HTML代码由HTML程序员负责编写，而动态数据和JavaBeans由Java程序员负责编写。这样的分工原则，可以使不同的程序员专注于各自的领域。

5.1.1　JSP运行原理

当客户使用浏览器上网时，服务器能够解释来自客户机的信息，这是因为客户机和服务器都遵守了TCP/IP族的标准。TCP/IP通过Internet决定了信息的分发和路由。HTTP给出了Web页面请求和响应的格式，这些协议共同工作在网络的传输层上。浏览器根据HTTP定制的规则构造请求，然后浏览器通过另一个称为TCP/IP堆栈的软件处理请求。TCP/IP堆栈初始化请求的分发和路由。当请求最终到达一台服务器时，它的TCP/IP堆栈将所有到达的请求组合在一起，并将请求传输给服务器软件（即OC4J提供的JSP容器），根据HTTP规则解释这个请求。

服务器不仅运行JSP容器，也运行一个TCP/IP堆栈，还可以运行其他的软件。通常，JSP容器仅负责请求/响应周期的HTTP部分。如果用户请求的是一个JSP页面，则服务器将这个请求转发给JSP容器，JSP容器解释JSP代码并构造一个HTML文档传输给浏览器。

服务器将请求转发给一个JSP容器有许多方法，其中常用的一种方法是通过TCP/IP堆栈进行通信。通常服务器软件和JSP容器并不驻留在同一台计算机上，它们通过一个TCP/IP堆栈共享信息。图5-1阐述了JSP的运行原理。

提示：读者出于学习目的，可以在本地计算机上同时运行一个客户机浏览器、一个服务器和一个JSP容器（OC4J），在运行时再对Web应用进行实际的部署。

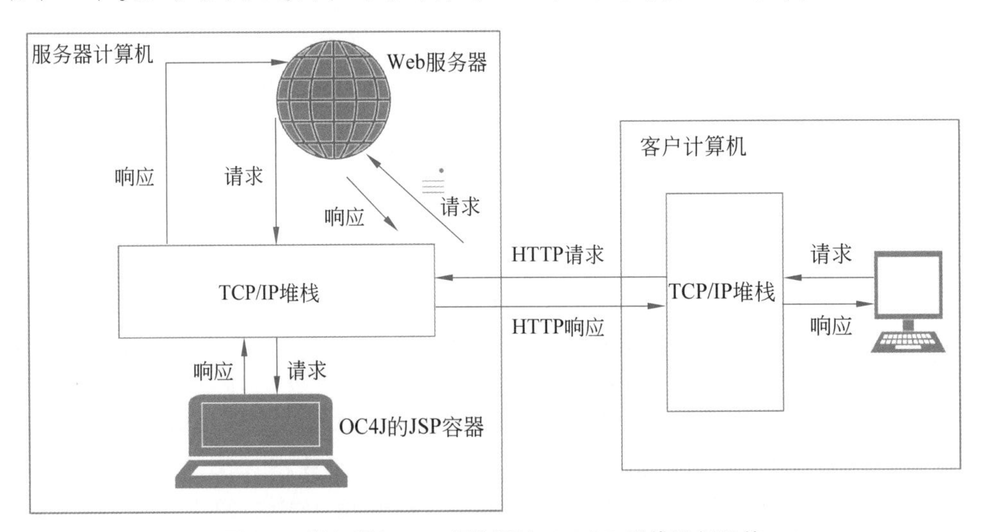

图5-1　服务器与JSP容器通过TCP/IP堆栈进行通信

5.1.2　JSP生命周期

JSP生命周期包括jspInit()、jspService()，以及jspDestroy()3个方法，这些方法是根据JSP的状态从JSP容器中被调用的。

javax.servlet.jsp包中定义了一个JspPage接口（继承自Servlet接口），该接口定义了jspInit()与jspDestroy()两个方法。无论客户端使用哪种通信协议，实现JspPage接口的类都可以经由 jspInit()与 jspDestroy()方法完成初始化和资源释放动作。针对 HTTP 通信协议，javax.servlet.jsp 包定义了一个 HttpJspPage 接口。该接口只定义了一个 jspService()方法。

一般地，把 jspInit()、jspService()，以及 jspDestroy() 3 个方法称为 JSP 生命周期方法。

- 当一个 JSP 页面第一次请求时，JSP 容器将把该 JSP 页面转换为一个 Servlet。JSP 容器首先把该 JSP 页面转换成一个 Java 源文件，在转换时如果发现语法错误，则将中断转换，并向服务器和客户机输出错误信息；如果转换成功，JSP 容器将用 javac 把 Java 源文件编译成.class 文件。上述过程执行完成之后，JSP 容器将创建一个 Servlet 实例，该 Servlet 的 jspInit()方法将被执行。
- jspInit()方法在 Servlet 生命周期中只被执行一次，然后将调用 jspService()方法处理来自客户机的请求。对每一个请求，JSP 容器将会创建一个新线程来处理这个请求。如果有多个客户机同时请求这个 JSP 页面，则 JSP 容器将会创建多个线程。每个客户机请求对应一个线程。以多线程方式执行 JSP 页面可大大降低对系统的资源需求，提高系统的并发量及响应时间，但是应当注意多线程的编程限制。
- 由于这个 Servlet 始终驻留在内存之中，所以响应速度非常快。如果 JSP 页面被修改过，服务器将根据设置决定是否对其重新编译。如果需要重新编译，则将编译结果取代内存中的 Servlet，并继续进行上述过程。虽然 JSP 执行效率很高，但在第一次调用时由于需要进行转换和编译，所以会稍有延迟。此外，如果出现系统资源不足的情形，jspDestroy()方法首先将被调用，然后 Servlet 实例将被标记加入“垃圾回收器”处理。

5.1.3　JSP 执行过程

JSP 页面的执行过程如图 5-2 所示。

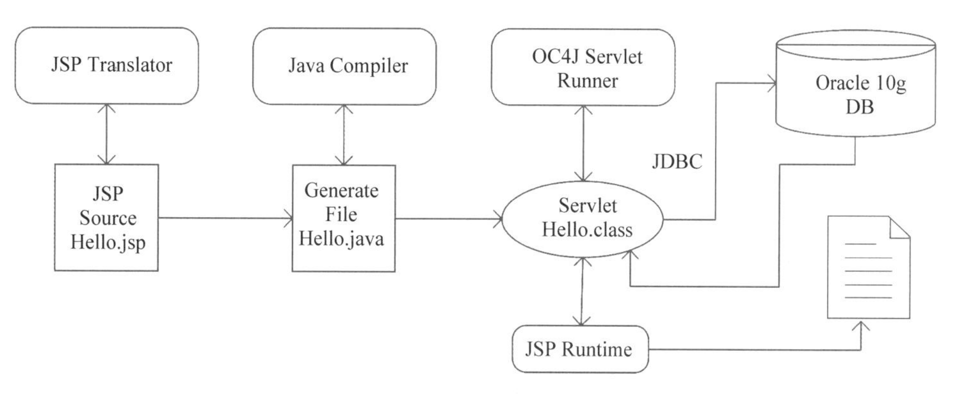

图 5-2　JSP 页面的执行过程

- JSP 页面及其相关文件总称为翻译单元(Translation Unit)。JSP 容器第一次为一个 JSP 页面截获一个请求时，翻译单元将把它翻译成一个 Servlet。这个编译过程包括两个阶段：第一个阶段是把 JSP 源代码转换成一个 Servlet；第二个阶段包括编译这个 Servlet。

- JSP 页面第一次由 JSP 容器装入时，实现 JSP 标记的 Servlet 代码会自动生成、编译并加载到 OC4J 提供的 Servlet 容器中。这种情况发生在翻译时间，而且只在第一次请求 JSP 页面时才发生，所以第一次访问 JSP 页面时响应速度会稍慢些。但以后的请求直接由已经编译过的 Servlet 处理，这些过程发生在运行时间里。因此，理解 JSP 页面执行过程的关键是正确区分翻译时间与运行时间。

5.2 JSP 脚本元素

JSP 页面包含 HTML 与 JSP 两类标记。HTML 标记用一对尖括号括住，而 JSP 标记则括在一对尖括号和一对百分号中。HTML 是页面设计的基本语言，使用 JSP 标记的文档会被 JSP 容器转换成 HTML 标记。JSP 不仅可以使用本身固有的语法，也可以和 HTML 标记一起使用。JSP 页面可以是模板元素、注释、脚本元素、指令元素以及操作元素这 5 种元素中的一种或组合体。

如果 JSP 页面中使用的编程语言位于 JSP 标记的外部，则 JSP 容器会将它识别为模板数据(Template Data)，并直接将它显示在页面中。模板元素是指 JSP 的静态 HTML 或 XML 内容，它对 JSP 的显示是非常必要的。模板元素是网页的框架，它影响着页面的结构和美观程度。在编译 JSP 页面时，JSP 容器将把模板元素编译到 Servlet 中。当客户请求该 JSP 页面时，JSP 容器会把模板元素发送到客户端。一个带有 Java 代码的 JSP 标记称为脚本元素，JSP 页面中有声明、表达式和脚本 3 种类型的脚本元素。

1. 声明

声明(Declaration)用于在 JSP 页面中定义方法和实例变量。声明并不生成任何将会送给客户机的输出。其一般语法格式如下：

```
< % !方法或实例变量的定义 %>
```

2. 表达式

表达式(Expression)用于把动态内容(变量值或方法的运算结果)传递给客户端浏览器界面。其一般语法格式如下。

```
< %=变量或方法的值 %>
```

“变量或方法的值”可以是前面声明中定义的方法或实例变量中的任何一个返回值。例如，下面的程序片段：

```
<%! public double pi=3.14159; %>
<%=pi %>        →输出 3.14159
pi              →输出 pi
```

从输出结果可以看出，pi 只有在 JSP 表达式中才有效，而没有使用表达式的 pi 将被原样显示在浏览器的界面上。在表达式中可以使用任何形式的变量，JSP 容器会将标记中的值全部转换成字符串并输出到浏览器界面上。

3. 脚本

脚本(Scripting)是用于解释Java语言的标记。如果在JSP页面中嵌入Java语句,则JSP容器会解释脚本标记内的Java语句,并根据其语法在浏览器页面上运行。其一般语法格式如下。

```
<%Java代码 %>
```

脚本标记中的Java代码大都用于完成运算功能,所以这些Java代码的运算结果无法直接显示在浏览器页面中。与声明不同,脚本标记可以将一个完整的程序分开使用。例如下面的程序片段:

```
<%for(int i=0; i<3; i++) { %>
    这是脚本
<%} %>
```

4. 注释

所谓注释(Comments),是在程序代码中用于说明程序流程的语句。JSP页面中的注释语句如表5-1所示。

表5-1 JSP页面的注释语句

种　　类	表示形式
HTML注释语句	<!--注释-->
JSP注释语句	<%--注释语句--%>
Script语言注释语句	<%//注释语句%><%/*注释语句*/%>

5.3 基于IDE开发JSP页面

基于JDeveloper开发JSP页面,可以充分利用IDE的可视化编辑器提供的HTML组件面板和JSP组件面板提供的标记,有效地提升开发效率。下面通过一个实例,介绍开发JSP页面的可视化编辑器的使用方法。这个实例要求编写一个JSP页面,用于显示1～6的平方根表。

(1) 在JDeveloper中创建ch05.jws,在该Application中创建一个工程文件sqrtTable.jpr。

(2) 在工程文件sqrtTable中创建一个JSP程序。从主菜单中选择File→New命令,在显示的对话框的Categories区域中选择Web Tier→JSP,在Item区域中选择JSP,单击"确定"按钮,则显示Welcome to the Create JSP Wizard窗口。单击"下一步"按钮,显示如图5-3所示的选择Web应用的版本对话框。

(3) 单击"下一步"按钮,显示如图5-4所示的对话框。在File Name域输入sqrtTable.jsp,在Directory Name域使用它的默认值,Type选择JSP Page(*.jsp)。

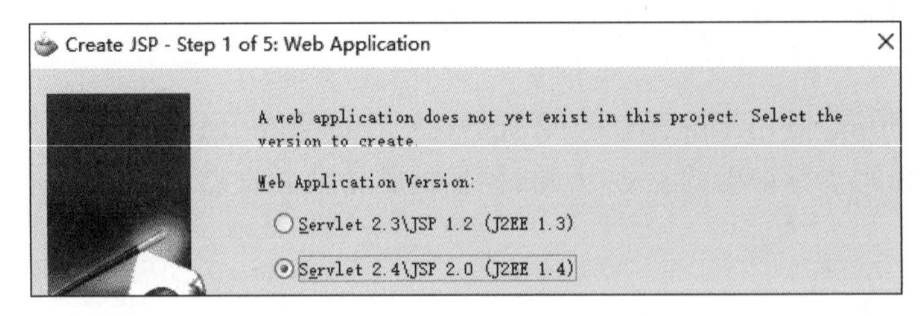

图5-3 选择Web应用的版本

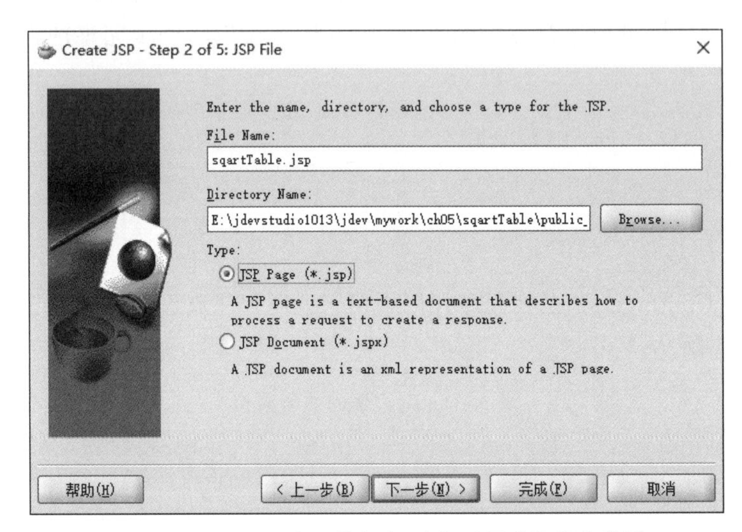

图5-4 输入Web应用的名称、路径以及选择程序类型

(4) 单击“下一步”按钮，显示选择“出错页面参数”对话框，如图5-5所示。

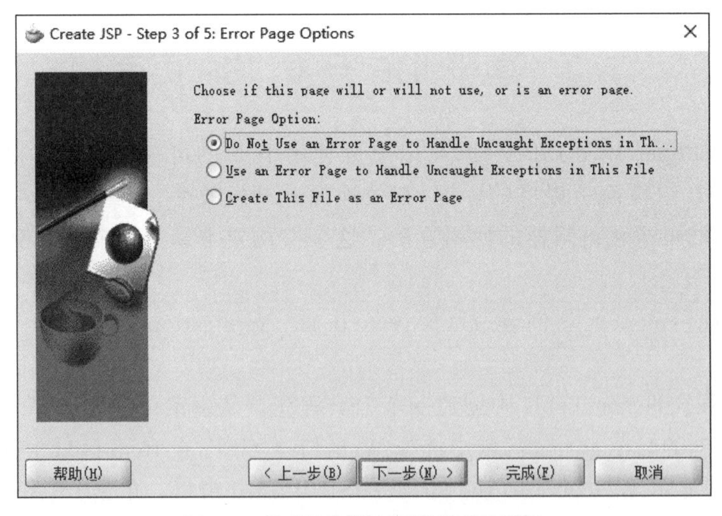

图5-5 选择“出错页面参数”对话框

(5) 单击“下一步”按钮，显示“使用其他组件库”对话框，本例暂不使用。单击“下一

步"按钮，显示如图 5-6 所示的对话框。可以选择 HTML 版本，输入 JSP 页面的标题，设置 JSP 页面的背景颜色和样式表。

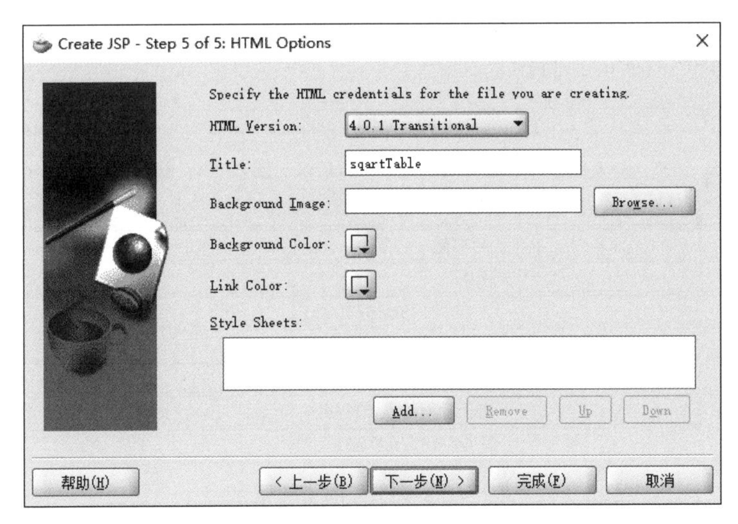

图 5-6　选择 HTML 版本，输入 JSP 页面的标题等

(6) 单击"完成"按钮，在 Code Editor 生成 JSP 页面源代码。

(7) 根据题目要求修改生成的 JSP 源代码，具体如下所示。

```
1.  <!DOCTYPE HTML PUBLIC "-//W3C//DTD HTML 4.01 Transitional//EN"
2.  "http://www.w3.org/TR/html4/loose.dtd">
3.  <%@ page contentType="text/html;charset=GB2312"%>
4.  <HTML><HEAD>
5.  <META HTTP-EQUIV="Content-Type" CONTENT="text/html; charset=GB2312">
6.  <TITLE>Table Of Square Roots</TITLE></HEAD>
7.  <BODY>
8.  <!--表标题-->
9.  <CENTER>平方根表</CENTER>
10. <!--表头-->
11. <TABLE CELLSPACING="2" CELLPADDING="1" BORDER="2" WIDTH="100%" ALIGN=
    "LEFT">
12. <TR>
13. <TD>数字</TD>
14. <TD>平方值</TD>
15. </TR>
16. <%--表体部分, 输出数的平方根--%>
17. <%for(int n=1;n<=6;n++) { %>
18. <TR>
19. <%/*输出数*/ %><TD><%=n%></TD>
20. <%/*输出数的平方根*/ %><TD><%=Math.sqrt(n) %></TD>
21. </TR>
22. <%} %>
```

```
23.  </TABLE></BODY>
24.  </HTML>
```

(8) 完成 JSP 页面的源代码编写工作之后，就可以将 Web 应用部署到 OC4J 容器。图 5-7 所示为 JSP 页面的执行结果。

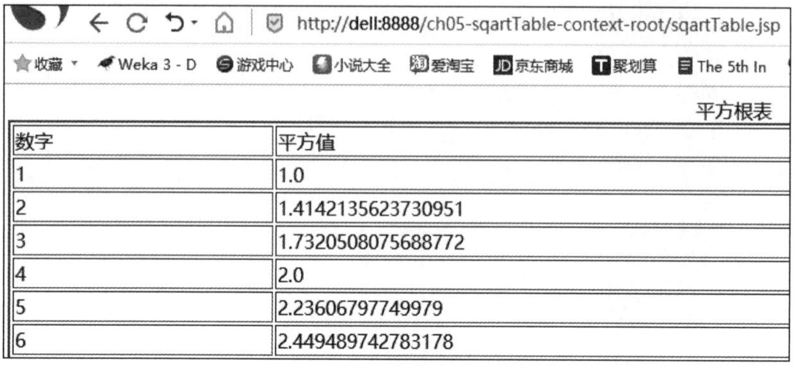
http://dell:8888/ch05-sqartTable-context-root/sqartTable.jsp
收藏
Weka 3 - D
游戏中心
小说大全
爱淘宝
京东商城
聚划算
The 5th In
平方根表
数字
平方值
1
1.0
2
1.4142135623730951
3
1.7320508075688772
4
2.0
5
2.23606797749979
6
2.449489742783178

图 5-7 JSP 页面的执行结果

【分析讨论】

- 第 3 句表示指定输出文本为 HTML，字符编码为 GBK。
- 该 JSP 页面创建了一个 HTML 表，表的每一行都封装在<TR>和</TR>标记中。由于使用了 for 循环，所以执行一次循环体，都要用一对新的<TR>和</TR>标记创建表的一个新行。
- 每一对标记中都有两个 JSP 表达式：一个用于输出数 n；一个用于输出该数的平方根。

5.4 JSP 隐含对象

JSP 可以使用 Servlet API 提供的特定隐含对象。这些对象在 JSP 页面中可以使用标准变量实现访问，并且不再需要开发人员重新声明，就可以在任何 JSP 表达式和脚本中使用，这些对象称为隐含对象(Implicit Objects)。利用这些隐含对象，可以在 JSP 页面中直接存取 Web 应用的运行环境信息，如表 5-2 所示。例如，通过 request 对象可以取得 HTTP 请求内容，通过 application 对象可以取得 web.xml 文件的配置信息等。

表 5-2 JSP 隐含对象及用途

JSP 隐含对象	用 途
request	客户机发送的 HTTP 请求
response	服务器要发送给客户端的 HTTP 响应
out	输出数据流的 JspWrite 对象
config	JSP 页面编译后产生的 Servlet 相关信息的 ServletConfig 对象

续表

JSP 隐含对象	用　　途
pageContext	JSP 页面信息的 pageContext 对象
page	相当于 Java 语言的 this 对象
exception	其他 JSP 抛出的异常
session	用于存取 HTTP 会话内容
application	Web 应用配置信息的 ServletContext 对象

5.4.1　对象使用范围

JSP 对象、JavaBeans 对象以及隐含对象的使用范围是一个非常重要的概念，因为它定义了相关对象来自哪个 JSP 页面以及生存时间。对象的使用范围在内部依赖于上下文环境（Context），一个 Context 为资源提供了一个不可见的容器与接口，供它们与程序环境通信。例如，一个 Servlet 在一个上下文环境中运行，这个 Servlet 就需要知道关于服务器的所有资源都可以从这个上下文环境中提取，并且服务器需要与这个 Servlet 通信的所有信息通过这个上下文环境传递。JSP 技术规范为开发人员使用的对象定义了 4 个范围，如表 5-3 所示。

表 5-3　对象的使用范围

维　护	使 用 说 明
page	只能在引用特定对象的 JSP 页面中访问这些对象
request	可以在所有服务于当前请求的页面中访问这些对象，其中包括转发到或包含在原始 JSP 页面中的页面。相应的请求被导入这些 JSP 页面
session	只能通过定义相关对象时访问的 JSP 页面访问这些对象
application	应用程序范围对象可以由一个给定上下文环境中的所有 JSP 页面访问

5.4.2　request 对象

HTTP 描述了来自客户机的请求与服务器的响应两方面内容。在 JSP 页面中，可以用 request 和 response 两个隐含对象表示这两方面的内容。

下面的 Web 应用实例，用于得到来自客户机请求的相关信息。该 Web 应用的实现原理是：request 对象是 ServletRequest 接口的一个针对协议和具体实现的子类，具有 request 使用范围。而且 request 对象包含了客户机向服务器发出请求的内容，可以通过该对象了解客户机向服务器发出请求的内容和客户端所要求的信息。

在 ch05.jws 中创建一个工程文件 jspRequest.jpr，在该工程中创建一个 JSP 页面文件 jspRequest.jsp 和一个部署描述文件 jspRequest.deploy。jspRequest.jsp 的源代码如下所示。

```
1.  <%@ page contentType="text/html;charset=GB2312"%>
2.  <HTML><HEAD><META HTTP-EQUIV="Content-Type" CONTENT="text/html;
    charset=GB2312">
3.  <TITLE>request/response 实例</TITLE></HEAD>
4.  <BODY>
5.  <B>Browser:</B><%=request.getHeader("User-Agent") %><BR>
6.  <B>Cookies:</B><%=request.getHeader("Cookie") %><BR>
7.  <B>Accepted MIME types:</B><%=request.getHeader("Accept") %><BR>
8.  <B>HTTP method:</B><%=request.getMethod() %><BR>
9.  <B>IP Address:</B><%=request.getRemoteAdd() %><BR>
10. <B>DNS Name(or IP Address again):</B><%=request.getRemoteHost() %><BR>
11. <B>Country:</B><%=request.getLocale().getDisplayCountry() %><BR>
12. <B>Language:</B><%=request.getLocale().getDisplayLanguage() %><BR>
13. </BODY></HTML>
```

JSP 页面的执行结果如图 5-8 所示。

图 5-8 JSP 页面的执行结果

【分析讨论】

- 一个 HTTP 请求可以有一个或多个标题，每个标题都有一个名字和一个值。为了返回客户机请求的标题值，JSP 页面调用了 request 对象的 getHeader()方法。通过 JSP 页面中的第 5、6、7 句可以得到以下 3 个值：User-Agent——包含一个描述客户机浏览器的信息；Cookie 标题——包含客户机前一次访问服务器时发送的信息，标题值是一个标题号。Accept 标题——包含浏览器响应请求时接收到的 MIME 类型的列表。
- JSP 页面中的第 8 句，通过调用 request 对象的 getMethod()方法得到 HTTP 的请求方法是 get()。
- 第 9 句通过调用 getRemoteAdd()方法返回产生请求的客户机 IP 地址。第 10 句通过调用 getRemoteHost()方法得到服务器的 DNS。如果没有可用的 DNS，则服务器再次返回 IP 地址。

- JSP 页面中的第 11 句和第 12 句分别返回了访问服务器的客户浏览器所在的国家和使用的语言。

5.4.3　response 对象

response 对象是 javax.servlet.ServletRequest 接口中的一个针对特定协议和实现的子类，具有 page 使用范围。response 对象是表示服务器对请求的响应的 HttpServletResponse 实例，包含服务器向客户机做出的应答信息。这个对象响应信息包含的内容有：MIME 类型的定义、编码方式、保存的 Cookie、连接到其他 Web 资源的 URL 等。在 JSP 页面中，可以通过调用 request 对象的方法得到请求信息，也可以通过调用 response 对象的方法设置相应的信息。

1. response 的 Http 文件头

在下面的实例中，response 对象添加了一个头值为 3 的响应头 refresh。客户机浏览器收到这个头之后，每隔 3s 将再次刷新页面，执行结果如图 5-9 所示。

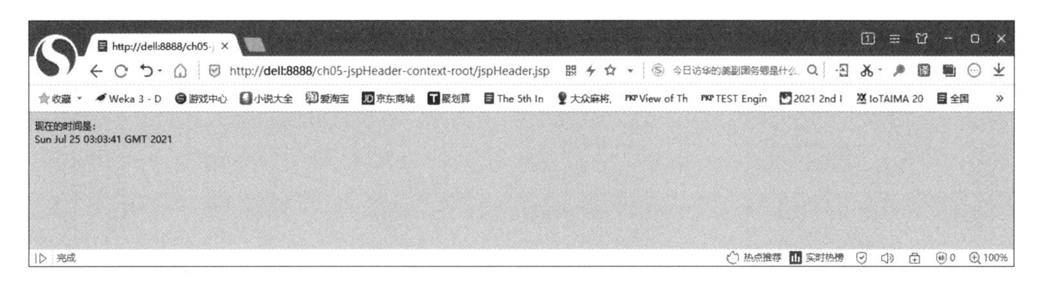

图 5-9　JSP 页面的执行结果

在 ch05.jws 中创建一个工程文件 jspHeader.jpr，在该工程文件中创建一个 JSP 页面文件 jspHeader.jsp 和一个部署描述文件 jspHeader.deploy。jspHeader.jsp 的源代码如下。

```
1.  <%@ page contentType="text/html;charset=GB2312" %>
2.  <%@ page import="java.util.* " %>
3.  <HTML><BODY bgcolor=cyan>
4.  <Font size=1 >
5.  <P>现在的时间是：<BR>
6.  <%out.println(""+new Date());
7.  response.setHeader("Refresh","3");
8.  %>
9.  </FONT>
10. </BODY></HTML>
```

【分析讨论】

- 当客户访问一个页面时，会提交一个 HTTP 头传递给服务器。这个请求包括一个请求行、HTTP 头和信息行。
- 同样，HTTP 响应也包含一些 HTTP 头。

- response 对象可以使用 setHeader(String head,String value)和 addHeader(String head,String value)两个方法动态地添加新的响应头及其值,并将这些 HTTP 头发送给浏览器。
- 如果添加的 HTTP 头已经存在,则向前的 HTTP 头将被覆盖。

2. response 重定向

世界上一些著名的商业网站都提供免费的 E-mail 服务。在注册、使用 E-mail 时,需要输入一个用户名和密码,并将其发送给 Mail 服务器以验证用户的身份。下面的实例就可以完成上述功能。当用户输入正确的密码时,就显示一个欢迎信息;否则,将显示出错信息发送给客户机浏览器。

在 ch05.jws 中创建一个工程文件 jspLogin.jpr,在该工程文件中创建一个 HTML 文件 jspLogin.html、一个 jspLogin.jsp 和一个部署描述文件 jspLogin.deploy。jspLogin.html 的源代码如下。

```
1.    <!DOCTYPE HTML PUBLIC "-//W3C//DTD HTML 4.01 Transitional//EN"
      "http://www.w3.org/TR/html4/loose.dtd">
2.    <HTML><HEAD><META HTTP-EQUIV="Content-Type" CONTENT="text/html;
      charset=GB2312">
3.    <TITLE>Login</TITLE></HEAD>
4.    <BODY>
5.    <FORM action="jspLogin.jsp" method=get name=loginForm>
6.    UserName: <INPUT TYPE=TEXT NAME=username><br>
7.    Password: <INPUT TYPE=password NAME=password><br>
8.    <INPUT TYPE=SUBMIT VALUE=Submit>
9.    </FORM></BODY></HTML>
```

HTML 页面的执行结果如图 5-10 所示。

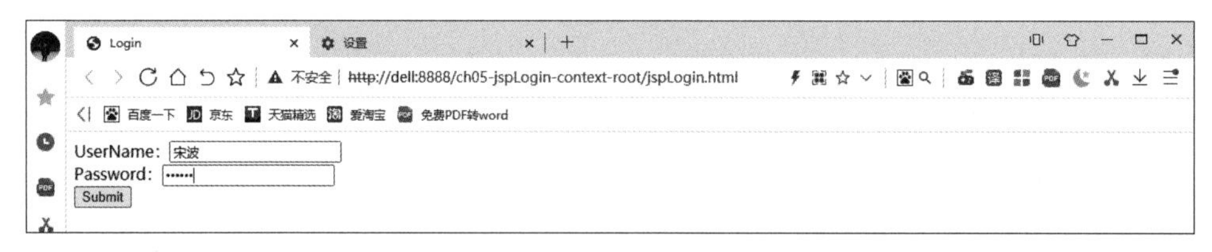

图 5-10 HTML 页面的执行结果

【分析讨论】

- 输入用户名和密码,单击 Submit 按钮发送请求,同时将这两个属性值传送给服务器端保存的 jspLogin.jsp 页面。
- Form 标记的 Action 属性,可以设定连接服务器的 URL 相对路径,这样就可以将 Form 中的数据传送给服务端的 JSP 或 Servlet 做进一步的处理。
- Method 属性常用的值有 get 和 post。get 是将传送数据按照一定的规则编码附加在 URL 后面,再传送给 JSP 页面。因此,经常在浏览器的网址中看到如下形式的长字符串。由于 get()方法需要通过环境变量传送数据,数据量限制在 200 字符以内,所以 get()方法适用于少量传输的数据。如果要传输大量的数据,应该用 post()方法。它是通过标准输入传送数据给 JSP 页面,所以没有传输数据量长度的限制。

```
http://dell:8888/ch05-jspLogin-context-root/jspLogin.jsp?username=%CB%
CE%B2%A8&password=songbo
```

jspLogin.jsp 的源代码如下。

```
1.  <!DOCTYPE HTML PUBLIC "-//W3C//DTD HTML 4.01 Transitional//EN"
2.  "http://www.w3.org/TR/html4/loose.dtd">
3.  <%@ page contentType="text/html;charset=GB2312"%>
4.  <HTML><HEAD><TITLE>表单和请求参数实例</TITLE></HEAD>
5.  <BODY>
6.  <%request.setCharacterEncoding("GB2312");
7.  if(request.getParameter("password").equals("songbo")) { %>
8.  <%  String name;
9.  name=request.getParameter("username");
10. %>
11. <h3>欢迎您, <%=name %>!</h3>
12. <%}
13. else { %>
14. <%response.sendError(403); %>
15. <%} %>
16. </BODY></HTML>
```

jspLogin.jsp 页面的执行结果如图 5-11 所示。

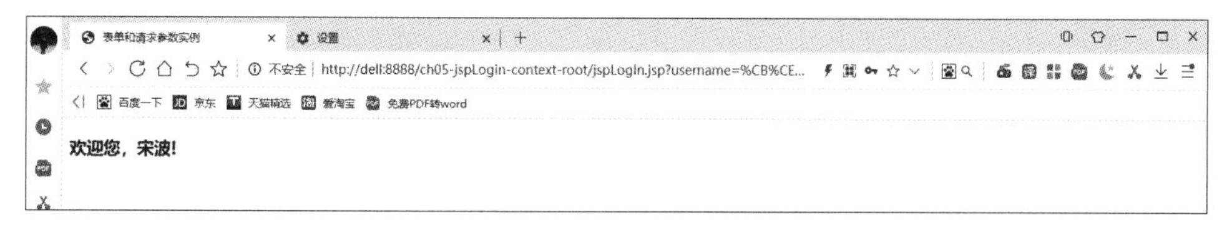

图 5-11 jspLogin.jsp 页面的执行结果

【分析讨论】

- request 对象用于保存传送来的数据,getParameter()方法用于获取数据值。
- if 语句用于比较两个字符串,也就是验证用户的口令是否正确。如果输入的密码是正确的,那么 JSP 页面将得到请求的用户名参数,并将它作为响应的一部分发送给客户端浏览器。执行结果如图 5-11 所示。
- 如果用户输入的密码不正确,那么 JSP 页面将发送编号为 403 的错误信息给客户机浏览器,如图 5-12 所示。

为了保障在输出页面上能够正确显示中文,第 6 句设置了在请求主体中使用的字符编码。常用的字符编码有如下几种。

- GB 2312 码——国家标准汉字信息交换编码,16 位编码,简称国标码。

图 5-12　IE 响应的错误信息页面

- GBK 码——对 GB 2312 码的扩展，包含 GB 2312 码字符集。
- UNICODE——16 位编码，其目标是准确地表示世界上现有的各种人类语言中的全部已知字符。

当一个 Java 程序运行时，内存中的字符串以 UNICODE 编码方式表示。在 Java 程序接收一个字符串时，JVM 将该字符串从源编码方式转换为目标编码方式。也就是说，在任何一个传递字符串的地方都有可能出现字符编码转换的问题。

response 对象的主要方法除上述介绍的几种方法外，还有以下方法。

- addCookie(Cookie cookie)——该方法将向客户端写入一个 Cookie。
- containsHeader(String name)——该方法将判断名为 name 的 header 文件头是否存在，返回值为布尔类型。
- setContentLength("attribute")——该方法将设置实体数据的大小。
- setOutputStream(String type)——该方法将获得客户端的输出对象。
- encodeURL(String url)——该方法将把 SessionID 作为 URL 的参数返回到客户端，以实现 URL 重写的功能。
- flushBuffer()——该方法将强制把当前缓冲区的内容发送到客户端。

5.4.4　out 对象

out 是向客户机的输出流进行写操作的对象。在 JSP 页面中可以利用 out 对象把除脚本以外的所有信息发送到客户机浏览器。out 对象主要应用在脚本中，它通过 JSP 容器自动转换为 java.io.PrintWriter 对象。

例如，下面的程序片段在执行时，如果浏览器的字符编码设置为英文，就显示“Hello English”；否则，显示“Hello Chinese”。

```
<%
    String language=request.getLocale().getDisplayLangyage();
        If(language.equals("English"))
          out.println("<center><h3>Hello English!<h3></center>");
        else
          out.println("<center><h3>Hello Chinese!<h3></center>");
%>
```

out 对象的主要方法如下。

- clear()——该方法将清除缓冲区的内容，但不会把数据输出到客户端。
- clearBuffer()——该方法将清除缓冲区的内容，同时把数据输出到客户端。
- close()——该方法将关闭数据流，清除所有内容。
- getBufferSize()——该方法将获得当前缓冲区的大小。
- getRemaining()——该方法将获得当前使用后还剩余的缓冲区大小。
- isAutoFlush()——该方法将返回布尔值。如果布尔值为true，且缓冲区已满，则会自动清除；如果返回值为false，且缓冲区已满，则不会自动清除，而会进行异常处理。

5.4.5　session对象

session对象在第一个JSP页面被加载时自动创建，并被关联到request对象。Web应用开发人员主要使用session对象解决会话状态的维持问题，它的类型为javax.servlet.http.HttpSession，拥有session范围。JSP中的session对象对于那些希望通过多个页面完成一个事务的Web应用是非常有用的。

在JSP技术中，让服务器能够跟踪客户机用户的状态称为会话跟踪(Session Tracking)。会话跟踪的具体操作过程是：从上一个客户机请求所传送的数据能够维持状态到下一个请求，并且能够识别出是相同客户机所发送的。也就是说，如果有10个客户同时执行某个JSP页面，便会有10个分别对应于各客户联机的session对象。但是，session对象也有它的生命周期，它的生成始于服务器为某个用户建立session，它的结束终于服务器内定或设置的时间期限。

1. session对象的ID

当一个客户第一次访问OC4J上的JSP页面时，JSP容器将会自动创建一个session对象，该对象将调用适当的方法存储客户在访问各个页面期间提交的各种信息。同时，被创建的这个session对象将被分配一个ID号，JSP容器会将这个ID号发送到客户端，保存在客户的Cookie中。这样，session对象与客户之间就建立起了一一对应的关系，即每个客户都对应一个session对象(该客户的会话)，这些session对象互不相同，具有不同的ID号码。

根据JSP的运行原理，JSP容器将为每个客户启动一个线程，即JSP容器为每个线程分配不同的session对象。当客户再次访问连接该服务器的其他页面时，或者从该服务器连接到其他服务器再回到该服务器时，JSP容器将不再分配给客户新的session对象，而是使用完全相同的一个ID号，直到客户关闭浏览器，服务器上该客户的session对象才被取消，并且和客户的会话对应关系也随即消失。当客户重新打开浏览器并再次连接到该服务器时，服务器将为该客户再创建一个新的session对象。

在下面的Web应用实例中，客户将在服务器的3个页面之间进行链接。客户只要不关闭浏览器，3个页面的session对象就是完全相同的。客户首先访问Ex1.jsp页面，从这个页面再链接到Ex2.jsp页面，最后从Ex2.jsp页面再链接到Ex3.jsp页面。

在ch05.jws中创建一个工程文件jspSessionID.jpr，在该工程中创建上述3个JSP页面文件，以及一个部署描述文件jspSessionID.deploy。

Ex1.jsp的源代码如下。

```
1.   <%@ page contentType="text/html;charset=GB 2312" %>
2.   <HTML><BODY><P>
3.       <%String s=session.getId();
4.       %>
5.       <P>客户 session 对象的 ID 是：<BR>
6.         <%=s%>
7.         <P>输入姓名连接到 Ex2.jsp
8.         <FORM action="Ex2.jsp" method=post name=form>
9.           <INPUT type="text" name="boy">
10.          <INPUT TYPE="submit" value="发送" name=submit>
11.        </FORM>
12.  </BODY></HTML>
```

Ex1.jsp的执行结果如图5-13所示。

图 5-13　Ex1.jsp的执行结果

Ex2.jsp的源代码如下。

```
1.   <%@ page contentType="text/html;charset=GB2312" %>
2.   <HTML><BODY>
3.     <P>Exam2.jsp 页面
4.     <%String s=session.getId();
5.     %>
6.     <P>客户在 Ex2.jsp 页面中 session 对象的 ID 是：
7.     <%=s%>
8.     <P>点击超链接，连接到 Ex3.jsp 页面。
9.     <A HREF="Ex3.jsp"><BR>欢迎到 Ex3.jsp 页面来！
10.    </A>
11.  </BODY></HTML>
```

Ex2.jsp的执行结果如图5-14所示。

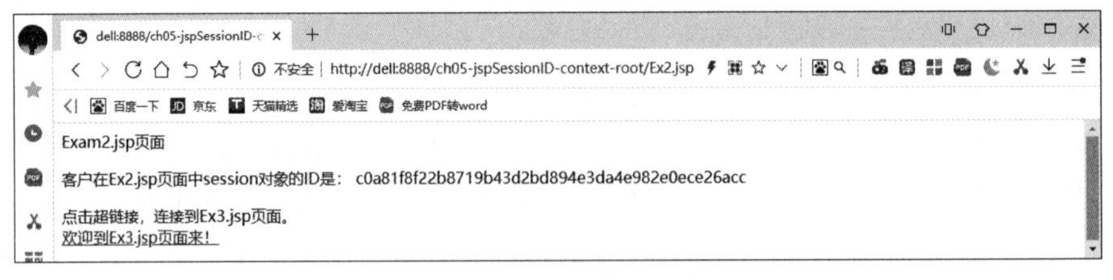

图 5-14　Ex2.jsp的执行结果

Ex3.jsp 的源代码如下。

```
1.  <%@ page contentType="text/html;charset=GB2312" %>
2.  <HTML><BODY>
3.    <P>这是 Ex3.jsp 页面
4.    <%String s=session.getId();
5.    %>
6.    <P>客户在 Ex3.jsp 页面中 session 对象的 ID 是:
7.      <%=s%>
8.    <P>点击超链接, 连接到 Ex1.jsp 页面。
9.      <A HREF="Ex1.jsp"><BR>
10. 欢迎到 Ex1.jsp 页面来!
11.     </A>
12. </BODY></HTML>
```

Ex3.jsp 的执行结果如图 5-15 所示。

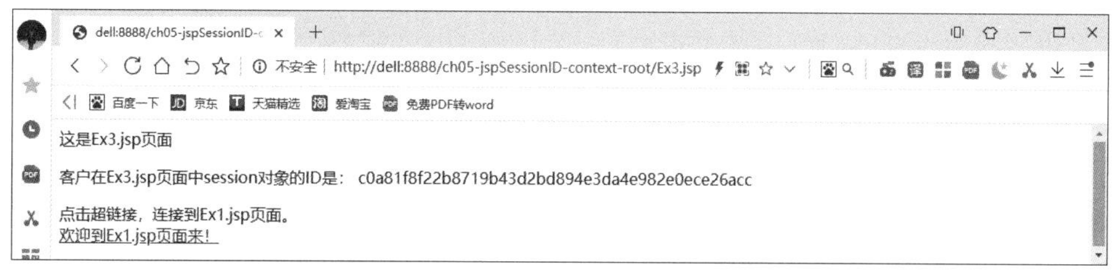

图 5-15 Ex3.jsp 的执行结果

2. session 对象的常用方法

创建用户的 session 对象,就是产生一个 HttpSession 对象。这个对象的接口被放置在 JSP 的默认包 javax.servlet.http 中,编程时可不必导入这个包而直接使用接口所提供的方法。session 对象常用的方法可以参阅 4.4.1 节的内容。

下面的 Web 应用实例将使用 JSP 技术的会话跟踪机制,开发一个简易的网上书店。

在 ch05.jws 中创建一个工程文件 jspBook.jpr,在该工程文件中创建 book1.jsp、book2.jsp 和 book3.jsp 3 个 JSP 页面文件以及一个部署描述文件 jspBook.deploy。

book1.jsp 的源代码如下。

```
1.  <%@ page contentType="text/html;charset=GB2312" %>
2.  <HTML><BODY bgcolor=cyan>
3.  <%  request.setCharacterEncoding("GB2312");
4.      request.getSession(true);
5.      session.setAttribute("customer","顾客");
6.  %>
7.  <P>输入姓名连接到网上书店: book2.jsp
8.    <FORM action="book2.jsp" method=post name=form>
9.      <INPUT type="text" name="boy">
10.     <INPUT TYPE="submit" value="确定" name=submit>
```

```
11.     </FORM></BODY></HTML>
```

book1.jsp 的执行结果如图 5-16 所示。

图 5-16 book1.jsp 的执行结果

【分析讨论】

- 通过 Servlet API 实现 session 时，首先要得到已经存在的 session 对象，或者生成新的 session 对象。如果要获得 session 对象，可以利用 getSession(boolean value)方法(第 4 句)。获得 session 对象后，就可以把数据存储到该对象中。
- 第 5 句用于把“顾客”对象添加到 session 对象中。
- 用户输入姓名后，单击“确定”按钮，用 POST 方式把姓名数据发送到服务器端的 book2.jsp 进行处理。book2.jsp 的执行结果如图 5-17 所示。

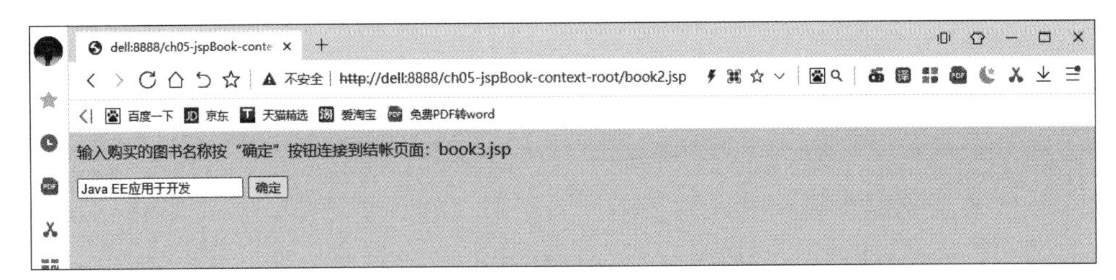

图 5-17 book2.jsp 的执行结果

book2.jsp 的源代码如下所示。

```
1.  <%@ page contentType="text/html;charset=GB2312" %>
2.  <HTML><BODY bgcolor=cyan>
3.      <%/*得到 parameter, 存入 session 对象 */
4.        request.setCharacterEncoding("GB2312");
5.        String s=request.getParameter("boy");
6.        session.setAttribute("name",s);
7.      %>
8.      <P>输入购买的图书名称按“确定”按钮连接到结账页面：book3.jsp
9.      <FORM action="book3.jsp" method=post name=form>
10.         <INPUT type="text" name="buy">
11.         <INPUT TYPE="submit" value="确定" name=submit>
12.     </FORM>
13. </BODY></HTML>
```

【分析讨论】

- 第 5 句用于得到姓名参数，第 6 句用于把“姓名”参数对象添加到一个 session 对象中。当用户输入图书名称后，单击“确定”按钮，用 POST 方式，将图书数据发送到 book3.jsp 进行处理。

book3.jsp 的源代码如下所示。

```
1.  <%@ page contentType="text/html;charset=GB2312" %>
2.  <HTML><BODY bgcolor=cyan>
3.      <%/*得到 parameter,存入 session 对象*/
4.        request.setCharacterEncoding("GB2312");
5.        String s=request.getParameter("buy");
6.        session.setAttribute("goods",s);
7.      %>
8.      <BR>
9.      <%  /*从 session 对象中取出图书名,并输出到页面*/
10.         String 顾客=(String)session.getAttribute("customer");
11.         String 姓名=(String)session.getAttribute("name");
12.         String 图书=(String)session.getAttribute("goods");
13.     %>
14.     <P>这里是结账处:
15.     <P><%=顾客%>的姓名是: <%=姓名%>
16.     <P>您购买的图书是: <%=图书%>
17. </BODY></HTML>
```

【分析讨论】

- 第 5 句用于得到图书参数，第 6 句用于把“图书”参数对象添加到一个 session 对象中。第 10～12 句把 session 对象中保存的 3 个对象值取出来，第 15、16 句将这两个对象值显示在客户机浏览器上。

book3.jsp 的执行结果如图 5-18 所示。

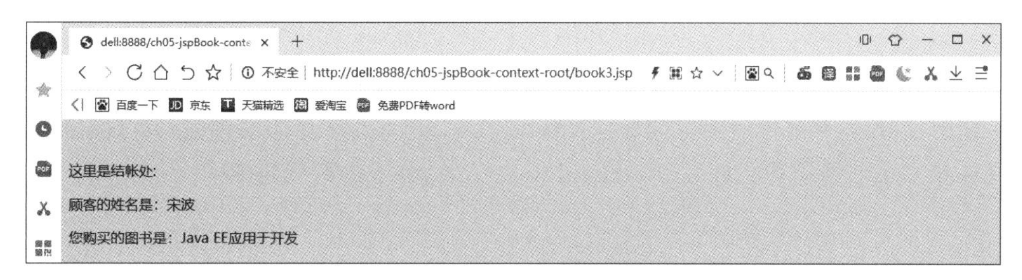

图 5-18　book3.jsp 的执行结果

5.4.6　application 对象

application 对象表示的是 Servlet 上下文环境，从 Servlet 的配置对象中获取。该配置对象属于 javax.servlet.ServletContext 接口，拥有 application 范围。

当 Web 应用中的任一个 JSP 页面开始执行时，将产生一个 application 对象。当服务器关闭时，application 对象也将消失。当网站上不止一个 Web 应用，而且客户浏览不同 Web 应用的 JSP 页面时，将产生不同的 application 对象。在同一个 Web 应用中的所有 JSP 页面，都将存取同一个 application 对象，即使浏览这些 JSP 页面的客户不是同一个也是如此。因此，保存于 application 对象的数据，不仅可以跨网页分享数据，更可以联机分享数据。所以，要想计算某 Web 应用的目前联机人数，利用 application 对象就可以达到目的。Javax.servlet.ServletContext 接口提供了以下 4 个方法用于访问 ServletContext 附带的属性。

- public Enumeration getAttributeNames( )——该方法返回属性名字的一个 Enumeration。
- public Object getAttribute(String name)——该方法取得保存在 application 对象的属性。
- public void removeAttribute(String name)——该方法将从 application 对象中删除指定的属性。
- public Object setAttribute(String name,Object object)——该方法将数据保存到 application 对象中。

例如，下面的语句将从 application 对象中取得名称为 Num 的数据，并赋给 obj 对象。

```
Object obj=application.getAttribute("Num");
```

一般地，从 application 对象中取得的数据可以是某种类型的对象，但可以将返回值由 Object 类型直接转换为所要求的类型。例如，下面的语句将从 application 对象中取得名称为 Num 的数据，并直接转换为 String 对象。

```
String obj=(String)application.getAttribute("Num");
```

如果该 String 对象保存的是一个整数，则可以利用 Integer 类型的 paseInt()方法将字符串转换为整数。

```
int Num=Integer.setAttribute("Num", String.valueOf(Num));
```

下面的 Web 应用实例使用 application 对象实现了网页计数器的功能。

在 ch05.jws 中创建一个工程文件 jspApp.jpr，在该工程文件中创建一个 jspApp.jsp 的文件和一个部署描述文件 jspApp.deploy。jspApp.jsp 的源代码如下。

```
1.    <%@ page contentType="text/html;charset=GB2312"%>
2.    <html><head><title>网页计数器</title></head>
3.    <body><p align="left"><font size="5">网页计算器</font></p><hr>
4.      <%request.setCharacterEncoding("GB2312");
5.        request.getSession(true);
6.        //通过 getAttribute()方法获取数据并赋给变量 counter
7.        String counter=(String)application.getAttribute("counter");
8.        //判断 Application 对象中用于存储的计数值是否为空
9.        if(counter!=null) {
```

```
10.             //如果不为空，将数据从字符串型转换为整型
11.             int int_counter=Integer.parseInt(counter);
12.             //计算器值增 1
13.             int_counter+=1;
14.             //将加 1 后的数值再转换成字符串类型进行存储
15.             String s_counter=Integer.toString(int_counter);
16.             application.setAttribute("counter",s_counter);
17.         }
18.         //如果为空，则将数值 1 保存到 application 对象名称 counter 中
19.         else {
20.             application.setAttribute("counter","1");
21.         }
22.         out.println("你是访问本网站的第"+counter+"位朋友!");
23.     %>
24. </body></html>
```

jspApp.jsp 的执行结果如图 5-19 所示。

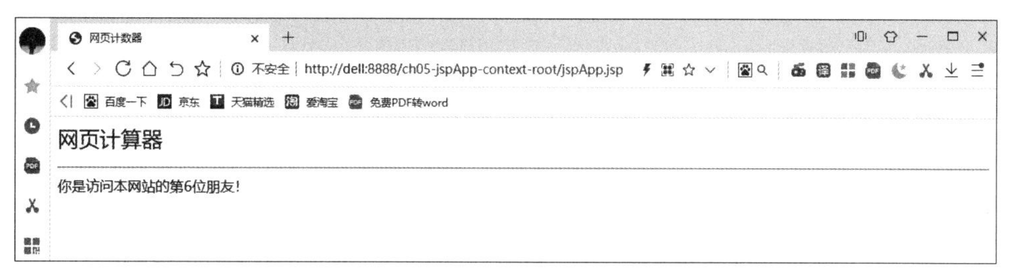

图 5-19　jspApp.jsp 页面的执行结果

5.4.7　page 与 config 对象

page 与 config 对象是与 Servlet 有关的隐含对象，page 对象表示 Servlet 本身，而 config 对象则是存放 Servlet 的初始参数值。

page 对象代表 JSP 页面本身被编译生成的 Servlet，所以它可以调用被 Servlet 类所定义的方法。它的类型是 java.lang.Object，拥有 page 范围。page 对象在 JSP 页面中很少使用。

config 对象存放着一些 Servlet 初始的数据结构。与 page 对象一样，config 对象也很少在 JSP 页面中使用。config 对象用于实现 javax.servlet.ServletConfig 接口，拥有 page 范围。config 对象提供了以下几个方法让 config 对象取得 Servlet 初始参数值。

- Enumeration config.getInitParameterNames()——以列表方式列举所有的初始参数名称。
- String config.getInitParameterNames()——取得初始参数名称为 name 的参数值。
- String config.getServletName()——取得 Servlet 的名称。

- getServletContext()——取得 Servlet 的上下文环境。

5.4.8 pageContext 对象

pageContext 对象被称为“JSP 页面上下文”对象，代表了当前运行的一些属性。当隐含对象本身也支持属性时，pageContext 对象能够提供处理 JSP 容器有关信息以及其他对象属性的方法，这些方法是从 javax.servlet.jsp.PageContext 类中派生出来的，该对象拥有 page 范围。

pageContext 对象在 JSP 容器执行_jspService()方法之前就已经被初始化了，它的主要功能是让 JSP 容器控制其他隐含对象。例如，对象的生成和初始化、释放对象本身等。pageContext 对象对 JSP 默认的隐含对象，以及其他可用的对象提供了基本处理方法，这样就能够让各个对象的属性信息可以在 Servlet 与 JSP 页面之间相互传递。pageContext 对象的主要方法如下。

- forward(java.lang.String relativeUrlPath)——把页面重定向到另一个页面或者 Servlet 组件上。
- getAttribute(java.lang.String name[,int scope])——检索一个特定的已经命名的对象范围，参数 scope 是可选的。
- getException()——获得当前网页的异常对象，但该网页一定要有以下设置：＜%@page isErrorPage="true"＞。
- getRequest()——返回当前的 Rrequest 对象。
- getResponse()——返回当前的 Response 对象。
- getServletConfig()——返回当前页面的 ServletConfig 对象。
- getServletContext()——返回对所有页面都是共享的 ServletContext 对象。
- getSession()——返回当前页面的 session 对象。
- findAttribute()——查询在所有范围内属性名称为 name 的属性对象。
- setAttribute()——设置默认页面或特定对象范围内已命名的对象。
- removeAttribute()——删除默认页面范围或特定范围内已命名的对象。
- Enumeration getAttributeNamesInScope(int scope)——返回所有属性范围为 scope 的属性名称。

5.5 本章小结

Java 语言有两种类型的名字：类定义范围的名字和局限于方法定义的名字。这个名字可以是一个变量名，也可以是一个方法名。局限于方法的名字只能定义该名字的方法内部使用。当该方法被调用时，局限于方法的名字的内存空间才存在；当该方法调用结束时，该名字的内存空间也就不存在了。如果该方法第二次被调用，则需要重新创建该名字的内存空间。

当创建一个 JSP 页面时，在 JSP 页面中定义的名字是类定义范围的名字。可以在页面的任何位置使用这个名字。当 JSP 容器重新初始化该页面之前，这个名字一直存在并且可用。当 JSP 容器翻译 JSP 页面时，它将创建一个特殊的方法_jspService()。每当用户访问该页面时，将重新调用该方法。任何定义在脚本中的变量都局限于_jspService()方法，每当用户访问该页面时，这些变量将被重新初始化。在 JSP 页面中，存在以下有关作用域的规则。

- 如果变量是在一个方法中声明的，则不能在该方法之外使用该变量。
- 如果一个变量是在一个脚本中声明的，则不能在 JSP 声明中使用该变量。
- 不能在脚本中定义方法，但是可以在 JSP 声明中定义自己的方法。

JSP 隐含对象是一个名字，这个名字 JSP 容器可以自动调用。可以在 JSP 页面的脚本中，或者在表达式中使用隐含对象，但是不能在声明语句中使用隐含对象。每个隐含对象是指在用户请求一个 JSP 页面期间的一些有意义的属性。

维持会话状态是一个 Web 应用开发人员必须面对的问题，Servlet 提供了一个在多个请求之间持续有效的会话对象，该对象允许用户存储和提取会话状态信息，JSP 技术同样也支持 Servlet 中的这个概念。

第6章 JSP指令、操作与JavaBean

JSP页面由脚本元素(Scripting)、指令元素(Directive)和动作元素组成。指令是JSP页面向JSP容器发送的消息,用于辅助JSP容器处理页面的翻译。这些指令被JSP容器用于导入需要的类、设置输出缓冲区选项及来自外部文件的内容。JSP指令在翻译阶段处理,而JSP操作在请求阶段处理。JSP技术规范定义了所有与Java EE兼容的Web容器必须遵守的一些标准操作,还为JSP页面开发自定义操作提供了一个功能强大的框架。这个框架使用taglib指令被包含在一个JSP页面中。JavaBean是一种通过封装属性和方法达到具有处理某种业务能力的Java类。在JSP页面中使用JavaBean,不但可以把相关的处理逻辑从繁杂的开发中独立出来,还可以使程序具有良好的可读性和简洁的结构,提高开发效率。

本章首先介绍JSP指令和操作,然后在此基础上通过实例阐述在JDeveloper和OC4J环境下,使用JSP指令与操作开发Web应用的原理和方法。最后,本章分析JSP与JavaBean之间的关系,通过实例阐述在JSP页面中使用JavaBean的方法。

6.1 JSP指令

JSP技术规范定义了以下3条指令。

- page——提供关于页面的一般信息。例如,使用的脚本语言、内容类型等。
- include——用于包含外部文件的内容。
- taglib——用于导入在标记库中定义的自定义操作。

JSP页面的脚本包含Java代码段,当JSP容器翻译JSP页面时,可以把脚本的代码段直接保存到一个新的Java程序中。当用户访问页面时,JSP容器将执行这个程序中的语句。与脚本不同,指令不包含代码段,指令是一个指示,它告诉JSP容器如何将一些代码段组织到一个新的Java程序中。一个JSP指令的语法格式如下。

```
<%@ directive_name attribute_name=attribute_value ... %>
```

指令中的符号"<%@"表示开始,"%>"表示结束。"<%@"符号之后要写一个名字,这个名字告诉JSP容器执行什么类型的指令。在指令名的后面,可以有一个或多个属性名和值对。每个指令名可以支持某些固定的属性名,每个属性名有一个合法的值集合——属性值,属性值总是用单撇号或双撇号括起来。page指令的作用域对整个页面有效,而与书写位置无关,一般习惯上把page指令写在JSP指令的最前面。

6.1.1　page 指令

page指令定义了整个JSP页面的一些属性和这些属性的值,以便在翻译阶段由JSP容器使用。例如,可以使用page指令定义一个JSP页面的ContentType属性的值是:<%@page contentType="text/html;charset="GBK" %>,这样页面就可以显示标准的中文。page指令的语法如下。

```
<%page
[language="java"]
[extends="package.class"]
[import="package.class|package.*,..."]
[errorPage="relativeURL"]
[session="true|false"]
[info="text"]
[contentType="mimeType{;character=charsetSet]"|"text/html;charset=ISO-8859
-1"]
[isThreadSafe="true|false"]
[buffer="none|8kb|size kb]
[autoFlush="true|false"]
isErrorPage="true|false"]
```

1. language 属性

language属性定义了JSP页面使用的脚本语言,目前的取值只能为Java。为这个属性指定其值的语法格式如下。

```
<%@ page language="java"%>
```

上述声明告诉JSP容器,JSP页面的所有声明、脚本和表达式中的代码都是使用Java语言编写的。language属性的默认值是Java,即使没在JSP页面中使用page指令指定这个属性值,JSP页面也默认上述page指令存在。

2. extends 属性

extends属性定义了要继承的Java类的名称。JSP页面如果没有要继承的类,则不需要设置extends属性。在JSP页面中一般不设置extends属性,原因在于需要指明要继承的类,JSP容器要额外花费时间查找,然后才能进行处理。extends属性的语法格式如下。

```
<%@ page extends="要继承的类" %>
```

3. import 属性

import 属性定义了 JSP 页面要导入的包。下面是 JSP 页面默认已经导入的包。

```
java.lang.*, javax.servlet.jsp*, javax.servlet.http.*
```

即使 JSP 页面没有定义 import 属性,上述包也会被自动插入 JSP 页面的适当位置。

如果需要导入多个包,可以使用","作分隔符。当为 import 指定多个属性值时,JSP 容器把 JSP 页面翻译成扩展名为.java 的文件中会有如下的 import 语句。

```
import java.lang.*;
import java.servlet.*;
import java.servlet.jsp.*;
import java.servlet.http.*;
```

在一个 JSP 页面中,也可以使用多个 page 指令指定属性及其值。注意,可以使用多个 page 指令给 import 属性指定多个值,对于其他属性来说,则只能使用一次 page 指令确定一个值。例如:

```
<%@ page contentType="text/html";charset=GBK"%>
<%@ page import="java.util.*"%>
<%@ page import="java.util.*","java.awt.*"%>
```

4. errorPage 与 isErrorPage 属性

errorPage 属性定义了当 JSP 页面处于客户请求期间,如果 JSP 页面在执行过程中发生异常所要传送的网页。注意,错误提示页面和产生错误的网页必须保存在同一服务器的相关目录中。isErrorPage 属性用于判断当前页面是否为错误提示页面。当设为 true 时,表示当前页面是错误提示页面,并控制异常对象。它的默认值是 false。当为 false 时,无法控制异常对象。

下面通过一个网上订购表单的 Web 应用实例,说明上述属性的用法。在 JDeveloper 中创建 ch06.jws,在该 Applications 中创建一个工程文件 orderForm.jpr,在该工程中创建一个 HTML 文件 orderForm.html、两个 JSP 文件 processOrder.jsp 和 orderError.jsp,以及一个部署描述文件 orderForm.deploy。orderForm.html 的源代码如下。

```
<HTML><HEAD>
<META HTTP-EQUIV="Content-Type" CONTENT="text/html; charset=GB2312">
<TITLE>订购表单</TITLE></HEAD>
<BODY><CENTER><H2>订购表单</H2>
<FORM action="processOrder.jsp" name=orders>
<TABLE border=1><TR><TH>商品名称</TH><TH>购买数量</TH><TH>商品单价</TH>
</TR>
  <TR><TD>高级衬衫</TD>
      <TD><INPUT type="text" name="t_shirts" value=0 size=16></TD>
      <TD>175.00 人民币</TD>
  </TR>
  <TR><TD>高级礼帽</TD><TD><INPUT type="text" name="hats" value=0 size=16>
```

```
</TD>
    <TD>120.00 人民币</TD>
  </TR></TABLE><P>
<INPUT type=submit value="确定购买">
<INPUT type=reset value="重新选购">
</FORM></CENTER>
</BODY></HTML>
```

orderForm.html 的执行结果如图 6-1 所示。

图 6-1 orderForm.html 的执行结果

如果在购买数量文本域中输入了数量，然后单击“确定购买”，将调用 processOrder.jsp，执行结果如图 6-2 所示。

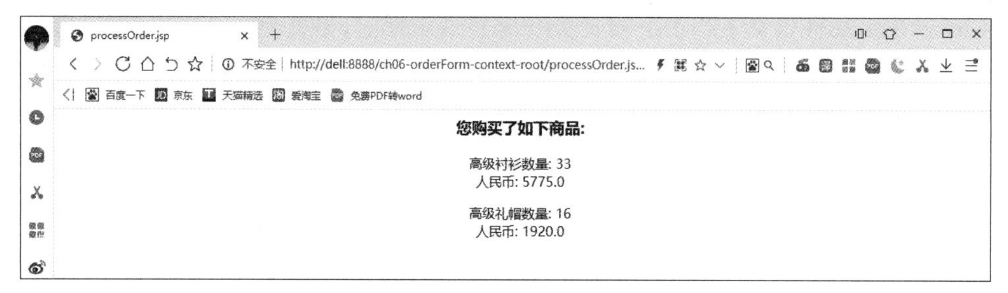

图 6-2 processOrder.jsp 的执行结果

processOrder.jsp 的源代码如下。

```
<%--processOrder.jsp --%>
<%@ page contentType =" text/html; charset = GB2312" errorPage =" orderError.jsp"%>
<HTML><HEAD>
<META HTTP-EQUIV="Content-Type" CONTENT="text/html; charset=GB2312">
<TITLE>processOrder.jsp</TITLE></HEAD>
<BODY>
<CENTER><H3>您购买了如下商品:</H3>
<%    String numTees =request.getParameter("t_shirts");
      String numHats =request.getParameter("hats");
      double numTees1=Double.parseDouble(numTees) * 175.0;
```

```
        double numHats1=Double.parseDouble(numHats) * 120.0;
%>
高级衬衫数量：<%=numTees %><BR>
人民币：<%=numTees1 %><P>
高级礼帽数量：<%=numHats %><BR>
人民币：<%=numHats1 %>
</CENTER></BODY></HTML>
```

如果在任何一个购买数量文本域中输入了非整数值，单击“确定购买”按钮，仍将发送一个请求到 processOrder.jsp 页面。此时，该页面将产生一个 NumberFormatException 异常。这个异常是由 processOrder 页面的 errorPage 属性调用 orderError 页面产生的，执行结果如图 6-3 所示。

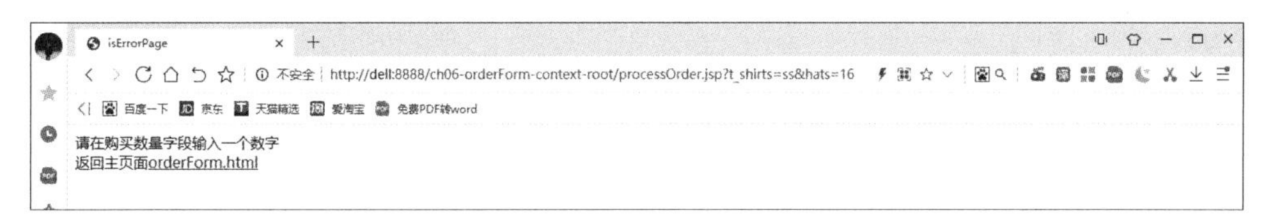

图 6-3　orderError.jsp 的执行结果

orderError.jsp 的源代码如下。

```
<%--orderError.jsp --%>
<%@ pagecontentType="text/html;charset=GB2312"  isErrorPage="true"%>
<HTML><HEAD>
<META HTTP-EQUIV="Content-Type" CONTENT="text/html; charset=GB2312">
<TITLE>isErrorPage</TITLE></HEAD><BODY>
<%  if (exception instanceof NumberFormatException) %>
请在购买数量字段输入一个数字<BR>
返回主页面<A href="orderForm.html">orderForm.html</A>
</BODY></HTML>
```

在 orderError.jsp 中，由于设置 isErrorPage 属性值为 true，这样就使隐含对象 exception 对该 JSP 页面是可用的。如果没有设置该属性值，那么隐含对象 exception 在该 JSP 页面中就不可被调用。

5. session 属性

session 属性定义了一个页面是否参与一个 HTTP 会话。当其值为 true 时，隐含对象命名的会话为 javax.servlethttp.HttpSession，它可以被使用并且可以访问页面的当前会话/新会话。如果其值为 false，则该页面不参与一个会话，隐含的会话对象也是不可以访问的。

6. info 属性

info 属性为 JSP 页面准备了一个有意义的字符串，属性值是某个字符串。因为当 JSP 页面被翻译成 Java 类时，这个类是 Servlet 的一个子类，所以在 JSP 页面中，可以通过使用 Servlet 类的 getServletInfo()方法获取 info 属性的值。例如，下面的 JSP 页面程序片段：

```
<%page contentType="text/html;charset=GBK"%>
<%@ page info="作者：宋波<br>最后更新日期：2021年10月01日" %>
<html><body>
<%String s=getServletInfo():
   Out.println("<br>"+s);
%>
</body></html>
```

上述JSP页面执行之后将在浏览器上显示如下的info属性值：

```
作者：宋波
最后更新日期：2021年10月01日
```

7. contentType属性

contentType属性定义了JSP页面的字符编码和响应信息的MIME(Multipurpose Internet Mail Extension)类型。通过使用该属性，可以告知浏览器如何对导入的页面进行操作，以及如何解释页面中的字节。浏览器是根据页面的MIME类型对从服务器传送过来的页面进行分类的。MIME是一个两部分的分类系统，可以先指定页面的类型，然后再指定页面的子类型。例如，如果传送一个图像的MIME类型：image/gif，那么浏览器就能够识别该图像类型并正确地显示出该图像。如果用户没有创建一个contentType属性，那么JSP容器提供的默认值是＜%@ page contentType＝"text/html；charset＝ISO-88591-1" %＞。类型text/html告诉客户机浏览器按字母字符解释所收到的数据位，然后在文本中查找HTML标记。字符集ISO-88591包含了在英文中使用的字符。

8. isThreadSafe属性

isThreadSafe属性定义了JSP页面是否可以用多线程方式被访问。如果属性的取值为true，则JSP页面能同时响应多个客户请求；如果为false，则JSP页面同一时刻只能响应一个客户请求，其他客户需要排队等待。这与在一个Servlet中实现javax.servlet.SingleThreadModel接口相同。该属性的默认值是true。

9. buffer属性

buffer属性定义了对客户的输出流指定的缓冲存储类型。缓存是一种作为中间存储器使用、预先保留的内存区域，其中的数据只是临时存放。如果属性的值为none，则没有缓冲存储操作，所有的输出都将由一个PrintWrite通过ServletResponse写出。如果指定了一个缓冲区的大小，则表示利用out对象进行输出时，并不直接传送到PrintWriter对象，而是先经过缓存，然后再输出到PriteWriter对象。

10. autoFush属性

autoFush属性定义了当JSP页面的所有缓存都已经满时，是否自动将所产生的内容输出到客户机浏览器，其默认值是true。如果将其改成false，则当缓存内容超出其所设定的值大小时，会产生溢出异常。

6.1.2　include 指令

include 指令通知 JSP 容器在当前 JSP 页面中包含一个资源的内容，并把它嵌入 JSP 页面中来代替这条指令，指定的文件必须是可访问的和可用的。include 指令的语法格式如下。

```
<%@ include file="FileName" %>
```

在 JSP 页面使用 include 指令时，JSP 容器将把 JSP 页面编译成 Servlet。在编译过程中，include 指令指定的文件将被插入当前 JSP 页面中来执行，最终产生的结果 Servlet 将两个文件结合在一起输出到一个 JSP 页面中。注意，用 include 指令嵌入的文件不能作为一个独立的网页执行。

6.2　JSP 操作

JSP 操作是在请求阶段处理，为使客户机或服务器实现某种动作而下达的指令。如果实现操作，服务器就会按照属性中指定的顺序进行计算，并根据计算结果控制服务器和客户机的动作。JSP 操作可以分为标准操作(Standard Actions)和用户定义操作(User-defined Action)两种类型。标准操作由 JSP 开发商定义，适用于所有 JSP 容器，本书只介绍标准操作。

6.2.1　<jsp:include>与<jsp:param>

include 操作与 include 指令的用法相似，都是将包含进来的文件插入 JSP 页面的指定位置。但是，include 操作不是在 JSP 页面的编译过程中被插入，而是在 JSP 页面的执行过程中被插入。与 include 指令一样，它不是一个独立的页面，而是作为页面的一个部分发挥作用。<jsp:include>操作的语法格式如下。

```
格式 1: <jsp:include page="文件的相对路径" flush="true" />
格式 2: <jsp:include page="文件的相对路径" flush="true" />
          <jsp:para name="参数名" value="参数值" />
        </jsp:include>
```

- page——指要包含进来的文件位置或是经过表达式计算出的相对路径。
- flush——可选属性，默认值为 false。如果为 true，则输出流中的缓冲区将在包含的内容执行之前被清除。

声明(Declaration)用于在 JSP 页面中定义方法和实例变量，声明并不生成任何将会送给客户机的输出。其一般语法格式如下。

```
<%!方法或实例变量的定义 %>
```

6.2.2　<jsp:forward>

forward 操作允许把请求转发到另一个 JSP 页面、Servlet 或者一个静态资源。但开发人员想根据截获的请求把应用程序分成不同的视图时，这种做法非常有效。

forward操作的语法格式如下。

```
格式 1: <jsp: forward page="前一页面" />
格式 2: <jsp: param name="参数名" value="参数值" />
        </jsp: forward>
```

请求被转发到的资源必须与这个请求的JSP页面位于相同的Web应用上下文环境中。当前JSP页面的运行遇到一个<jsp: forward>标志时会停止，缓冲区被清除，并且请求会被修改以接收任何附加指定的参数。

在ch06.jws中创建一个工程文件forward.jpr，在该工程中创建一个HTML文件forward.html、两个JSP页面文件forward1.jsp和forward2.jsp，以及一个部署描述文件forward.deploy。

forward.html用于构建表单，发送一个POST请求给forward1.jsp，其源代码如下。

```
1.    <HTML>
2.    <HEAD><META HTTP-EQUIV="Content-Type" CONTENT="text/html; charset=
GB2312">
3.    <TITLE>Forward action test page</TITLE></HEAD>
4.    <BODY><H2>Forward action test page</H2>
5.    <FORM method="post" action="forward1.jsp">
6.    <P>输入姓名:
7.    <INPUT type="text" name="userName">
8.    <BR>输入密码:
9.    <INPUT type="password" name="password">
10.   </P>
11.   <P><INPUT type="submit" value="Login"></P>
12.   </FORM>
13.   </BODY></HTML>
```

forward.html的执行结果如图6-4所示。

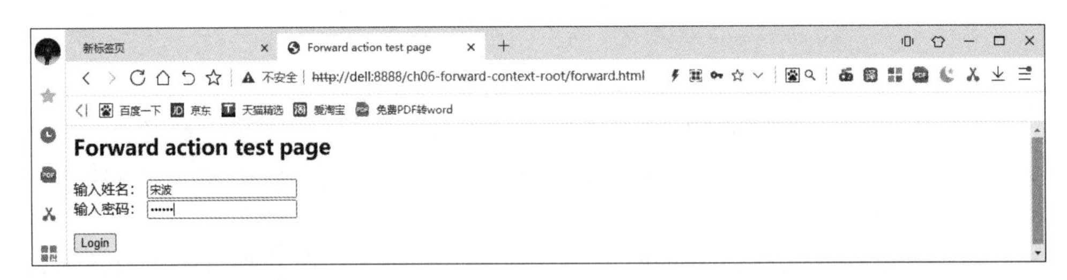

图6-4 forward.html的执行结果

forward1.jsp页面用于检查输入的用户名和密码是否正确。如果正确，则把请求转发给forward2.jsp；如果错误，则使用include指令再次向用户显示登录界面。forward1.jsp的源代码如下所示，其执行结果如图6-5所示。

```
1.  <%--forward1.jsp --%>
2.  <%@ page contentType="text/html;charset=GB2312"%>
3.  <%  request.setCharacterEncoding("GB2312");
4.  if((request.getParameter("userName").equals("宋波")) &&
5.  (request.getParameter("password").equals("songbo"))) {
6.  %>
7.  <jsp:forward page="forward2.jsp" />
8.  <%} else { %>
9.  <%@ include file="forward.html" %>
10. <%} %>
```

图 6-5 forward1.jsp 的执行结果

fordward2.jsp 为登录成功的用户显示的一个欢迎界面。由于原始的包含表单参数的请求已经转发到了该 JSP 页面，所以可以使用请求对象显示这个用户的名字。forward2.jsp 的源代码如下。

```
1.  <%--forward2.jsp --%>
2.  <%@page contentType="text/html;charset=GB2312"%>
3.  <HTML><HEAD>
4.  <TITLE>Forward action test: Login successful</TITLE></HEAD>
5.  <BODY><H2>Login successful!</H2>
6.  <%  request.setCharacterEncoding("GB2312"); %>
7.  <P>Welcome, <%=request.getParameter("userName") %></P>
8.  </BODY></HTML>
```

6.3 JSP 与 JavaBean

JavaBean 是一个可重复使用、跨平台的软件组件，一般可以分为有用户界面与无用户界面的 JavaBean 两种类型。通常，与 JSP 页面配合使用的是无用户界面的 JavaBean，它在 JSP 页面中主要用于处理一些诸如数据运算、数据库链接和数据处理等方面的事务。

JavaBean 事实上就是 Java 类。只是这种 Java 类的设计要遵循 Sun 公司制定的 JavaBean 规范文档中的约定。JavaBean 中定义的属性和方法，对于其他的 Java 类来说同样是可用的。一个标准 JavaBean 通常必须遵守以下几项规范。

① JavaBean 是一个 public 类。

② JavaBean拥有一个不需要导入参数的构造方法。

③ JavaBean中的每个属性(Property)必须定义一组getXX()和setXX()方法，以便存取它的属性值。getXX()和setXX()方法的名称必须遵循JavaBean的命名规则(如果属性名为name，则方法名应该是setName()与getName())。

下面是一个用于定义职工的JavaBean的实例。

```
public class employeeBeans {
String name;
String address;
public employeeBeans() { }
public String getName() { return name }
Public void setName(String newName) { name=newName; }
public String getAddress() { return address; }
public void setAddress(String newAddress) { address=newAddress; }
}
```

6.3.1　JavaBean的存取范围

在JSP页面类创建JavaBean时，可以使用<jsp:useBean>元素的scope属性设定JavaBean的存取范围，如表6-1所示。

表6-1　JavaBean的存取范围

JavaBean的存取范围	描　　述
application	Web应用的所有JSP页面都可以存取JavaBean;此时，该JavaBean相当于ServletContext对象的属性
session	在相同的HTTP会话类可以存取该JavaBean;此时，该JavaBean相当于HttpSession对象的属性
request	该JavaBean相当于ServletRequest对象的属性
page	只有在当前的JSP页面类可以存取该JavaBean;此时，该JavaBean相当于PageContext对象的属性

6.3.2　使用JavaBean

为了在JSP页面中使用JavaBean，JSP技术规范定义了3种标准操作与JavaBean进行交互。

1. <jsp:useBean>操作

如果要使用JavaBean，就要通知JSP页面。<jsp:useBean/>操作可以生成或者在指定范围发现一个Java对象，该对象在当前JSP页面中还可以作为一个脚本变量使用。它的作用就是定义生成和使用JavaBean的上下文环境，即定义JavaBean的名称、类型和适用范围。<jsp:useBean/>包括如下5个属性：

- id——在JSP页面内引用JavaBean的变量名称。

- scope——JavaBean 的存取范围，可以是 application、session、request、page，默认值是 page。
- class——JavaBean 的类名称。
- beanName——JavaBean 的名称。
- type——id 属性值的变量类型。

<jsp:useBean/>操作的语法格式如下。

```
<jsp:useBean id="变量名称" scope="存取范围" 类型说明 />
```

其中，“类型说明”是 class、beanName 与 type 3 种属性的组合，具体分为以下几种。

- class——JavaBean 的类名称。
- class——"JavaBean 的类名称"　type="变量类型"
- type——"变量类型" class="JavaBean 的类名称”
- type="变量类型" beanName="JavaBean 名称"
- type="变量类型"

以下是该操作的实例：

```
<jsp:useBean id="employee" class="employeeBeans" scope="page" />
```

该实例在 JSP 页面内创建了一个 employeeBeans 的对象实例，可以用 employee 变量存取该 JavaBean，存取范围是当前 JSP 页面。

2. <jsp:setProperty>操作

创建 JavaBean 对象实例后，可以使用以下两种方式初始化 JavaBean 的属性值。

- 调用 JavaBean 的 setXX()方法。
- 使用<jsp:setProperty>操作

以下是使用 JavaBean 的 setXX()方法设置其属性值的实例。

```
<jsp:useBean id="employee" class="employeeBeans" scope="page" />
<%employee.setName(request.getParamter("name"));
   Employee.setAddress(request.getParamter("Address"));
%>
```

使用<jsp:setProperty>操作也可以设置 JavaBean 属性，它包含以下 4 个属性。

- name——JavaBean 变量名称(由<jsp:useBean>操作的 id 属性指定)。
- property——要设定的 JavaBean 属性名称。
- param——HTTP 请求所传递的参数。
- value——要设定的 JavaBean 属性值。

以下实例由于没有指定 param 属性，所以 property 属性必须和 ServletRequest 对象的参数名称(HTML<Form>标签所传递的参数)相同。此时，JSP 容器会自动从 HTTP 请求(ServletRequest 对象)中找出 name 的参数值，存入 JavaBean 的 name 属性。

```
<jsp:setProperty name="employee" property="name" />
```

如果 HTML<Form>标签所传递的参数名称是 employeeName，而 JavaBean 的属

性名称为name,则应该使用下列方式设置name的属性值。

```
<jsp:setProperty name="employee" property="name" param="employeeName" />
```

也可以使用value属性设置JavaBean的属性值,例如以下的实例:

```
<jsp:setProperty name="employee" property="name" value="smith" />
```

3. JavaBean的自省机制

在JSP页面内进行JavaBean的初始化时,如果HTML<Form>标签所传递的参数太多,可以使用property="*"一次设定JavaBean的所有属性。例如,以下的实例:

```
<jsp:useBean id="employee" class="employeeBeans" />
<jsp:setProperty name="employee" property="*" />
```

进行这样的设置的前提条件是HTML<Form>标签所传递的参数名称与JavaBean的属性名称完全对应(数量与名称完全一致)。

4. <jsp:getProperty>操作

JavaBean经过初始化后,就可以在JSP页面中存取它的属性值。可以使用JavaBean本身提供的getXX()方法,取得JavaBean的name属性值。例如,以下的实例:

```
职工姓名: <%=employee.getName() %>
```

使用<jsp:getProperty>操作也可以获取JavaBean的属性值。例如,以下的实例:

```
职工姓名: <jsp:getProperty name="employee" property="name" />
```

该操作用于获取JavaBean的属性值,并可以将其显示在JSP页面上。在使用该操作之前,必须使用<jsp:useBean>创建一个JavaBean的对象实例。属性name指的是定义于<jsp:useBean>操作中的id属性值,即JavaBean对象实例的名称。属性property指的是JavaBean对象实例中的变量名称。

6.3.3 JavaBean在JSP中的应用

下面以一个教材订购表单为例,说明JavaBean在JSP中的应用。

如图6-6所示,当用户输入教材的订购信息后,单击"订购"按钮,订购数据就会通过JSP页面被发送到JavaBean。然后,JavaBean就会对这些数据进行处理,并将处理结果再返回给JSP页面。最后,如图6-7所示,JSP页面将处理结果显示在页面上。

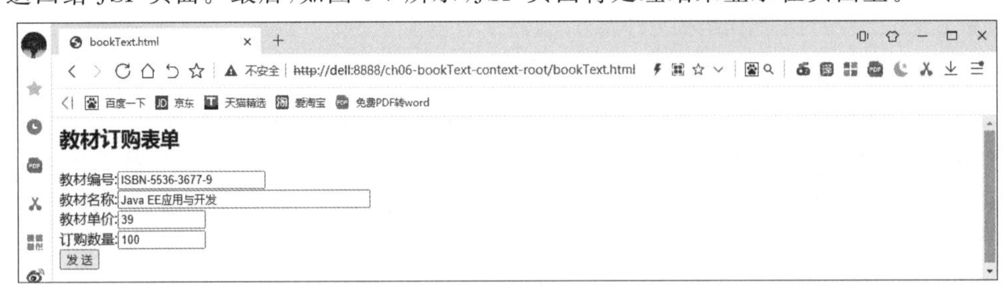

图6-6 HTML文档的执行结果

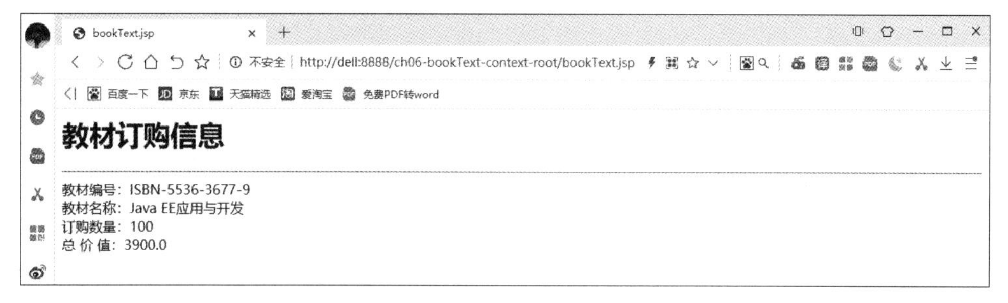

图 6-7　JSP 页面的处理结果

(1) 在 ch06.jws 中创建一个工程文件 bookText.jpr，在该工程中创建一个 JavaBean——bookTextBean.java，其源代码如下。

```
1.  package bookTextBeans;
2.  public class bookTextBeans {
3.      private String id = "";
4.      private String desc = "";
5.      private int qty = 0;
6.      private double price = 0.0;
7.      private String item[]={"","",Integer.toString(0),Double.toString(0.0)};
8.      public bookTextBeans() { }
9.      public void setId(String id){
10.         this.id=id;
11.     }
12.     public void setDesc(String desc) {
13.         this.desc=desc;
14.     }
15.     public void setQty(int qty) {
16.         this.qty=qty;
17.     }
18.     public void setPrice(double price) {
19.         this.price=price;
20.     }
21.     public void setItem(String item[ ]) {
22.         this.item=item;
23.     }
24.     public String getId() {
25.         return id;
26.     }
27.     public String getDesc() {
28.         return desc;
29.     }
30.     public int getQty() {
31.         return qty;
```

```
32.     }
33.     public double getPrice() {
34.         return price * qty;
35.     }
36.     public String[ ] getItem() {
37.         return item;
38.     }
39. }
```

【分析讨论】

- JavaBean 必须包含一个没有参数的构造方法(第 8 句)。
- JavaBean 取得对象变量的方法必须取名为 getXX()(第 24～38 句)。
- JavaBean 设置对象变量的方法必须取名为 setXX()(第 9～23 句)。
- 满足上述条件的 Java 类,就可以称为 JavaBean。

(2) 创建 HTML 文件 bookText.html。它提供输入界面让用户输入 id(编号)、desc(名称)、price(单价)、qty(数量)等的值。其源代码如下。

```
1.  <HTML><HEAD>
2.  <META HTTP-EQUIV="Content-Type" CONTENT="text/html; charset=GB2312">
3.  <TITLE>bookText.html</TITLE></HEAD>
4.  <BODY>
5.  <H2>教材订购表单</H2>
6.  <FORM ACTION="bookText.jsp" METHOD="post">
7.  教材编号:<INPUT TYPE="text" NAME="id"    SIZE="20"><BR>
8.  教材名称:<INPUT TYPE="text" NAME="desc"  SIZE="38"><BR>
9.  教材单价:<INPUT TYPE="text" NAME="price" SIZE="10"><BR>
10. 订购数量:<INPUT TYPE="text" NAME="qty"   SIZE="10"><BR>
11. <INPUT TYPE="submit" NAME="submit" VALUE="发 送">
12. </FORM></BODY></HTML>
```

(3) 创建 JSP 页面文件 bookText.jsp,其源代码如下。

```
1.  <%@ page contentType="text/html;charset=GB2312"%>
2.  <HTML><HEAD><TITLE>bookText.jsp</TITLE></HEAD>
3.  <BODY>
4.  <H1>教材订购信息</H1><HR>
5.  <%request.setCharacterEncoding("GB2312"); %>
6.  <jsp:useBean id="bookText" scope="session" class="bookTextBeans.
    bookTextBeans" />
7.  <jsp:setProperty name="bookText" property=" * "/>
8.  教材编号: <jsp:getProperty name="bookText" property="id"/><BR>
9.  教材名称: <jsp:getProperty name="bookText" property="desc"/><BR>
10. 订购数量: <jsp:getProperty name="bookText" property="qty"/><BR>
11. 总 价 值: <jsp:getProperty name="bookText" property="price"/><BR>
12. </BODY></HTML>
```

【分析讨论】

- 第 6 句声明了一个 JSP 操作<jsp:useBean>，它是一个使用 JavaBean 的操作。属性 class 说明 JavaBean 的类名称为 bookTextBeans.bookTextBeans。该类名称前仅有包名而没有标出路径，表明 bookTextBeans 类的保存位置由 Web 应用的部署描述文件实现。
- 属性 session 说明该 JavaBean 的有效范围。属性 id 声明 bookTextBeans 类所建立的对象实例名称为 bookText，该对象实例对于整个 bookText.jsp 都有效，可以直接使用该对象的方法取得相应变量的值。
- 第 7 句通过 bookText 对象设置 JavaBean 代码中所有数据栏均由用户输入的参数值提供，第 8～11 句将取得参数值的 4 个数据栏在页面上显示出来。

(4) 创建该 Web 应用的部署描述文件 bookText.deploy，并将它部署到 OC4J 中。在部署过程中将完成上述创建的各种文件的编译、存储位置的确定，以及访问的 URL 等工作。

6.4 本章小结

每个 JSP 指令由一个指令名后跟一个或多个属性名和值对组成。JSP 支持 3 种不同的指令名：include、page 和 taglib。

- include 指令可以将模板文件代码插入一个或多个 JSP 页面中。
- page 指令可以描述 JSP 页面的一些特性。例如，可以在页面的脚本中应用 Java 语言的导入和异常处理特性，通知页面不参与到一个 HTTP 会话中，或者设置响应的 MIME 类型。
- tablib 指令可以创建自身的标记来扩展 JSP 页面的特性。

在 JSP 页面中插入内容有两种方法：使用 include 指令；使用 include 操作。两者的差别是：

- 使用 include 指令时，所有的包含是在翻译时完成的。被包含的页面嵌入包含页面的 Java 代码中，当用户发出请求时，JSP 容器只从一个.java 文件中运行代码。
- 使用 include 操作时，JSP 容器将包含页面与被包含页面分开。如果被包含页面本身是一个.jsp 页面，则得到两个.java 文件：一个是包含 include 操作的.jsp 页面；另一个是被包含的.jsp 页面，而实际的包含操作在请求时完成。对于每个请求，JSP 容器运行要包含页面的.java 文件的代码，而在要包含页面的.java 文件中使用语句来调用在被包含页面的.java 文件中的代码。
- forward 操作获得当前请求并把它传送给其他的页面，所有来自以前页面的输出都将被删除，用户看到的只是该请求发出的页面输出。

一个 JavaBean 是一个组件，它的代码在 Oracle 公司的 JavaBean 规范中进行了描述。这样，在定义一个类时，它的对象可以被其他的代码检查和调用。JavaBean 的属性是它内部核心的重要信息，当一个 JavaBean 被实例化为一个对象时，改变它的属性值，就改变了它的状态。而一旦这种状态被改变，常常伴随一系列数据处理，使得其他相关的属性值也随着发生变化。例如，一个生产“日历”的 JavaBean，可以通过设定 setYear()和 setMonth()方法确定它的“年”与“月”的属性值，再通过 getCalenddar()方法得到该 JavaBean 的重要属性，当“年”与“月”的属性值发生变化时，将直接导致“月历”的属性值也随之发生变化。

- JavaBean 的值是通过属性获得的，可以通过这些属性访问 JavaBean 的设置。对于 JSP 页面而言，JavaBean 不仅封装了大量已有的信息，而且还将一些数据处理的程序隐藏在 JavaBean 的内部，从而大大降低了 JSP 页面的复杂度。
- JSP 技术规范定义了一个功能强大的标准操作，通过允许页面开发人员与存储为页面、请求、会话和应用程序属性的 JavaBean 组件进行交互，把表示和内容分开。
- 如果要使用 JavaBean，就要通知 JSP 页面。useBean 操作可以生成或者在指定范围发现一个 Java 对象，该对象在当前 JSP 页面中还可以作为一个脚本变量来使用。该操作的作用是定义生成和使用 JavaBean 的上下文环境。如果使用该操作，就可以定义 JavaBean 的名称、类型以及使用范围等。
- JavaBean 的属性是一个带有设置方法、获取方法或者两者都有的变量，这些方法的名字遵循 JavaBean 的规范描述。
- 一旦使用 useBean 操作创建一个 JavaBean 对象的实例，就可以在 JSP 脚本中调用该 JavaBean 的方法，还可以使用 setProperty 和 getProperty 操作调用 JavaBean 的设置和获取方法。

第2篇

Oracle DB XE与JDBC 应用开发

第7章 Oracle DB XE 基础知识

Oracle DB 11g Express Editor(简称 Oracle DB XE)是基于 Oracle DB 11g 代码库的一种入门级、小体积的数据库服务器产品。而且,基于 Oracle DB XE 进行开发、部署和分发均是免费的,它的下载快速并易于管理。本章首先介绍 Oracle DB XE 的主要用途、系统需求、下载与安装方法,分析 Oracle DB XE 的体系结构,然后在此基础上介绍安装、启动、停止它的监听器和数据库服务器的方法,最后介绍其提供的"管理命令器"工具创建 DBA 账号、一般用户账号,以及数据表的方法。

7.1 Oracle DB XE 概述

Oracle DB XE 是 Oracle 公司于 2006 年 2 月推出的数据库新产品。Oracle DB XE 提供了针对 Windows 和 Linux OS 的产品版,开发人员可以借助已经得到证明、业界领先的强大基础架构开发和部署各种应用程序,然后在必要时升级到 Oracle DB 11g,而无须进行昂贵和复杂的移植。Oracle DB XE 可以安装在任意大小的计算机上,而计算机中 CPU 的数量是不受任何限制的。更为重要的是,这个世界上技术领先的数据库可以免费开发、部署和分发应用。另一方面,Oracle DB XE 在使用上也有一些限制,主要表现为:在主机上只能使用一个 CPU,最多存储 4GB 的用户数据,主机使用的最大内存为 1GB。

Oracle DB XE 是适用于以下人员的一种优秀入门级数据库。

- 开发 Java、PHP、.Net、C/C++ 和开放式源代码应用的开发人员。
- 开发 SQL、PL/SQL 应用的开发人员。
- 需要用于培训和部署入门级数据库的 DBA。
- 希望获得可以免费分发的入门级数据库的独立软件供应商和硬件供应商。
- 在课程中需要免费数据库的教育机构和学生。

Oracle DB XE 包括以下 3 个产品。

- Oracle Database 11g Express Editor(Western European)——Oracle DB XE英文版,该版本主要针对使用单字节拉丁语系的西方欧洲国家,安装文件名为OracleXE.exe。
- Oracle Database 11g Express Editor(Universal)——Oracle DB XE通用版,该版本主要针对使用双字节的国家,包括中国、日本、韩国等,安装文件名为OracleXEUniv.exe。
- Oracle Database 11g Express Client——Oracle DB XE客户端软件,适用于所有语言,安装文件名为OracleXEClient.exe。

7.2 Oracle DB XE系统需求

Oracle DB XE可以运行在Windows和Linux OS上,本书以操作系统Windows 10 Professional OS为例,介绍Oracle DB XE的内容。

Oracle DB XE的软硬件系统的需求如下所示。

- System architecture——Intel(x86)。
- Operating System——Windows XP Professional; Windows 7 Professional; Windows 10 Professional。
- Network——TCP/IP。
- Disk Space——1.2g。
- RAM——256MB minimum。
- Microsoft——MSI version 2.0或later。

Oracle DB XE可以使用浏览器作为控制台,实现各种数据库对象的访问和管理。Oracle DB XE要求浏览器必须支持JavaScript、HTML 4.0和CSS 1.0标准。以下的浏览器可以作为Oracle DB XE的控制台。

- Microsoft Internet Explorer 6.0 or later。
- Netscape Communicator 7.2 or later。
- Mozilla 1.7 or later。
- Firefox 1.0 or later。

7.3 下载与安装Oracle DB XE

Oracle为Oracle DB XE创建了一个网站,注册并登录会员后人们可以免费下载,网址为https://www.oracle.com/database/technologies/xe-prior-release-downloads.html,文件名为OracleXE112_Win64.zip,如图7-1所示。

(1) 在下载目录下,先将OracleXE112_Win64.zip解压缩,然后在解压缩的目录下双击setup.exe,则开始安装Oracle DB XE,并显示安装界面,如图7-2所示。

(2) 单击"下一步"按钮,则显示如图7-3所示的界面,勾选"我接受本许可协议中的条款"复选框,然后单击"下一步"按钮,则显示确定安装目录界面(例如,输入E:\oraclexe),

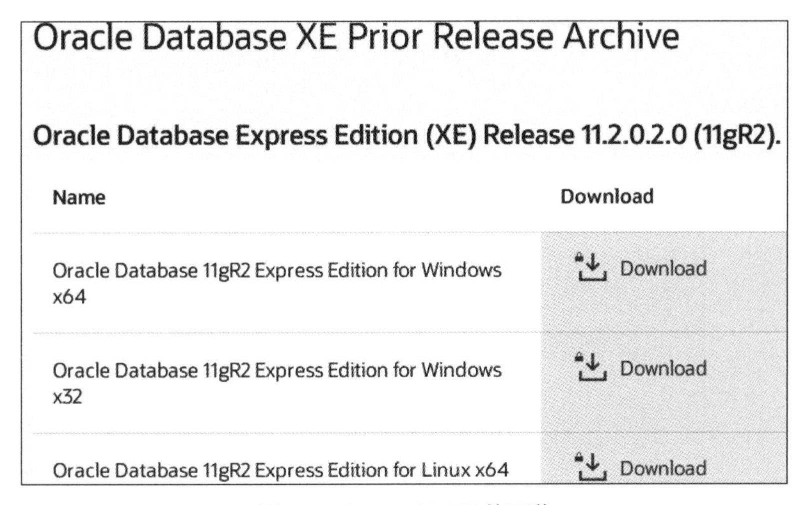

图 7-1　Oracle DB XE 的下载

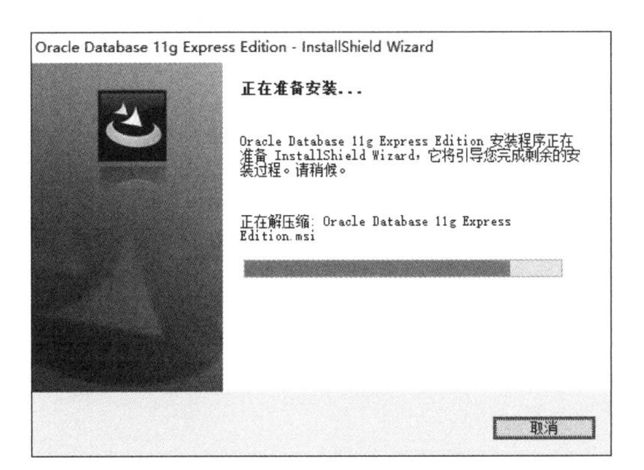

图 7-2　Oracle DB XE 初始安装界面

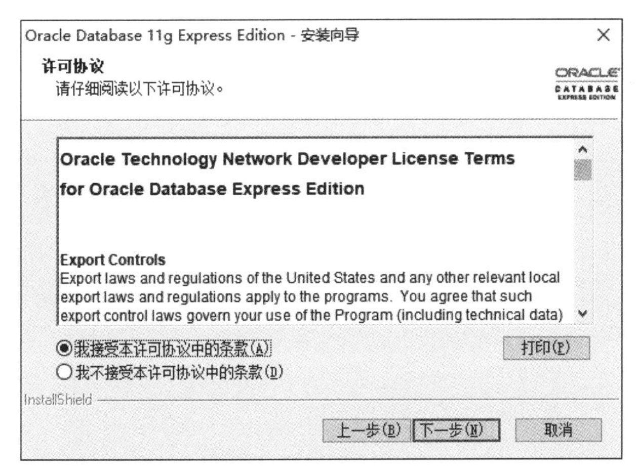

图 7-3　接受协议界面

如图 7-4 所示。单击“下一步”按钮，则显示配置 SYS 和 SYSTEM 两个默认数据库账户的密码界面，如图 7-5 所示。输入口令，然后单击“下一步”按钮，则显示当前初始化配置信息界面，如图 7-6 所示。

Oracle Database 11g Express Edition - 安装向导
选择目标位置
选择安装程序将安装文件的文件夹。
安装程序将在以下文件夹中安装 Oracle Database 11g Express Edition。
要安装到此文件夹，请单击“下一步”。要安装到其他文件夹，请单击“浏览”并选择其他文件夹。
Oracle Database 11g Express Edition 631124 K
目标文件夹
E:\oraclexe\
浏览(R)...
以下位置的所需 E: 631124 K
以下位置的可用 E: 435014520 K
InstallShield
上一步(B)
下一步(N)
取消

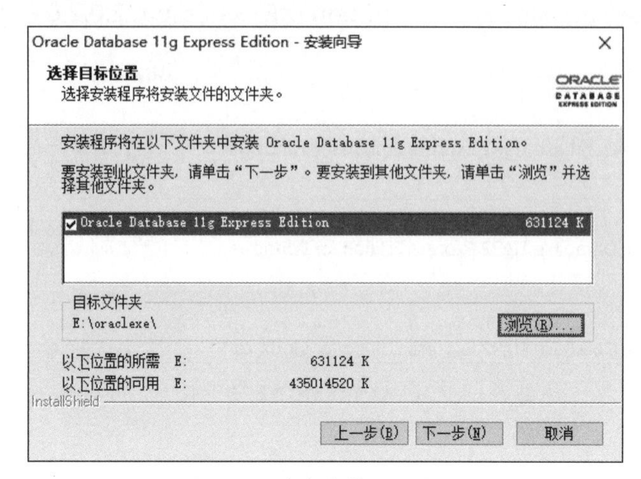

图 7-4 确定安装目录界面

Oracle Database 11g Express Edition - 安装向导
指定数据库口令
输入并确认数据库的口令。此口令将用于 SYS 和 SYSTEM 数据库帐户。
输入口令(E)
确认口令(C)
InstallShield
上一步(B)
下一步(N)
取消

图 7-5 配置默认数据库账户的密码界面

Oracle Database 11g Express Edition - 安装向导
概要
复查设置，然后继续安装。
当前安装设置:
目标文件夹: E:\oraclexe\
Oracle 主目录: E:\oraclexe\app\oracle\product\11.2.0\server\
Oracle 基目录:E:\oraclexe\
'Oracle 数据库监听程序' 的端口: 1521
'Oracle Services for Microsoft Transaction Server' 的端口: 2
'Oracle HTTP 监听程序' 的端口: 8080
InstallShield
上一步(B)
安装(I)
取消

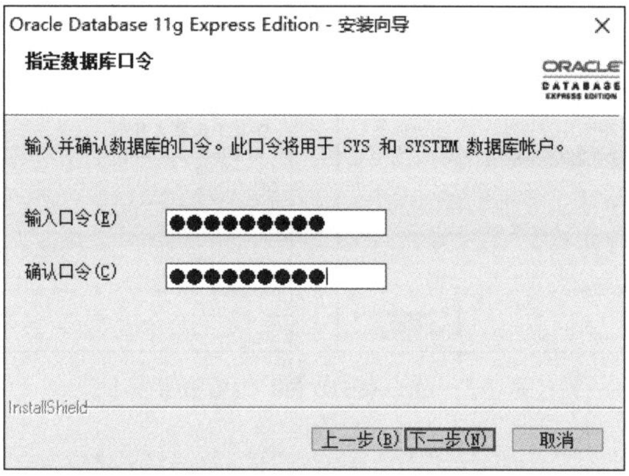

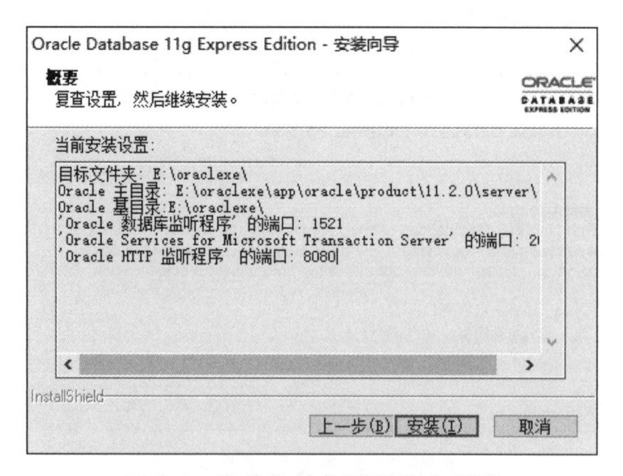

图 7-6 当前初始化配置信息界面

(3) 单击“安装”按钮，则开始安装 Oracle DB XE。安装过程主要完成复制文件、启动服务和创建服务等工作。安装完成之后，则会显示完成界面，如图 7-7 所示。

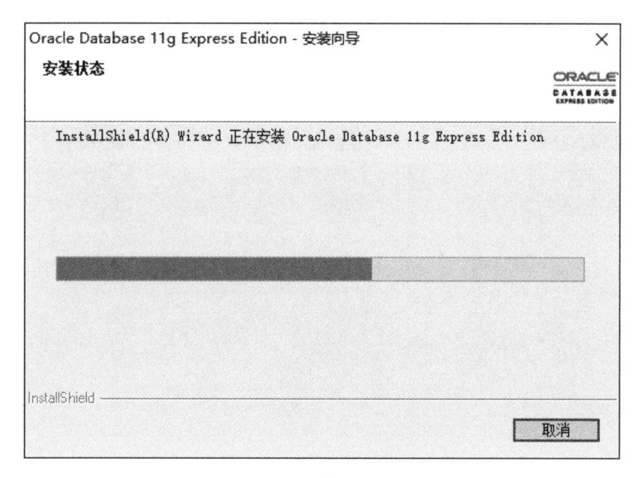

图 7-7　安装进程界面

7.4　Oracle XE DB 体系结构

Oracle XE DB，实际上是指 Oracle 数据库管理系统，是一个管理数据库访问的计算机软件。Oracle DB XE 由 Oracle 数据库和 Oracle 实例两部分组成。

- Oracle 数据库——是一个相关操作系统文件的集合，Oracle DB XE 用它存储和管理相关的信息。
- Oracle 实例——也称作数据库服务或服务器，是一组 OS 进程和内存区域的集合，Oracle DB XE 用它们管理数据库的访问。在启动一个与数据库文件关联的实例之前，用户还不能访问数据库。
- 一个 Oracle 实例只能访问一个 Oracle 数据库，而同一个 Oracle 数据库允许多个 Oracle 实例访问。

7.4.1　Oracle 实例

Oracle 实例由系统全局区（System Global Area，SGA）和程序全局区（Program Global Area，PGA）两部分组成，如图 7-8 所示。

1. 系统全局区

在 Oracle DB XE 中拥有以下进程：

- 用户进程——用户进程是在客户机内存中运行的程序。例如，在客户机上运行的 SQL * Plus、企业管理器等都是用户进程。用户进程用于向服务器进程请求信息。
- 服务器进程——服务器进程是在服务器上运行的程序，接受用户进程发出的请求，并根据请求与数据库通信，完成与数据库的连接操作和 I/O 访问。

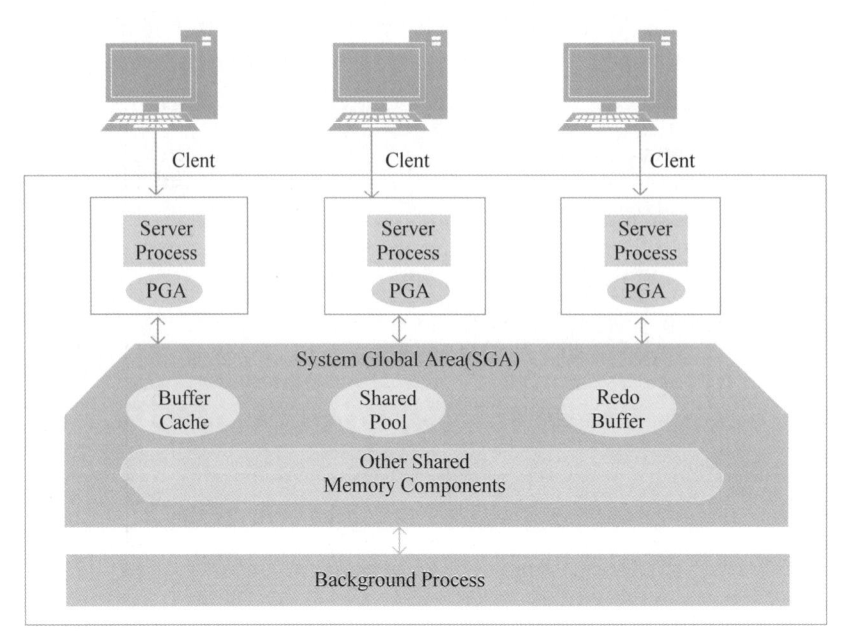

图 7-8 Oracle 实例的体系结构

- 数据库后台支持进程——负责完成数据库的后台管理工作。

运行在客户机上的用户进程和运行在服务器上的服务器进程是同时进行的，OS 将为这些进程分配专用的内存区域用于它们之间的通信，这个专用的内存区域被称为 SGA。

根据功能的不同可将 SGA 划分为若干部分，比较重要的有：

- Buffer Cache(高速缓冲区)——用于保存从数据文件中读取的数据区块副本，或用户已经处理过的数据。设立高速缓冲区的目的是减少访问数据时造成的磁盘读写操作，进而提高数据处理能力。所有用户都可以共享“高速缓冲区”中的数据。
- Shared Pool(共享区)——当数据库接收到来自客户端的 SQL 语句后，系统将会解析 SQL 语句的语法是否正确。进行解析时需要的系统信息以及解析后的结果都将保存在共享区。如果不同的用户执行相同的 SQL 语句，Oracle 实例则可以直接使用已经解析过的结果，这将大大提高 SQL 语句的执行效率。
- 重置日志缓冲区(Redo Log Buffer)——用于记录数据库中所有数据修改的详细信息，这些信息的存储地点称为 Redo Entries，Oracle 实例将适时地将 Redo Entries 写入重置日志文件，以便数据库毁坏时可以进行必要的复原操作。

2. 程序全局区

Oracle 实例在运行时，将创建服务进程来为用户的进程服务。对于每一个来自客户端的请求，Oracle DB XE 都会创建一个服务进程来接收这个请求。PGA 是存储区中被单个用户进程所使用的内存区域，是用户私有的，不能共享。PGA 主要用于处理 SQL 语句和控制用户登录等信息。

7.4.2 Oracle 数据库

Oracle 数据库是作为一个整体对待的数据集合，它由物理结构和逻辑结构两部分组成。物理结构是从数据库设计者的角度考察数据库的组成，而逻辑结构是从数据库使用者的角度考察数据库的组成。

1. 物理数据库结构

Oracle 数据库在物理上由数据文件（Data File）、重做日志文件（Redo Log Files）和控制文件 3 类系统文件组成。Oracle 数据库的这些文件为数据库信息提供实际的物理存储。

- 数据文件——每个 Oracle 数据库都有一个以上的物理数据文件。它包括所有的数据库数据，像数据表和索引这样具有逻辑数据库成分的数据物理地存放在为数据库分配的数据文件中。
- 重做日志文件——每个 Oracle 数据库都拥有一个重做日志文件组。该组中含有 2 个以上的重做日志文件，这组重做日志文件被称为数据库重做日志。重做日志由重做记录组成，每个记录是一个描述数据库的单一基本更改的更改矢量组。重做日志的功能是记录对所有数据的修改。如果某种故障致使修改过的数据不能永久写入数据文件，那么可以从重做日志获得相应的更改，使所做的工作不会丢失。
- 控制文件——每个 Oracle 数据库都拥有一个控制文件，它包含说明数据库物理结构的条目，例如数据库名、数据库的数据文件、重做日志文件的名称与位置，以及数据库的创建时间等。

2. 逻辑数据库结构

Oracle 数据库的逻辑成分包括表空间、模式和模式对象、数据块、段、区，这些成分共同规定了数据库的物理表空间是如何利用的。

- 表空间——每个数据库至少有一个表空间，该表空间称为系统表空间。为了便于管理和提高运行效率，系统还自动创建了另外一些表空间。例如，用户表空间供一般用户使用，重做（UNDO）表空间供重做段使用。临时表空间供存放一些临时信息使用。一个表空间只能属于一个数据库。注意，一个表空间可以对应一个或多个数据文件，而一个数据文件只能属于一个表空间。
- 模式和模式对象——模式是数据库对象的集合，通常将模式中的数据库对象称为模式对象。模式对象是直接与数据库的数据有关的逻辑结构。例如，表、视图、序列、存储过程、同义词、索引等都是模式对象。一般地，一个模式对象对应一个段，但利用分区技术时也可以对应多个段。
- 数据块——Oracle 数据库中的数据是按照数据块存储的。数据块对应磁盘上的物理数据库空间的一定数目的字节。在创建数据库时需要为数据库指定数据块的大小。数据库以数据块为单位使用和分配可用的数据库空间。
- 区——段是为某个逻辑结构分配的一组区。通常有以下一些不同类型的段。
  - 数据段——每个表都有一个数据段。所有表的数据都保存在它所在数据段的某个区中，对于分区表，每个分区有一个数据段。

- 索引段——每个索引有一个索引段，用于保存它的所有数据。对于分区索引，每个分区有一个索引段。
- 回退段——管理员需要为数据库创建一个或多个回退段，用于临时保存“撤销”信息，回退段中的信息用于生成一致性读取数据库的信息，在数据库恢复时，用于回退未提交的用户事务处理。
- 临时段——在SQL语句需要临时工作区完成所执行的工作时，将创建一个临时段。在该语句执行结束后，相应的临时段返回系统以备之后使用。

7.5 启动与停止Oracle DB XE

Oracle DB XE在安装完毕后，它的数据库会自动启动。如果不进行设置，以后在启动Windows OS时，数据库也会自动启动。数据库启动后，将会占用系统的大量内存和CPU资源。如果不想让数据库自动启动，可以利用Windows的服务管理工具进行设置，设置方法如下。

- 选择“开始”→“设置”→“控制面板”。
- 在控制面板中双击“管理工具”，打开管理工具。
- 在管理工具界面中双击“服务”图标。
- 在“服务”界面中找到Oracle XE实例，右击，从弹出的快捷菜单中选择“属性”命令，将该服务实例的启动类型设置为“手动”。

Oracle DB XE安装完毕后，会在“程序”菜单中生成启动、停止数据库等各种命令，如图7-9所示。如果将OracleServiceXE实例的启动类型设置为“手动”，那么选择“启动数据库”命令则将启动数据库。图7-10所示为命令行窗口实现的启动信息。

图7-9 Oracle DB XE命令菜单

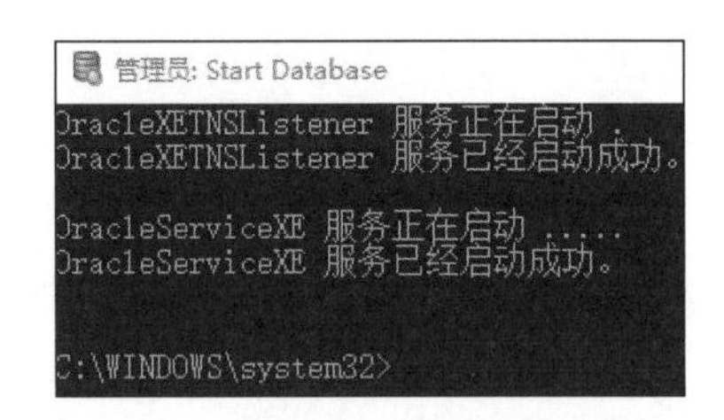

图7-10 命令行窗口实现的启动信息

7.6 连接Oracle DB XE

Oracle DB XE提供了一个命令行工具，用于实现与本地或远程数据库的连接。使用方法是：

单击“开始”→“程序”→Oracle Database 11g Express Editor→“运行 SQL 命令行”，输入如图 7-11 所示的命令。

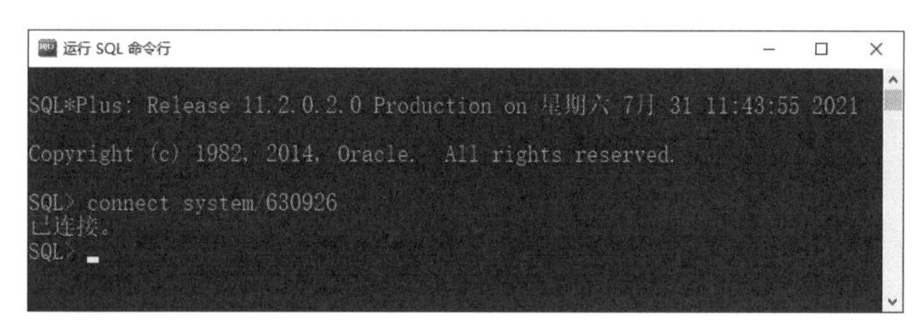

图 7-11 Oracle DB XE 命令行工具

7.7 Oracle Application Express

Oracle DB XE 使用浏览器作为控制台，利用这个可视化工具，可以方便地实现 Oracle 数据库安全策略方面的管理。如图 7-12 所示，选择“入门”命令，就可以启动 Oracle DB XE 的控制台界面，如图 7-13 所示。

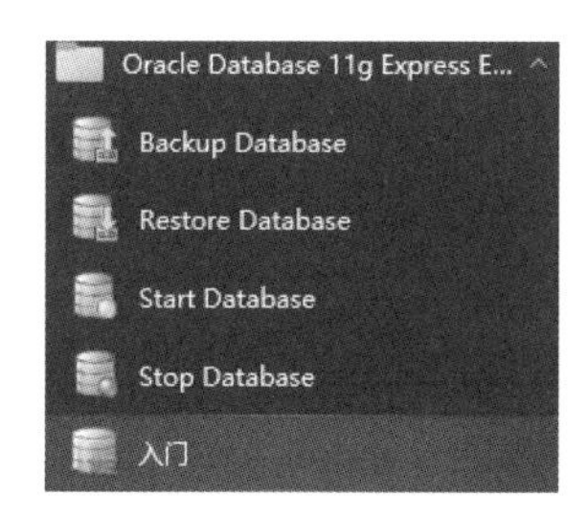

图 7-12 启动 Oracle DB XE 控制台

图 7-13 Oracle DB XE 控制台界面

单击 Application Express 图标，出现如图 7-14 所示的界面。输入用户名 SYS，密码 630926，单击 Login 按钮，将进入如图 7-15 所示的 Application Express 窗口。

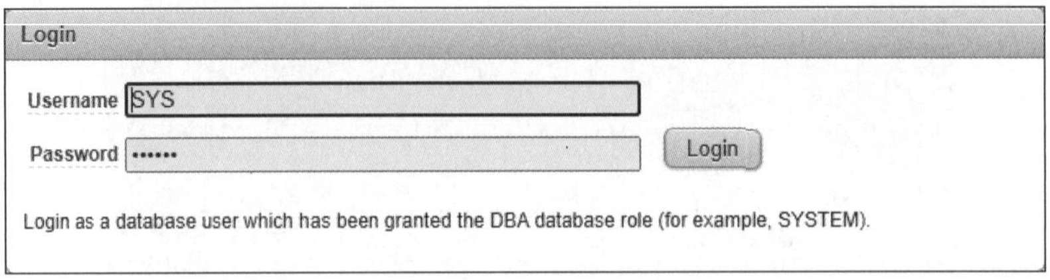

图 7-14　登录界面

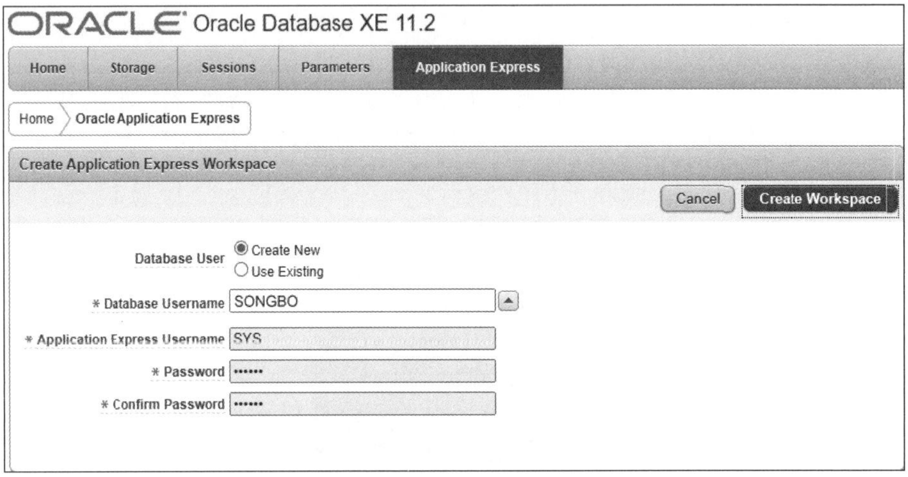

图 7-15　Application Express 窗口

输入如图 7-15 所示的参数，单击 Create Workspace 按钮，将显示如图 7-16 所示的窗口。

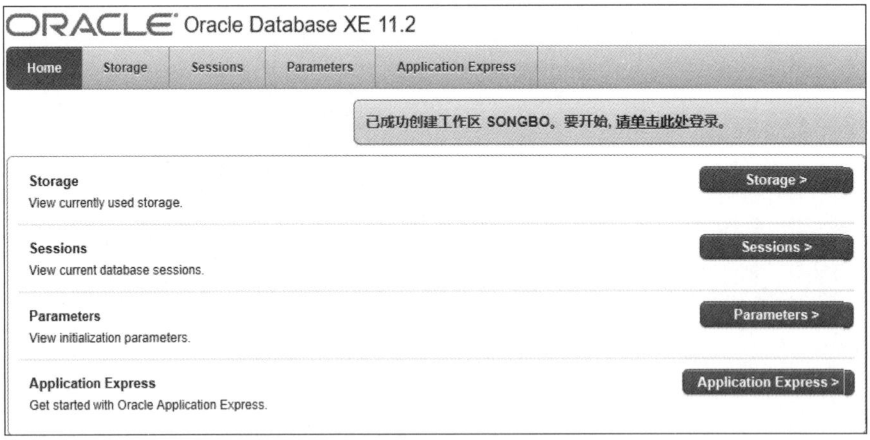

图 7-16　创建工作区 SONGBO

单击"请单击此处登录",将显示如图 7-17 所示的窗口。

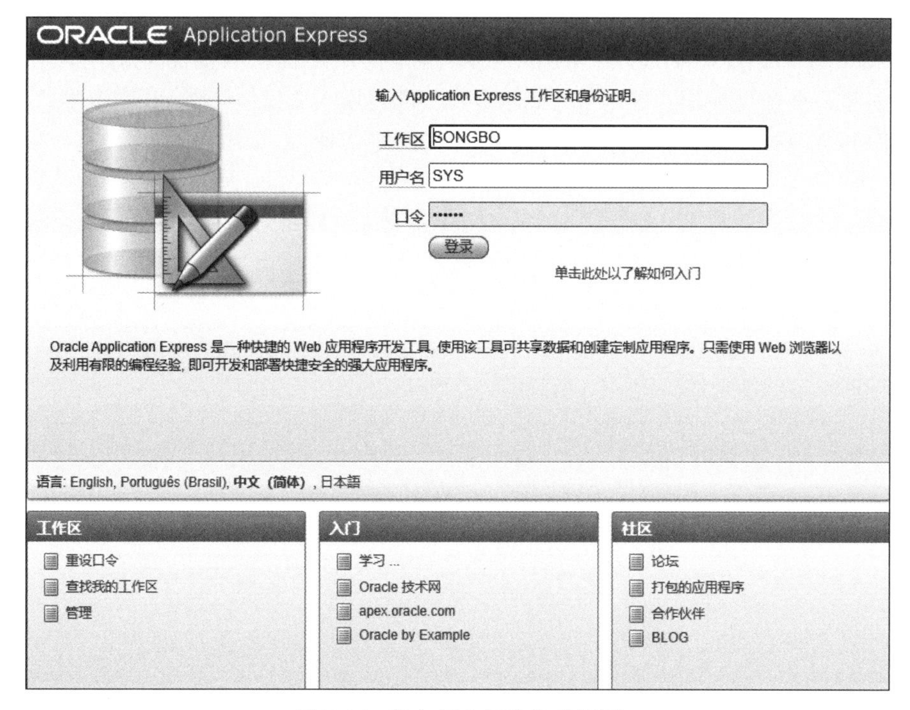

图 7-17　输入工作区和身份证明

单击"登录"按钮,将显示如图 7-18 所示的窗口。

图 7-18　工作区 SONGBO 窗口

7.8　本 章 小 结

本章主要介绍了在 Windows OS 上安装 Oracle DB XE 的方法和过程。为了加深读者的理解,本章详细阐述了构成 Oracle DB XE 体系结构中的 Oracle 实例和 Oracle 数据库的基本概念，并介绍了启动和停止 Oracle DB XE 的监听器、数据库服务、连接 Oracle 数据库的方法。

Oracle DB XE 是一个多用户的 DBMS。为了向用户提供数据库的访问，DBA 必须为用户创建一个数据库用户账号和工作区。Oracle DB XE 提供了 Web 浏览器作为实现这些操作的可视化界面，极大地简化了这些操作的复杂性。

第8章 Oracle DB XE模式对象

SQL是英文Structured Query Language的缩写,中文含义为结构化查询语言。根据ANSI(美国国家标准学会)的规定,SQL被作为关系型数据库管理系统的标准语言。SQL的主要功能是同各种数据库建立连接,进行沟通。Oracle DB XE提供的“对象管理器”提供了对SQL命令进行可视化操作的上下文环境,即使不使用SQL命令,也可以完成其对应的功能。本章首先介绍Oracle DB XE模式对象的相关概念,然后介绍如何使用Oracle DB XE的“对象浏览器”创建和维护表数据。

8.1 SQL概述

目前,绝大多数流行的关系型数据库管理系统(如Oracle、IBM DB2、Sybase、SQL Server等)都采用SQL标准。虽然很多数据库都对SQL语句进行了再开发和扩展,但是标准的SQL命令仍然可以用于完成几乎所有的数据库操作。SQL是一种介于关系代数与关系演算的结构化查询语言。SQL可以分为两类:数据定义语言(DDL)和数据控制语言(DML)。

DDL是SQL中用于定义数据库中数据结构的语言,可以完成如下任务:创建、删除、更改数据库对象,为数据库对象授权,以及回收已经授权给数据库对象的权限。DML用于在数据库中操纵数据,而非定义数据。数据控制语言可以完成如下任务:查找、插入、删除、更改数据信息,以及永久写入数据信息。

8.2 数据库模式对象

Oracle数据库用表、行(记录)、列(字段或属性)等组织和存储数据。一个Oracle数据库由多个表组成。数据库、表、列都有自己的名称。列除了名称外,还有数据类型和长度等属性。表8-1给出了Oracle数据库中部分常用的数据类型。

表 8-1 Oracle 数据库中部分常用的数据类型

类型名称	类型说明
CHAR(length)	存储固定长度的字符串。length 指定了字符串长度，最大长度为 2000 个字符。如果要存储的字符串长度较小，就在末尾填充空格
VARCHAR2(length)	存储可变长度的字符串，即使字符串的长度较小，也不用填充空格
DATE	存储日期和时间，存储格式是 4 位的年、月、日、小时、分和秒
INTEGER	存储整数
BINARY_FLOAT	存储一个单精度的 32 位浮点数
BINARY_DOUBLE	存储一个双精度的 64 位浮点数
NUMBER(precision,scale)	存储浮点数，也可以存储整数。参数 precision 是这个数字可以使用的最大位数(包括小数点前后的位数)，参数 scale 是小数点右边的最大位数。Oracle 支持的最大精度是 38 位。如果没有指定 precision，也没有指定 scale，那么可以存储 38 位精度的数字

在 Oracle 数据库中，大量的数据和程序逻辑都是以对象的形式组织的。组织数据的对象有表、索引、序列等，组织程序逻辑的对象有存储过程、触发器等。每个数据库应用程序都建立在一组相关数据库对象基础之上。

任何通过 SQL 的 CREATE 语句创建的数据库项都可以视为数据库对象。例如，表、索引、触发器、PL/SQL 包、视图、存储过程、用户、角色等都是数据库对象。为了更好地理解、管理和运用种类繁多的数据库对象，Oracle 引入了模式的概念，从逻辑上对各种对象进行组织。

1. 模式

在 Oracle 数据库中，模式(Schema)是组织相关数据库对象的一个逻辑概念，与数据库对象的存储无关，是数据库中存储数据的一个逻辑表示或描述。

在 Oracle 数据库中，每个用户都拥有唯一的一个模式。创建一个用户，就创建了一个同名的模式，模式与数据库用户之间是一一对应的关系。默认情况下，一个用户创建的所有数据库对象均存储在自己的模式中。当用户在数据库中创建了一个对象后，这个对象默认属于这个用户的模式。当用户访问自己模式的对象时，在对象名前可以不加模式名。但是，如果其他用户要访问该用户的对象，则必须在对象名前添加模式名。

2. 模式对象和非模式对象

Oracle 数据库中的所有对象分为模式对象和非模式对象两类。能够包含在模式中的对象称为模式对象。Oracle 数据库中有许多类型的对象，但并不是所有的对象都可以组织在模式中。可以组织在模式中的对象有表、索引、触发器、数据库链接、PL/SQL 程序包、序列、同义词、视图、存储过程/函数、Java 类等。有一些不属于任何模式的数据库对象，称为非模式对象，例如，表空间、用户账号、角色、概要文件等。

3. CREATE TABLE 命令

CREATE TABLE 命令用于创建表，该命令的一般语法格式如下。

```
CREATE TABLE [<模式名>.]<表名>
[<字段名><类型(长度)>[<字段约束>][, <字段名><类型(长度)>[<字段约束>] … ],
[CONSTRAINT <约束名><约束类型>(字段[, …])],
[CONSTRAINT <约束名><约束类型>(字段[, …])])
[TABLESPACE <表空间名>]
```

- CREATE——为创建的关键字，TABLE 为表的关键字。
- CONSTRAINT——指定表级约束。如果某个约束只作用于单个字段，则可以在字段声明中定义字段约束。如果某个约束作用于多个字段，则必须使用 CONSTRAINT 定义表级约束。
- 定义非空字段时，需要在字段后标明 NOT NULL，例如 name char(8) NOT NULL。
- 定义字段的默认值时，需要在字段后标明 DEFAULT<默认值>，例如，score number(6,1) DEFAULT 500.0。
- PRIMARY——主属性约束，它能保证主属性的唯一性和非空性，在表中是唯一的。定义 PRIMARY 类型的字段约束时，需要在该字段后标明 PRIMARY KEY。而定义 PRIMARY 类型的表级约束时，其定义格式如下。
  - CONSTRAINT <约束名> PRIMARY KEY(主键字段列表)。其中主键字段列表中各字段之间用“,”分隔。例如：
    - t_no char(8) PRIMARY KEY
    - CONSTRAINTtc_pri PRIMARY KEY (t_no,course_no)——定义字段 t_no、course_no 为表级约束，约束名为 tc_pri。
- UNIQUE——唯一性约束，用于限定字段取值的唯一性，一般用在非主属性上。

Oracle DB XE 可以使用浏览器作为控制台，实现各种数据库对象的访问和管理。Oracle DB XE 要求浏览器必须支持 JavaScript、HTML 4.0 和 CSS 1.0 标准。以下浏览器可以作为 Oracle DB XE 的控制台。

- Microsoft Internet Explorer 6.0 or later。
- Netscape Communicator 7.2 or later。
- Mozilla 1.7 or later。
- Firefox 1.0 or later。

8.3 创 建 表

启动 Oracle DB XE 控制台界面。登录到 Oracle DB XE，然后选择“SQL 工作室”→“对象浏览器”，将显示创建数据库对象的界面，如图 8-1 所示。

创建以下两个数据表，如表 8-2 和表 8-3 所示。

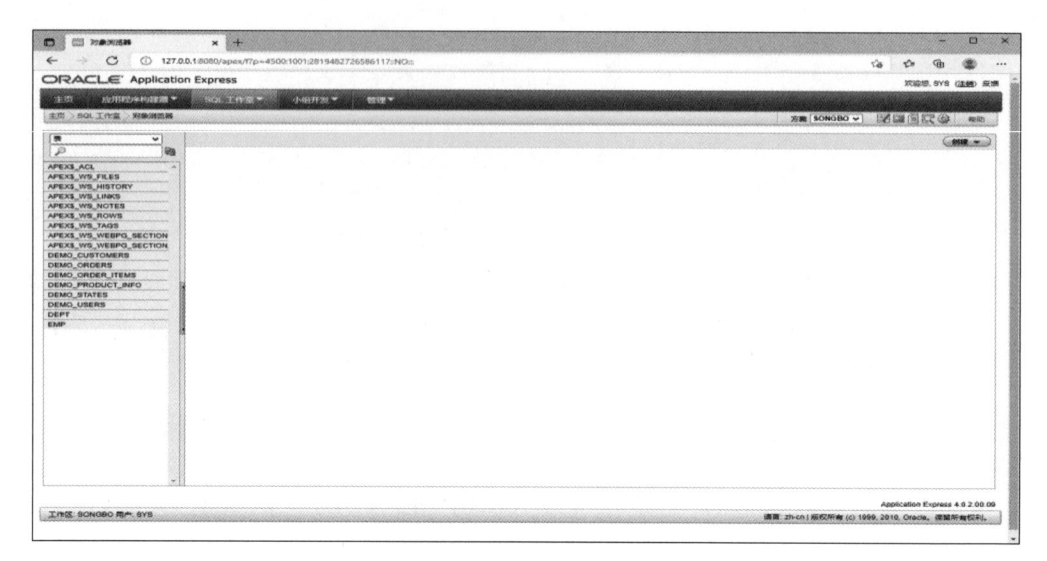

图 8-1　对象浏览器界面

表 8-2　部门(DEPARTMENT)表

序号	数据类型	功能描述
1	dept_id	部门代码,主键
2	dept_name	部门名称
3	dept_location	部门地址
4	dept_num	部门员工人数

表 8-3　员工(EMPLOYEE)表

序号	数据类型	功能描述
1	emp_id	员工代码,主键
2	emp_name	姓名
3	dept_id	员工所属部门代码,外键
4	emp_age	员工年龄
5	emp_job	职务
6	emp_salary	薪水

下面以创建部门表为例,介绍用对象浏览器创建一个数据表的具体操作步骤和方法。

(1) 定义表的列

图 8-2 所示为定义表的列信息界面。

- 表名——表的名称,在同一模式下是唯一的。
- 列名——列的名称,在同一个表中是唯一的。

创建表　取消　< 上一步　下一步 >

* 表名 Department　☐保留大小写

列名	类型	精度	比例	非空值	移动
dept_id	CHAR				▼▲
dept_name	VARCHAR2				▼▲
dept_location	VARCHAR2				▼▲
dept_num	NUMBER				▼▲
	- 选择数据类型 -				▼▲
	- 选择数据类型 -				▼▲
	- 选择数据类型 -				▼▲
	- 选择数据类型 -				▼▲

添加列

图 8-2　定义表的列信息界面

- 类型——列的数据类型。
- 精度——列的长度。
- 比例——小数位数，针对数值型的列而言，指小数点后的位数。
- 非空——是否为空，要定义的列是否允许为空值。
- "移动"图标——单击向下方的实心三角形图标将删除下一列，而单击向上方的实心三角形图标将删除上一列。
- "添加列"按钮——在界面所示的列文本域都使用完的情形下，单击"添加列"按钮，将在界面中添加一列。

(2) 定义表的主键

主键允许对表中的每一行进行唯一标识，如图 8-3 所示。如果选择"无主键"，则表示不创建主键；如果选择"从新序列填充"，则提示输入新序列的名称；如果选择"从现有序列填充"，则提示选择序列。如果选择"未填充"，则表示不填充主键。这是定义组合主键的唯一方法。组合主键是由多个列组成的主键。

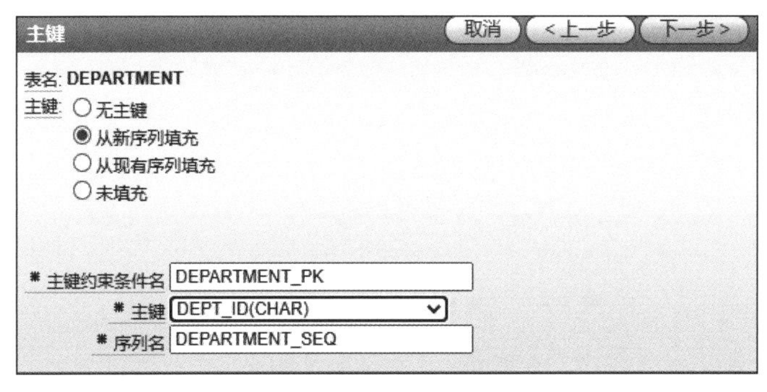

图 8-3　创建表的主键界面

(3) 定义表的外键

如图 8-4 所示为定义表的外键界面。"名称"为外键的名称。"选择键列"列表框提供了可供选择作为外键的列。"引用表"则用于选择与外键相关联的表。DEPARTMENT 表不需要外键。

图 8-4 定义表的外键界面

(4) 定义检查(Check)和唯一性(Unique)约束

图8-5所示为定义检查和唯一性约束的界面。

图 8-5 定义检查和唯一性约束的界面

在图8-5所示的界面中,可以在文本域中输入"检查和唯一性约束表达式",并在"名称"文本框中输入它的名称。单击"可用列"图标,将显示可选择的检查和唯一性约束的列。单击"检查约束条件示例"图标,将显示示例表达式。

(5) 创建表

单击"创建"按钮,将显示如图8-6所示的界面。文本区域显示了创建表的SQL命令,这样就完成了创建表的工作,如图8-7所示。

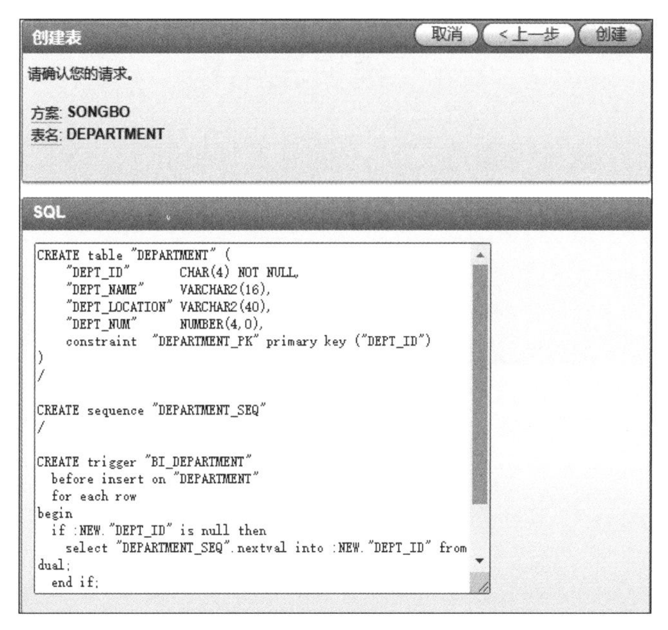

图 8-6 创建表命令完成界面

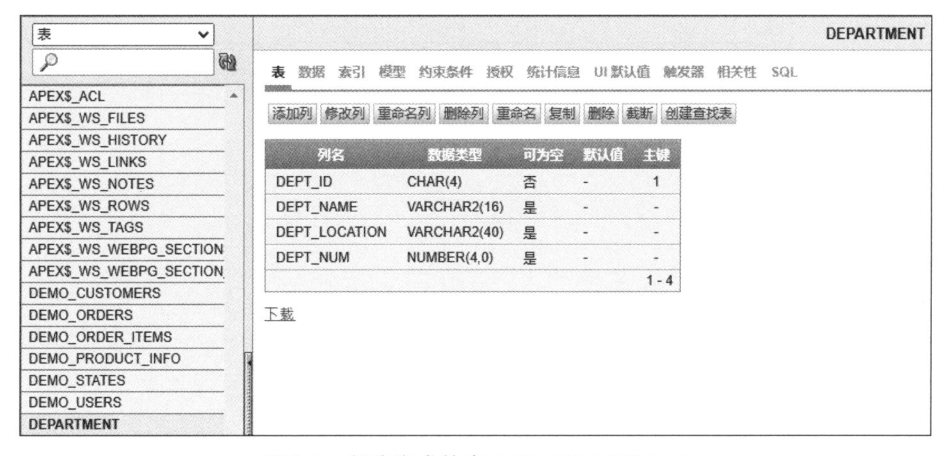

列名	数据类型	可为空	默认值	主键
DEPT_ID	CHAR(4)	否	-	1
DEPT_NAME	VARCHAR2(16)	是	-	-
DEPT_LOCATION	VARCHAR2(40)	是	-	-
DEPT_NUM	NUMBER(4,0)	是	-	-
				1-4

图 8-7 创建完成的表 DEPARTMENT(一)

按照同样的方法,创建表 EMPLOYEE,如图 8-8 所示。

表 数据 索引 模型 约束条件 授权 统计信息 UI 默认值 触发器 相关性 SQL

添加列 修改列 重命名列 删除列 重命名 复制 删除 截断 创建查找表

列名	数据类型	可为空	默认值	主键
EMP_ID	CHAR(4)	否	-	1
EMP_NAME	VARCHAR2(16)	是	-	-
DEPT_ID	CHAR(4)	是	-	-
EMP_AGE	NUMBER(3,0)	是	-	-
EMP_JOB	VARCHAR2(12)	是	-	-
EMP_SALARY	NUMBER(7,2)	是	-	-
				1-6

图 8-8 创建完成的表 EMPLOYEE

8.4 维护表结构

表创建完成之后，选择“对象浏览器”→“浏览表DEPARTMENT”命令，将显示维护表结构的界面，如图8-9所示。

表 数据 索引 模型 约束条件 授权 统计信息 UI默认值 触发器 相关性 SQL

添加列 修改列 重命名列 删除列 重命名 复制 删除 截断 创建查找表

列名	数据类型	可为空	默认值	主键
DEPT_ID	CHAR(4)	否	-	1
DEPT_NAME	VARCHAR2(16)	是	-	-
DEPT_LOCATION	VARCHAR2(40)	是	-	-
DEPT_NUM	NUMBER(4,0)	是	-	-
				1-4

下载

图8-9 创建完成的表DEPARTMENT(二)

在维护表结构的界面中，可以完成“添加列”……“创建查找表”等一系列操作。例如，单击“添加列”图标，将显示如图8-10所示的界面。

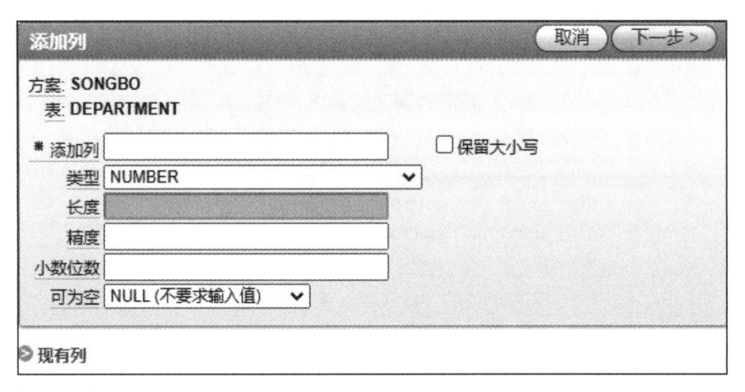

图8-10 创建完成的表DEPARTMENT(三)

8.5 输入和修改表数据

选择某一数据表(如DEPARTMENT)，单击“数据”图标，将显示表数据的输入、查询和修改界面，如图8-11所示。

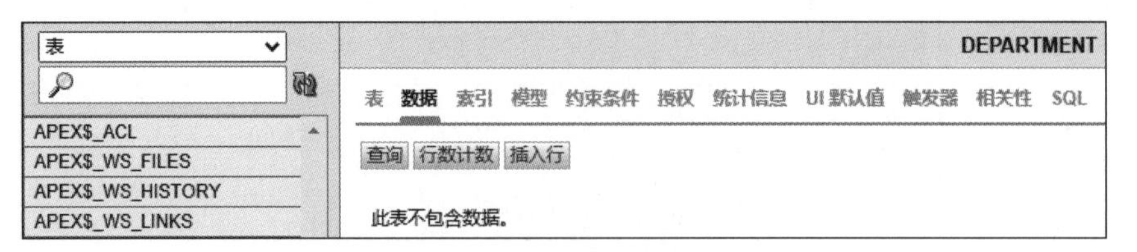

图8-11 输入、查询和修改表数据的界面

单击如图 8-11 所示的“插入行”图标，将显示如图 8-12 所示的界面，输入具体数据。输入表中数据后的界面如图 8-13 所示。

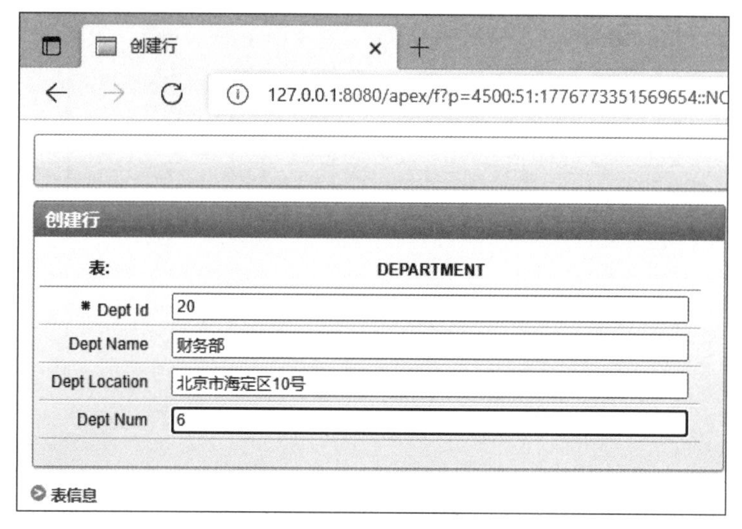

图 8-12　输入表中行的数据的界面

编辑	DEPT_ID	DEPT_NAME	DEPT_LOCATION	DEPT_NUM
	10	人力资源部	沈阳市皇姑区16号	10
	20	财务部	北京市海定区10号	6
	30	销售部	上海市浦东区16号	33
	40	采购部	上海市浦东区16号	20
	50	广告部	北京市海定区10号	6

行 1 - 5 (共 5 行)

图 8-13　输入表中数据后的界面

单击图 8-13 所示的左侧第 1 列的第 3 个“编辑”图标，将显示如图 8-14 所示的修改该条记录的界面。

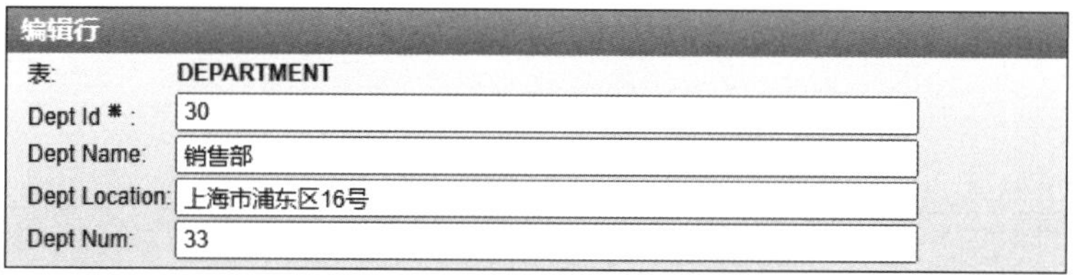

编辑行

表: DEPARTMENT

Dept Id *: 30

Dept Name: 销售部

Dept Location: 上海市浦东区16号

Dept Num: 33

图 8-14　修改第 3 条记录的界面

参照上面的步骤，为表 EMPLOYEE 输入数据，如图 8-15 所示。

编辑	EMP_ID	EMP_NAME	DEPT_ID	EMP_AGE	EMP_JOB	EMP_SALARY
	101	王一鸣	10	27	资料员	2000
	200	魏明	20	26	经理	5000
	202	高伟	20	24	计划员	2600
	400	张义民	40	27	经理	4200
	100	宋晓波	10	30	部长	6600
	501	宋理民	50	28	会记师	4500
	201	金昌	20	29	采购员	3000
	300	高一民	30	26	经理	5000
	301	万一民	30	24	采购员	3000
	401	张波	40	26	计划员	2600
	500	张晓明	50	36	经理	5600
						行1-11(共11行)

图8-15 EMPLOYEE表中数据的界面

8.6 本章小结

本章主要介绍了SQL的基础，侧重于SQL的语法规范，该规范是所有关系数据库的共同语言规范；重点介绍了在Oracle DB XE环境下如何使用对象浏览器提供的向导式界面创建和维护表。本章通过具体的操作步骤展示了在数据库中的操作。另外，对象浏览器还提供了索引、授权、触发器等数据库对象，以及完整性约束等向导式操作界面，为开发人员创建和维护它们带来了极大的便利。

第9章 用 SQL 访问 Oracle DB XE

Oracle DB XE 的对象浏览器提供了对 SQL 命令进行可视化操作的环境，而 SQL 命令器则提供了直接使用 SQL 命令、PL/SQL、存储过程/函数等的命令行执行环境。本章首先介绍 SQL 函数和操作符，然后介绍如何使用 Oracle DB XE 提供的 SQL 命令器工具实现 SQL 的数据操作功能，即对存储在数据库中数据的查询、输入、更新、删除等操作。

9.1 SQL 函数

Oracle 数据库的 SQL 主要包括以下函数：数值型函数、字符型函数、日期型函数、转换函数和聚集函数。本节主要介绍这些函数的基本用法。

9.1.1 数值型函数

数字型函数接受的是 number 类型的参数，而返回的是 number 类型的数值。Oracle 数据库中常用的 SQL 数值型函数如表 9-1 所示。

表 9-1 Oracle 数据库中常用的 SQL 数值型函数

函数	函数返回值
ceil(x)	大于或等于数值 x 的最小整数值
floor(x)	小于或等于数值 x 的最大整数值
mod(x,y)	x 除于 y 的余数；若 y=0，则返回 x
power(x,y)	x 的 y 次幂
round(x[,y])	若 y>0，则四舍五入保留 y 位小数；若 y=0，则四舍五入保留整数；若 y<0，则从整数的个位向左算起，使 y 位为 0，四舍五入保留整数
sign(x)	若 x<0，则返回 −1；若 x=0，则返回 0；若 x>0，则返回 1
sqrt(x)	x 的平方根
trunc(x[, y])	若 y>0，则截尾到 y 位小数；若 y=0，则截尾到整数；若 y<0，则从整数的个位向左算起，使 y 位为 0，数值截尾到 y 位

数值型函数的实例如下。

- ceil(16.3)——返回大于16.3的整数,结果为17。
- round(15.6,−1)——y为−1,从整数的个位向左算起使1位为0,即个位为0,数值四舍五入,个位6进位,结果为20。
- trunc(15.6,−1)——y为−1,从整数的个位向左算起使1位为0,即个位为0,数值截尾到个位,个位5被截尾,结果为10。

9.1.2 字符型函数

字符型函数接受的是字符型参数,返回的是字符值。除几个个别函数以外,这些函数大都返回varchar2类型的值。Oracle数据库中常用的SQL字符型函数如表9-2所示。

表9-2 Oracle数据库中常用的SQL字符型函数

函　数	函数返回值
ASCII(string)	返回string首字符的ASCII码值
CHR(x)	返回x的ASCII值
concat(string1,string2)	返回将string1与string2连接起来的字符串
InitCap(string)	返回string首字母大写而其他字母小写的字符串
lower(string)	返回string的小写形式
LTrim(string1,string2)	删除string1中从最左边算起出现在string2中的字符,string2被默认设置为单个空格,直到遇到第一个不在string2中的字符时返回
replace(string,search_str[,replace_str])	用replace_str替换所有在string中出现的search_str。如果replace_str没有被指定,那么所有出现的search_str都将被删除
RTrim(string1,string2)	删除string1中从最右边算起出现在string2中的字符,string2被默认设置为单个空格,直到遇到第一个不在string2中的字符时返回
substr(string,a[,b])	a>0时,取出string中从左算起第a个字符开始的b个字符的字符串;若a=0,则b为1;若a<0,则取出string中从右算起第a个字符开始的b个字符的字符串
upper(string)	返回string的大写形式
length(string)	返回string的长度

例如,如下的实例:

- concat('您好,','北京')——结果为:'您好,北京!'。
- substr('[I am a stydent',3,2)——结果为:'am'。

9.1.3 日期型函数

日期型函数接受的是DATE类型的参数,除Months-Between函数返回的是number类型的数值外,其他的日期函数都返回DATE类型的值。Oracle数据库中常用的SQL日期型函数如表9-3所示。

表 9-3　Oracle 数据库中常用的 SQL 日期型函数

函　　数	函数返回值
Add_Month(d,x)	日期 d 月份加上 x 个月以后的日期
Last_Day(d)	d 月份的最后一天的日期
SysDate	当前系统日期和时间
Months_Between(date1,date2)	在 date1 和 date2 之间的月份
Next_Day(d, string)	日期 d 之后由 string 指定的日期,string 用于指定星期几

例如,如下的实例:

- Last_Day('6-6 月-06')——结果为 30-6 月-06。
- Next_Day('10-3 月-06, '星期一')——表示 2006 年 3 月 10 日后的星期一,结果为 13-3 月-06。

9.1.4　转换函数

转换函数用于在数据类型之间进行转换。

1. 数值型转换为字符类型

- 函数名称:To_Char(num[, format]) 。
- 函数功能:将 number 类型的数据转换为一个 varchar2 类型的数据,format 为格式参数。如果没有指定 format,那么结果字符串包含和 num 中有效位的个数相同的字符。如果结果为负数,则在前面加一个减号。
- 函数实例:To_Char(9.6)的结果为'9.6'。

2. 日期型转换为字符串类型

- 函数名称:To_Char(d[, format]) 。
- 函数功能:将日期类型的数据转换为一个 varchar2 类型的数据。如果没有指定 format 格式串,则使用默认的日期格式。SQL 提供了很多日期格式,用户可以用它们的组合表示最终的输出格式。SQL 的日期格式如表 9-4 所示。

表 9-4　SQL 的日期格式

日期格式元素	说　　明	日期格式元素	说　　明
D	一周中的星期几(1～7)	Q	一年中的第几季度(1～4)
DD	一月中的第几天(1～31)	SS	秒(0～59)
DDD	一年中的第几天(1～366)	WW	当年第几个星期(1～53)
IYYY	基于 ISO 标准的 4 位年份	W	当月第几个星期(1～5)
HH 或 HH12	一天中的时(1～12)	YEAR 或 SYEAR	年份的名称,将公元前的年份加负号
HH24	一天中的时(1～24)	YYYY	4 位的年份
MI	分(1～59)	YYY、YY、Y	年份的最后 3,2,1 位数据
MM	月(1～12)		

- 函数实例：设当前系统日期为 2003 年 3 月 10 日，则 To_Char(SYSDATE，"YYYY"年"MM"月"DD"日，第"W"个星期，"HH24"时")的结果为"2003 年 3 月 10 日，第 2 个星期，08 时"。

3. 字符串类型转换为日期型

- 函数名称：To_Date(string，format)。
- 函数功能：将 char 或 varchar2 类型的数据转换为一个 date 类型的数据，日期格式详见表 9-4。
- 函数实例：To_Date('2003-3-10'，'YYYY-MM-DD')的结果为 10-03 月 03。

9.1.5 聚集函数

聚集函数也称分组函数，用于从一组记录中返回汇总信息。Oracle 数据库中常用的 SQL 聚集函数如表 9-5 所示。下面给出聚集函数的实例。

- avg(s_score)——结果为 s_score 列的平均值。
- sum(s_score)——结果为 s_score 列值的总和。

注意：在 Oracle 数据库中，函数以及语句是不分大小写的。

表 9-5 Oracle 数据库中常用的 SQL 聚集函数

函 数	返 回 值	函 数	返 回 值
Avg(col)	指定列数值的平均值	Min(col)	指定列中的最小值
Count(*)	行的总数	Max(col)	指定列中的最大值
Count(col)	指定列非空数值的行数	Sum(col)	指定列数值的总和

9.2 SQL 操作符

SQL 中涉及的操作符主要分 4 类：算术运算符、比较操作符、谓词操作符以及逻辑操作符。

1. 算术运算符

在 SQL 中，常用的算术运算符有＋、－、＊、/、()。

2. 比较操作符

在 SQL 中，常用的比较操作符有＝、!＝、<>、<、>、<＝、>＝。

3. 谓词操作符

在 SQL 中，常用的谓词操作符有：

- IN——属于集合的任一成员。
- NOT IN——不属于集合的任一成员。
- BETWEEN a AND b——在 a 和 b 之间，包括 a 和 b。
- NOT BETWEEN a AND b——不在 a 和 b 之间，也不包括 a 和 b。
- EXISTS——总存在一个值满足条件。

- LIKE '[_%]string[_%]'——包括在指定子串内，%将匹配零个或多个任意字符，下画线将匹配一个任意字符。

例如：

- LIKE 'stud%'——表示如果一个字符串的前 4 个字符为 stud，后面为 0 个或任意多个字符，则都满足集合条件。
- LIKE 'stud_t'——表示如果一个字符串的前 4 个字符为 stud，第 6 个字符为 t，第 5 个字符为任意字符，则都满足集合条件。
- BETWEEN 20 AND 30——表示数值在区间[20,30]。

4. 逻辑操作符

在 SQL 中，常用的逻辑操作符有 AND、OR、NOT。NOT 可以与比较运算符连用，表示非。例如，NOT age＞＝20，表示 age 小于 20。

9.3　用 SQL 查询数据

用 SQL 查询数据可以使用 SELECT 命令实现，该命令可以查询数据库中的数据，并能够将查询结果进行排序、分组以及统计等。它的语法格式如下。

```
SELECT [ALL|DISTINCT] <显示列表项>| *
FROM <数据来源项>
[WHERE <条件表达式>
[GROUP BY <分组选项>[HAVING <组条件表达式>]]
[ORDER BY <排序选项>[ASC|DESC]];
```

命令中各参数的含义如下。

- ALL|DISTINCT——表示两者任选其一。其中，ALL 表示查询表中所有满足条件的记录，是默认选项，可以省略不写。DISTINCT 表示去除输出结果中的重复记录。
- 显示列表项——指定查询结果中显示的项，各项之间用逗号分隔。这个项可以是表中的字段、字段表达式，也可以是 SQL 常量。字段表达式既可以是 SQL 函数表达式，也可以是 SQL 操作符连接的表达式。如果要显示列表项中包含表中所有的字段，可以用 * 代替。
- 数据来源项——指定显示列表中显示项的来源，它可以是一个或多个表。各项之间用逗号分隔。
- SELECT 语句的基本语义是，根据 WHERE 子句的条件表达式，从 FROM 子句指定的表或视图中找出满足条件的记录，再将显示列表项中显示项的值列出来。在这种固定模式中，可以不要 WHERE，但必须有 SELECT 和 FROM。
- WHERE＜条件表达式＞——指定查询条件。查询条件中涉及的 SQL 函数和 SQL 操作符。
- GROUP BY ＜分组选项＞——表示查询时，可以按照某个或某些字段分组汇总，各分组选项之间用逗号分隔。HAVING＜组条件表达式＞——表示分组汇总时，可以根据组条件表达式选出满足条件的组记录。

- ORDER BY ＜排序选项＞——表示显示结果时，可以按照指定字段排序，各选项之间用逗号分隔。ASC表示升序，DESC表示降序，默认为升序。

1. 单表查询

单表查询即从一个表中查询数据。此时，SELECT命令中的FROM子句中只有一个表，而且语句中涉及的字段可以省略表名。

【例9-1】 查询DEPARMENT表中的全部信息。

(1) 在Windows OS中，在“开始”菜单中启动Oracle DB XE。再调用Oracle DB 11g XE→“入门” 命令，如图9-1所示。

图9-1 Oracle DB XE控制台界面

(2) 单击“SQL工作室”→“SQL命令”，则显示如图9-2所示的SQL命令界面。

图9-2 SQL命令界面

(3) 输入命令 SELECT * FROM DEPARTMENT;,然后单击“运行”按钮,则会显示查询结果,如图 9-3 所示。

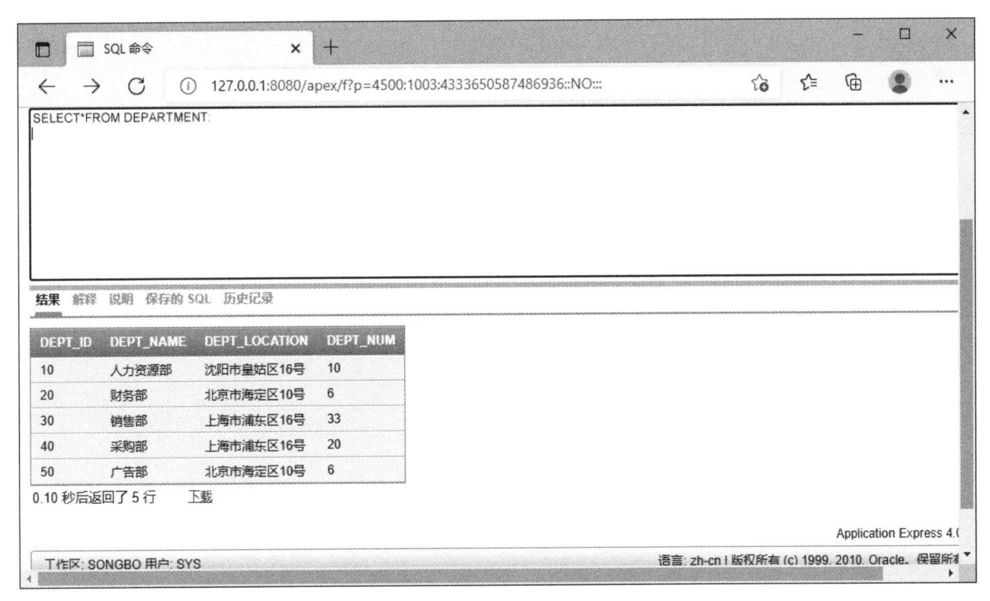

图 9-3　查询命令执行结果

【例 9-2】　查询 EMPLOYEE 表中所有职工的 ID 号、姓名、年龄、职位、薪水等信息。

```
SELECT EMP_ID,EMP_NAME,EMP_AGE,EMP_JOB,EMP_SALARY FROM EMPLOYEE;
```

EMP_ID	EMP_NAME	EMP_AGE	EMP_JOB	EMP_SALARY
101	王一鸣	27	资料员	2000
200	魏明	26	经理	5000
202	高伟	24	计划员	2600
400	张义民	27	经理	4200
100	宋晓波	30	部长	6600
501	宋理民	28	会计师	4500
201	金昌	29	采购员	3000
300	高一民	26	经理	5000
301	万一民	24	采购员	3000
401	张波	26	计划员	2600

【例 9-3】　查询 EMPLOYEE 表中职工所属部门的信息。

```
SELECT DEPT_ID FROM EMPLOYEE;
DEPT_ID
10
```

```
20
20
46
10
50
20
30
30
40
```

在本例中，如果要去掉输出结果中的重复记录，可以在该字段前加上DISTINCT关键字。例如下面所示的命令：

```
SELECT DISTINCT DEPT_ID FROM EMPLOYEE;
```

【例9-4】　查询EMPLOYEE表中部门编号为50的职工的信息(见图9-4)。

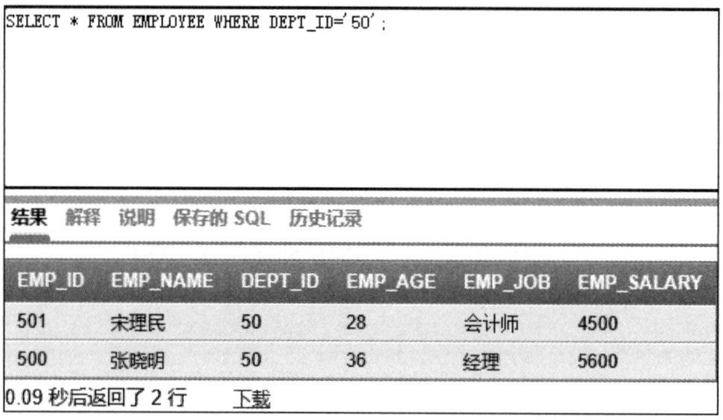

```
SELECT * FROM EMPLOYEE WHERE DEPT_ID='50';
```

结果　解释　说明　保存的SQL　历史记录

EMP_ID	EMP_NAME	DEPT_ID	EMP_AGE	EMP_JOB	EMP_SALARY
501	宋理民	50	28	会计师	4500
500	张晓明	50	36	经理	5600

0.09秒后返回了2行　下载

图9-4　例9-4的SQL命令及结果

【例9-5】　查询EMPLOYEE表中部门编号为50，且年龄为26岁以上的职工的信息(见图9-5)。

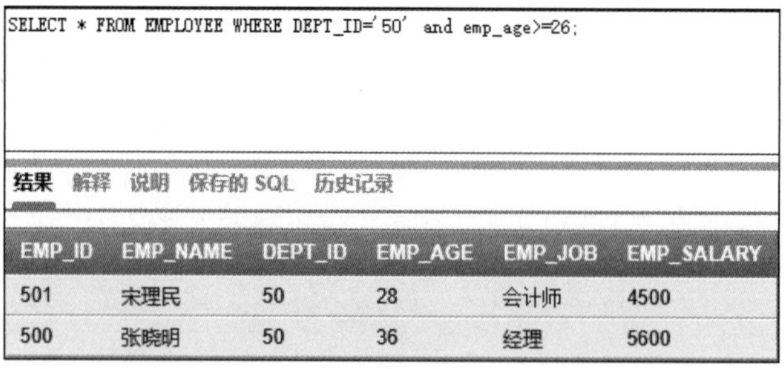

```
SELECT * FROM EMPLOYEE WHERE DEPT_ID='50' and emp_age>=26;
```

结果　解释　说明　保存的SQL　历史记录

EMP_ID	EMP_NAME	DEPT_ID	EMP_AGE	EMP_JOB	EMP_SALARY
501	宋理民	50	28	会计师	4500
500	张晓明	50	36	经理	5600

图9-5　例9-5的SQL命令及结果

【例9-6】　查询EMPLOYEE表中薪水金额在4000～10000元的职工的信息(见图9-6)。

【例9-7】　查询EMPLOYEE表中所有姓名以“宋”开头的职工的信息(见图9-7)。

【例9-8】　查询EMPLOYEE表中ID号是301和500的职工信息(见图9-8)。

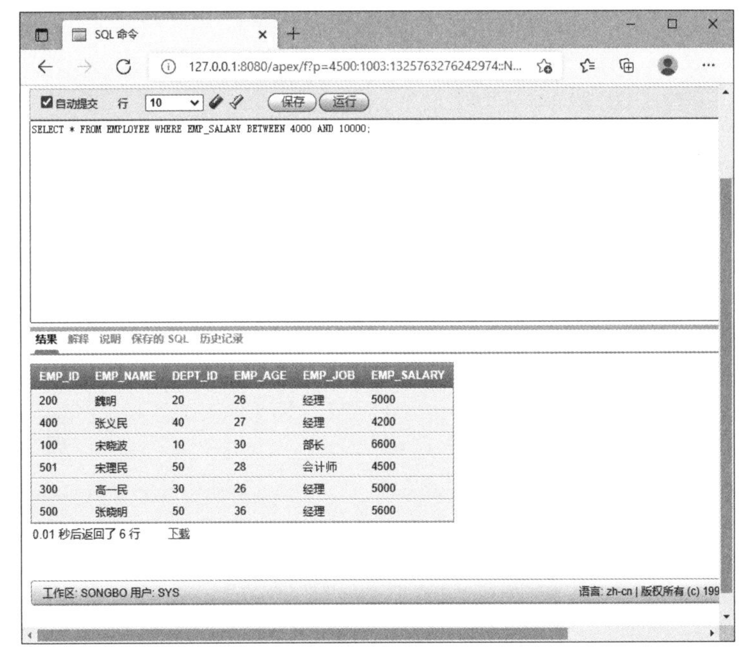

EMP_ID	EMP_NAME	DEPT_ID	EMP_AGE	EMP_JOB	EMP_SALARY
200	魏明	20	26	经理	5000
400	张义民	40	27	经理	4200
100	宋晓波	10	30	部长	6600
501	宋理民	50	28	会计师	4500
300	高一民	30	26	经理	5000
500	张晓明	50	36	经理	5600

图 9-6 例 9-6 的 SQL 命令及结果

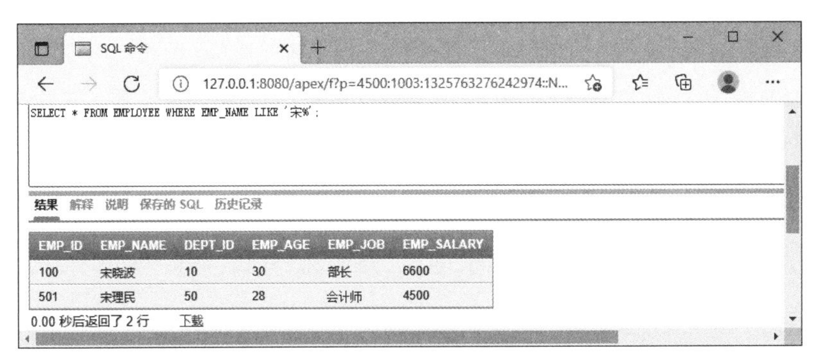

EMP_ID	EMP_NAME	DEPT_ID	EMP_AGE	EMP_JOB	EMP_SALARY
100	宋晓波	10	30	部长	6600
501	宋理民	50	28	会计师	4500

图 9-7 例 9-7 的 SQL 命令及结果

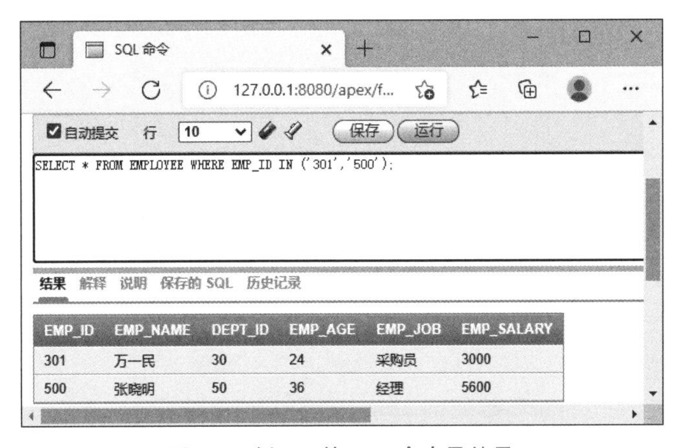

EMP_ID	EMP_NAME	DEPT_ID	EMP_AGE	EMP_JOB	EMP_SALARY
301	万一民	30	24	采购员	3000
500	张晓明	50	36	经理	5600

图 9-8 例 9-8 的 SQL 命令及结果

【例 9-9】 按部门编号分组统计出 EMPLOYEE 表中各部门的职工人数(见图 9-9)。

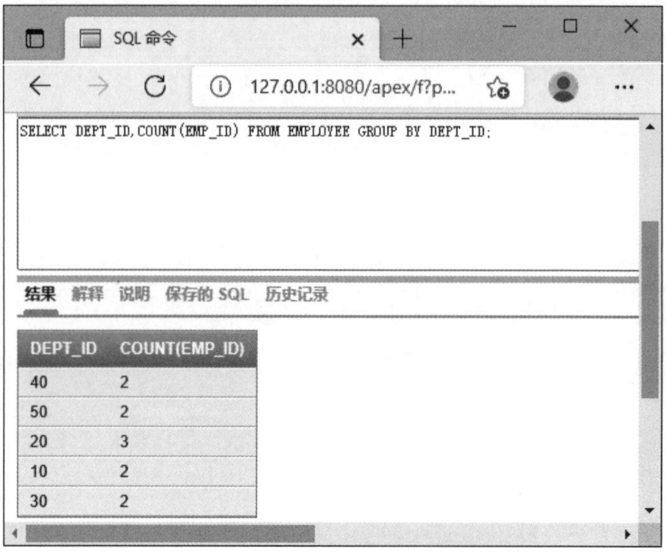

```
SELECT DEPT_ID,COUNT(EMP_ID) FROM EMPLOYEE GROUP BY DEPT_ID;
```

DEPT_ID	COUNT(EMP_ID)
40	2
50	2
20	3
10	2
30	2

图 9-9 例 9-9 的 SQL 命令及结果

2. 多表查询

相对于单表查询,多表查询是从多个表中查询数据。在这种情形下,SELECT 命令中的 FROM 子句包含多个表,表之间用","分隔,且显示选项中如果某个字段名在多个表中重复出现时,该字段前必须添加表名。多表查询时,WHERE 子句必须带有表间连接条件,最常用的是等值连接。所有在表单查询中应用的 SQL 函数、运算操作等均能应用在多表查询中。

【例 9-10】 查询所有职工的职工号、姓名、薪水和部门名信息(见图 9-10)。

```
SELECT EMP_ID, EMP_NAME, EMP_SALARY, DEPT_NAME FROM EMPLOYEE, DEPARTMENT WHERE
EMPLOYEE.DEPT_ID= DEPARTMENT.DEPT_ID;
```

EMP_ID	EMP_NAME	EMP_SALARY	DEPT_NAME
101	王一鸣	2000	人力资源部
200	魏明	5000	财务部
202	高伟	2600	财务部
400	张义民	4200	采购部
100	宋晓波	6600	人力资源部
501	宋理民	4500	广告部
201	金昌	3000	财务部
300	高一民	5000	销售部
301	万一民	3000	销售部
401	张波	2600	采购部

有超过 10 行可用。扩大行选择器的可查看更多行。

图 9-10 例 9-10 的 SQL 命令及结果

在本例中，由于部门名称在 DEPARTMENT 表，部门号、姓名、薪水金额在 EMPLOYEE 表，所以是多表查询。在多表查询中，FROM 子句出现了多个表，为了保证查询结果正确，就要添加表间的等值连接的条件。

3. 嵌套查询

在 SELECT 查询语句中嵌入 SELECT 查询语句，称为嵌套查询。嵌入的 SELECT 查询语句称为子查询。子查询要加括号，并且与 SELECT 语句的形式类似，也有 FROM 子句，以及可选择的 WHERE、GROUP BY 和 HAVING 子句等。

子查询是一种把查询结果作为参数返回给另一个查询的查询。子查询中的子句格式与 SELECT 语句中的子句相同。用于子查询时，它们执行正常的功能。子查询和 SELECT 语句之间的区别如下。

- 子查询必须生成单字段数据作为其查询结果，即必须是一个确定的项。如果结果为一个集合，则需要使用谓词操作符。
- ORDER BY 子句不能用于子查询。子查询的结果只是在主查询内部使用，对用户是不可见的，所以对它们的任何排序都是无意义的。

一般地，嵌套查询的求解方法是由里向外处理，即先执行子查询，将子查询的结果作为父查询的查询条件。

【例 9-11】　查询所有薪水金额高于平均值的职工的信息，并将显示结果按部门编号、职工号排列(见图 9-11)。

EMP_ID	EMP_NAME	EMP_SALARY	DEPT_ID
100	宋晓波	6600	10
200	魏明	5000	20
300	高一民	5000	30
400	张义民	4200	40
500	张晓明	5600	50
501	宋理民	4500	50

图 9-11　例 9-11 的 SQL 命令及结果

9.4 用SQL输入数据

一般地，SQL提供了以下3种输入数据的方法。

- 单表——用INSERT命令向表中输入一行新记录。
- 多行——用INSERT命令从数据库的其他对象中选取多行数据，并将这些数据添加到表中。
- 表间数据复制——从一个表中选择需要的数据输入新表中。这种方法用于初始装载数据库，或从网络节点中收集来的数据。

1. 单行输入命令

INSERT命令可以向数据库中输入一行数据，其命令格式如下。

```
INSERT INTO <表名> [(<字段清单>)] VALUES(<数值清单>);
```

- INSERT为输入关键字，INTO子句指定接受新数据的表及字段，VALUES子句指定其数据值。
- 字段清单和数值清单指定哪些数据进入哪些字段，并且数值清单应与字段清单一一对应，清单各项之间用“,”分隔。
- 如果向表中所有字段输入数据，字段清单可以省略；如果向表中部分字段输入数据，字段清单不可以省略。
- 如果不知道某字段的值，可以使用NULL关键字将其值设为空，两个连续的逗号也可以表示空值。但是，如果表结构中该字段已经设定为NOT NULL，则不能使用空值输入。
- 对于数值型字段，可以直接写值，字符型字段其值要加英文单引号，日期型字段其值也要加英文单引号，其输入顺序为日-月-年。

2. 多行输入命令

多行输入命令的语法格式如下。

```
INSERT INTO <表名>[(<字段清单>)] SELECT 子句;
```

该命令将多行数据输入其目标表中。在该命令中，新行的数据源是SELECT子句的查询结果。这是从一个表向另一个表复制多行记录的典型方法。

【例9-12】 将emp_bak表中的数据输入EMPLOYEE表中。emp_bak表的结构与EMPLOYEE表相同，表中存储了部分职工的记录，而这些职工信息在EMPLOYEE表中尚未输入。

```
INSERT INTO EMPLOYEE SELECT *  FROM emp_bak;
```

3. 表间数据复制

输入数据库中的数据通常来自其他的计算机系统，或是从其他的网站收集的，或是存储在数据文件中的数据。为了将数据装载到表中，可以先创建该表，并将SELECT命令的结果复制到新表中。实现上述功能的命令如下。

```
CREATE TABLE <表名> AS SELECT 子句;
```

【例9-13】 创建一个新表emp_new,将EMPLOYEE表中部分字段的值复制到新表emp_new中。

```
CREATE TABLE emp_new AS SELECT EMP_ID EMP_NAME, EMP_SALARY, DEPT_ID FROM
EMPLOYEE;
```

在本例中,利用表间数据复制的方法创建新表emp_new,结果将EMPLOYEE表中指定字段的所有记录复制到新表中。

9.5 用SQL更新数据

一般地,SQL提供了以下两种更新数据的方法。

- 直接复制更新——UPDATE命令直接将表中的数据更新为指定值。
- 嵌套更新——UPDATE命令将表中的数据更新为从数据库的其他对象中选取的数据。

1. 直接赋值更新

UPDATE命令用于修改单个表所选行的一个或多个字段的值,其语法格式如下。

```
UPDATE <表名>SET <字段名>=<表达式>[, <字段名>=<表达式>…] [WHERE <条件>];
```

- UPDATE为更新关键字。
- 表名为被更新的目标表。
- WHERE子句指定被修改表的行,SET子句指定更新的字段并赋予它们新的值,字段之间用逗号分隔。

【例9-14】 将EMPLOYEE表中“宋理民”的职工编号改为502。

```
UPDATE EMPLOYEE EMP_ID='502' WHERE EMP_NAME='宋理民';
SELECT EMP_ID,EMP_NAME FROM EMPLOYEE WHERE EMP_NAME='宋理民';

EMP_ID              EMP_NAME
-----------------------------------------------------
502                 宋理民
```

2. 嵌套更新

与INSERT一样,UPDATE也可以使用SELECT子句查询的结果进行修改。

【例9-15】 将EMPLOYEE表中'宋理民'的部门编号改为'高一民'的部门编号。

```
UPDATE EMPLOYEE DEPT_ID=(SELECT DEPT_ID FROM EMPLOYEE WHERE EMP_NAME='高一民';
SELECT EMP_ID, EMP_NAME, DEPT_ID, FROM EMPLOYEE WHERE EMP_NAME='宋理民';

EMP_ID  EMP_NAME  DEPT_ID
-----------------------------------------------------
501     宋理民      30
```

9.6 用SQL删除数据

一般地，SQL提供了以下两种删除表中数据的方法。

- 删除所选的行——DELETE命令从表中删除所选行的数据。
- 删除整个表——TRUNCATE命令用于删除整个表中的数据。整表删除只删除数据，表结构仍然存在。

1. 删除记录

DELETE命令可以从数据表中删除所选行的数据。DELETE命令的格式如下。

```
DELETE FROM <表名>[WHERE <条件>];
```

DELETE为删除关键字，FROM子句指定目标表，WHERE子句指定被删除的行。如果没有指定删除条件，则将删除表中所有的数据。

【例9-16】 将EMPLOYEE表中宋理民的记录删除。

```
DELETE FROM EMPLOYEE WHERE EMP_NAME='宋理民';
```

注意：如果DELETE语句没有找到满足条件的数据，结果将显示："0 rows deleted."。

2. 整表数据删除

使用DELEE命令删除一个数据量大的表时需要很长时间，因为要把这些数据存储在系统回滚段中，以备恢复时使用。Oracle数据库提供了一种快速删除一个表中全部记录的命令TRUNCATE。这个命令所做的修改不能回滚，即这种删除是永久删除。其语法格式如下。

```
TRUNCATE TABLE <表名>;
```

【例9-17】 永久删除EMPLOYEE表中的全部记录。

```
TRUNCATE TABLE EMPLOYEE;
```

9.7 本章小结

本章主要介绍了Oracle DB XE中的SQL函数和SQL操作符，重点介绍了在SQL命令行环境下，用于数据查询的SELECT命令，用于输入数据到表中的INSERT命令，对表中的数据进行更新的UPDATE命令以及删除命令DELETE的用法。

SQL的主要功能是同各种数据库建立联系，进行沟通，而且SQL是RDBMS的标准语言。目前，绝大多数流行的RDBMS都采用了SQL标准。因此，要操作数据库，必须掌握好SQL。

第10章 Oracle JDBC 程序设计

大多数复杂的 Web 应用都要求具有数据持久性。RDBS 引擎是保存数据的一种常见的选择。Java 为开发人员提供了多种保存数据的方法——序列化对象、文件、JDBC(Java Database Connectivity)。其中,最具代表性的是 JDBC 技术。JDBC API 为开发人员提供了一种在 Java 程序中连接关系型数据的能力。开发人员可以使用 JDBC API 连接到一个关系型数据库,执行 SQL 语句,并处理这些语句所产生的结果集。

本章首先介绍 JDBC 的概念、JDBC 的工作原理以及 JDBC 驱动程序的类型,然后在此基础上通过实例介绍在 Oracle JDeveloper 与 OC4J 环境下开发、部署、运行 JDBC 程序的原理与方法。

10.1 JDBC 的基本概念

JDBC API 为遵守 SQL 标准的数据库提供了一组通用的数据库访问方法。所以,它提供了对广泛的关系数据库的连接能力和数据访问能力。JDBC 通过把特定数据库厂商专用的细节抽象出来而得到一组类和接口,然后将其放入 java.sql 包中。这样,就可以供任何具有 JDBC 驱动程序的数据库使用,从而实现了大多数常用数据库访问功能的通用化。在具体实现方式上,可以在 Java 程序中通过简单地转换 JDBC 驱动程序而用于不同的数据库。也就是说,Java 程序可以通过一致的方式为任何种类的数据库提供 JDBC 连接能力。

图 10-1 所示为 JDBC 体系结构的概念图,即 Java 程序与 JDBC 以及数据库之间进行连接的关系图。JDBC 是一个分层结构,在开发人员如何配置 JDBC,而不需要改变程序代码方面提供了很大的灵活性,主要体现在以下几个方面。

- Java 程序通过 JDBC API 与数据库进行连接。也就是说,真正提供存取数据库功能的是 JDBC 驱动程序,客户机如果想存取某一具体的数据库中存储的数据,就必须拥有对应于该数据库的驱动程序。

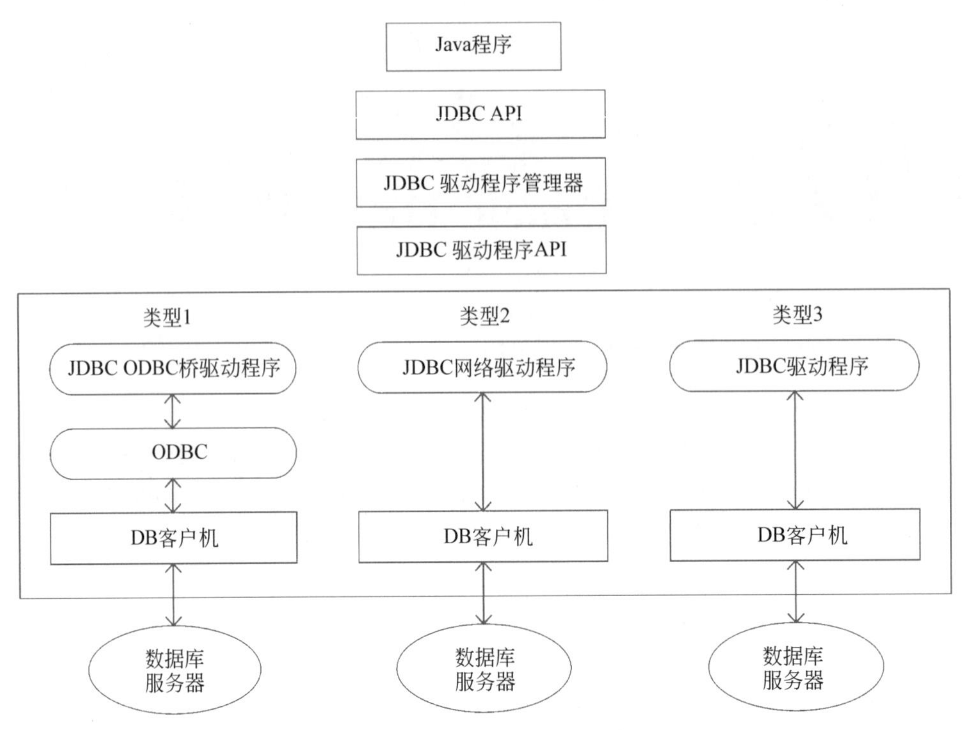

图 10 1　JDBC 体系结构的概念图

- JDBC API 由一组用 Java 语言编写的类和接口组成。它提供了用于处理表和关系数据的标准 API。通过调用 JDBC API 提供的类和接口中的方法，客户机就能够以一致的方式连接不同类型的数据库，进而使用标准的 SQL 存取数据库中的数据，而不必再为每一种数据库系统编写不同的 Java 程序代码。
- JDBC 为数据库开发人员、数据库前台工具开发人员提供了一种标准的程序接口，使开发人员可以用纯 Java 语言编写完整的数据库应用程序。

综上所述，JDBC 是围绕如下两个关键概念创建的。

- 加载针对供应商的 JDBC 驱动程序，以允许 Java 程序连接到供应商的数据库并与之交互。
- 用 JDBC API 编写 Java 代码，JDBC API 是以与供应商无关的方式定义的，所以可编写出高度可移植的 Java 程序。

JDBC 所做的工作包括：

- 创建数据库连接。
- 发送 SQL 语句，返回和处理结果集。
- 使用 JDBC 可以很容易地把 SQL 语句传送到任何一种关系型数据库中，而开发人员不需要为每一个关系数据库单独编写一个程序。

综上所述，JDBC 的定义如下：JDBC 是面向对象的、基于 Java API，用于完成数据库的访问，它由一组用 Java 语言编写的类和接口组成，旨在作为 Java 开发人员和数据库供应商可以遵循的标准。

10.2 java.sql 包

在 Java 2 SDK 中，java.sql 包提供了核心 JDBC API，它包含所有访问数据库所需的类、接口以及异常类。在 java.sql 包中，一些关键的 JDBC 类与接口如下。

- java.sql.DriverManager 类——该类用来处理 JDBC 驱动程序、注册驱动程序以及创建 JDBC 连接。
- java.sql.Driver 接口——该接口代表 JDBC 驱动程序，必须由每个驱动程序供应商实现。例如，oracle.jdbc.OracleDriver 是在 Oracle JDBC 驱动程序中实现 Driver 接口的类。
- java.sql.Connection——该接口代表数据库连接，并拥有创建 SQL 语句的方法，以完成常规的 SQL 操作。SQL 语句始终在 Connection 的上下文环境内部执行，并为数据库事务处理提交和回滚方法。
- java.sql.Statement 接口——该接口提供在给定数据库连接的上下文环境中执行 SQL 语句的方法。数据库查询的结果在 java.sql.Result 对象中返回。它有以下两个重要的子接口。
  - java.sql.PreparedStatement 子接口——该子接口允许执行预先解析语句，这将大大提高数据库操作的性能。因为 DBMS 只预编译 SQL 语句一次，以后就可以执行多次。使用预编译语句是构建高性能 Java 程序所必需的。
  - java.sql.CallableStatement 子接口——该子接口允许执行存储过程。例如，PL/SQL 和 Java 存储过程。
- java.sql.Result 接口——该接口含有并提供访问行的方法，这些行存在于执行语句所返回的 SQL 查询中。根据使用的 ResultSet 类型，还可以拥有用于滚动、修改和操纵被检索数据的方法。
- java.sql.SQLException 接口——该接口是一个异常接口，提供了对与数据库错误相关的所有信息的访问。该接口提供的一些方法用于检索数据库供应商提供的错误消息和错误代码，以访问错误堆栈。

10.3 JDBC 工作原理

JDBC 工作原理示意图如图 10-2 所示。

从图 10-2 可以看出，基于 JDBC API 开发 Java 程序遵循相同的工作模式，即 JDBC 体系结构以 Java 接口和类的集合为基础，它们使开发人员能够连接到数据源，创建和执行 SQL 语句，以及在数据库中检索和修改数据。

图 10-2 从较高层次展示了访问数据库中 JDBC 对象的基本步骤。在得到 Connection 对象以后，通过它可以得到以下对象。

- Statement 对象——用于执行静态 SQL 语句。
- PreparedStatement 对象——用于执行预编译 SQL 语句。这些语句可以从程序变

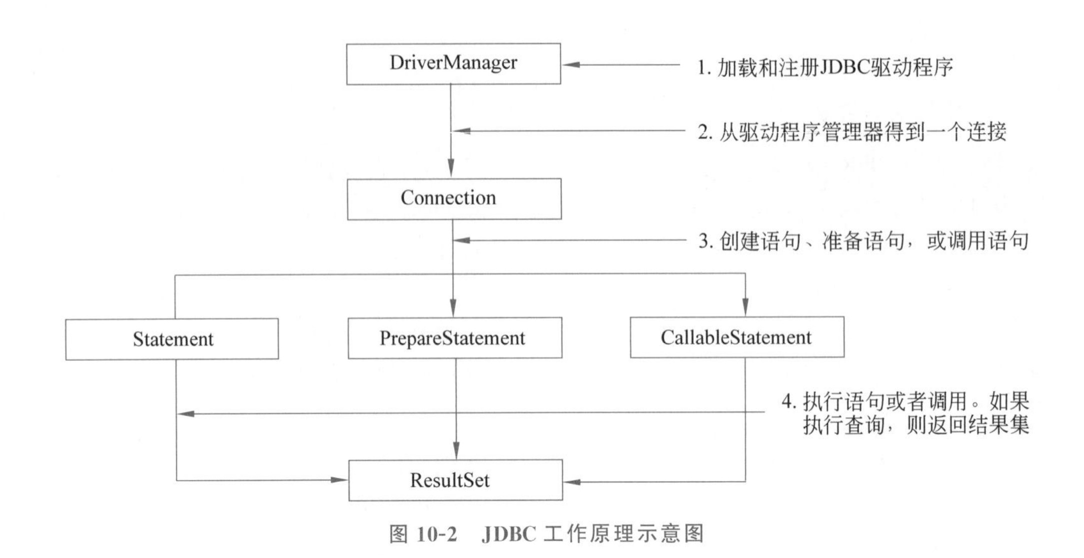

图 10-2　JDBC 工作原理示意图

量中得到值,或者将结果返回给程序变量。

- CallableStatement——用于执行数据库中存储的代码。例如,PL/SQL、存储过程、存储函数。
- SQLException 对象——当访问数据库出现错误时,所产生的异常对象。

如果 Statement、PreparedStatement 或者 CallableStatement 对象执行一个查询以后返回了一个行集,则将创建 ResultSet 对象,否则将产生一个 SQLException 对象。

10.4　JDBC 驱动程序

数据库系统通常拥有可供客户机和数据库之间通信所使用的专用网络协议。每个 JDBC 驱动程序都有与特定的数据库系统连接和相互作用所要求的代码,这些代码是数据库相关的,且数据库供应商提供这些 JDBC 驱动程序。对于 Java 程序员来说,可以通过 DriverManager 类与数据库系统进行通信,以完成请求数据操作并返回被请求的数据。只要在 Java 程序中指定某个数据库系统的驱动程序,就可以连接存取指定的数据库系统。当需要连接不同种类的数据库系统时,只修改程序代码中的 JDBC 驱动程序即可,不需要对其他程序代码做任何改动。JDBC 驱动程序有 4 种类型,不同的类型有不同的功能和使用方法。充分了解这一点有助于用户按需选择。

1. JDBC-ODBC 桥接驱动程序(类型 1)

JDBC-ODBC(Open Database Connectivity,ODBC)桥接驱动程序由 Sun 与 Merant 公司联合开发,主要功能是把 JDBC API 调用转换成 ODBC API 调用,然后 ODBC API 调用针对供应商的 ODBC 驱动程序访问数据库,即利用 JDBC-ODBC 桥通过 ODBC 存取数据源,其体系结构如图 10-3 所示。

从图 10-3 可以看出,JDBC-ODBC 桥把 JDBC API 转换成对应的 ODBC 调用,驱动程序接着把这些调用分配到数据源。JDBC API 中的 Java 类,以及 JDBC-ODBC 桥都是

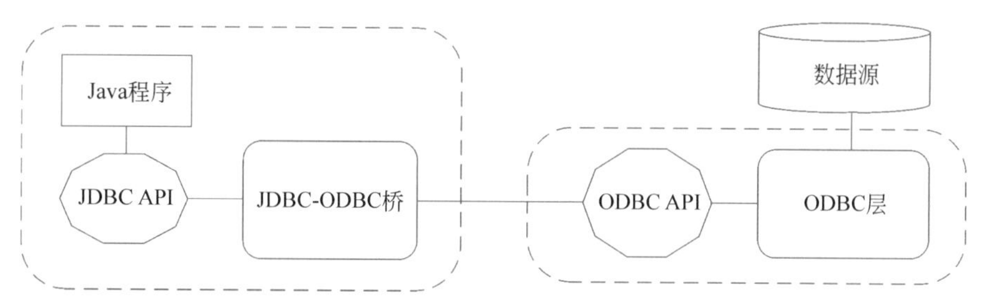

图 10-3 类型 1 驱动程序体系结构

在客户机应用程序处理中被调用的，ODBC 层执行另一个处理。这种配置要求每个运行该应用程序的客户机都要安装 JDBC-ODBC 桥接 API、ODBC 驱动程序以及本机语言的 API。Java 2 SDK 类库中包含了用于 JDBC-ODBC 桥接驱动程序的类，因此不需要安装任何附加包就可以使用。但是，客户机仍然需要通过生成数据源名(DSN)配置 ODBC 管理器。DSN 是一个把数据库、驱动程序以及一些可选的设置连接起来的命名配置。

2. Java 本机 API 驱动程序(类型 2)

类型 2 驱动程序是使用 Java 代码与厂商专用 API 相结合的方式提供数据访问的功能，其体系结构如图 10-4 所示。

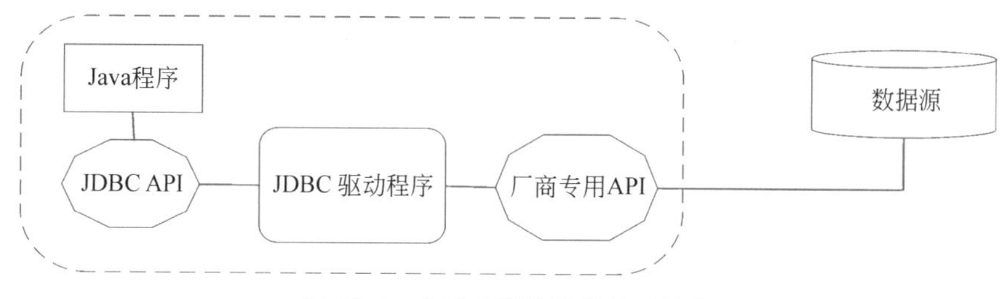

图 10-4 类型 2 驱动程序体系结构

从图 10-4 可以看出，JDBC API 调用被转换成厂商专用 API 调用，数据库处理相关请求并把结果通过 API 送回，然后结果再被转发到 JDBC 驱动程序。JDBC 驱动程序把结果转换成 JDBC 标准，并返回 Java 程序。与类型 1 相似，部分 Java 代码、部分本机代码驱动程序以及厂商专用的本机语言 API，必须在运行该 Java 程序的客户机上安装。例如，在 Oracle 中，因为核心 Oracle API 是用 C 语言开发的，所以 JDBC 调用必须通过 JNI (Java Native Interface)调用 SQL *Net 或 Net 8 库实现。

3. 中间数据库访问服务器(类型 3)

类型 3 驱动程序使用一个中间数据库服务器，它能够把多个客户机连接到多个数据库服务器上，其体系结构如图 10-5 所示。

从图 10-5 可以看出，客户机通过一个中间服务器组件连接到数据库服务器，这个中间程序起到了连接多个数据库服务器的网关的作用。客户机通过一个 JDBC 向中间数据库服务器发送一个 JDBC 调用，它使用另一个驱动程序(例如类型 2) 完成到数据源的请求。用来在客户机和中间数据库服务器之间通信的协议取决于这个中间件服务器厂商，但是中间件服务器可以使用不同的本机协议连接不同的数据库。

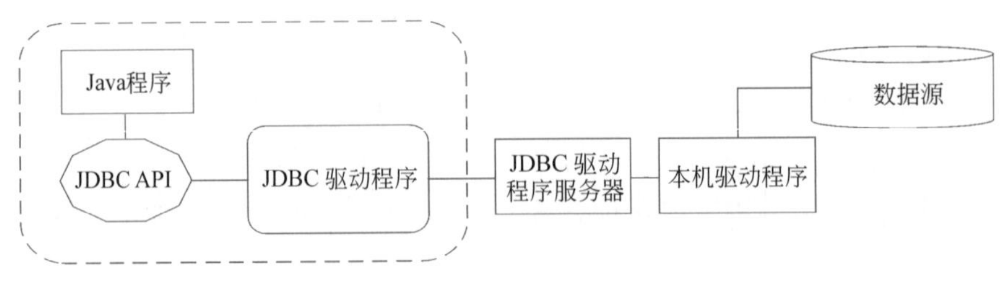

图 10-5 类型 3 驱动程序体系结构

4. 本机协议纯 Java 驱动程序(类型 4)

类型 4 的驱动程序是用 Java 语言编写的,与供应商 API 代码无关,其体系结构如图 10-6 所示。

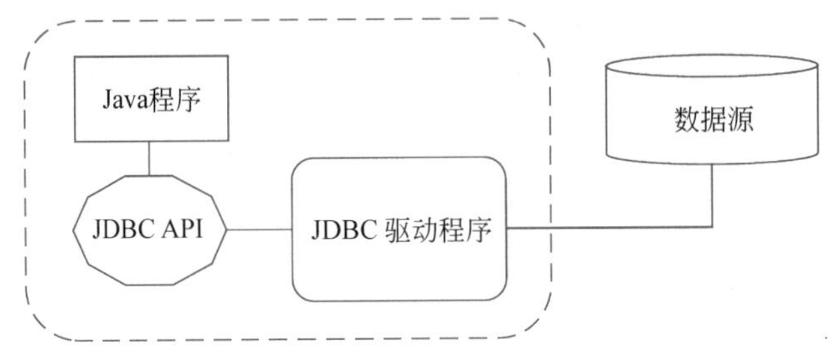

图 10-6 类型 4 驱动程序体系结构

从图 10-6 可以看出,类型 4 驱动程序使用厂商专用的网络协议,把 JDBC API 调用直接转换为针对 DBMS 的供应商网络协议,它们之间通过套接字直接与数据库建立连接。类型 4 驱动程序提供的性能要优于类型 1、2,也是在实际应用中最简单的驱动程序,原因是不再需要安装其他的中间件。主要的数据库厂商都为它们的数据库提供了类型 4 的 JDBC 驱动程序。类型 4 驱动程序可以在任何 Java 程序中使用,而且可以下载到客户端,以避免在客户端手工安装其他的 DBMS 软件。

10.5 基于 JDBC API 访问通用数据库

一般地,无论编写何种类型的 Java 程序,基于 JDBC API 访问何种类型的数据库,都遵循以下 5 个步骤。

1. 加载 JDBC 驱动程序

在与某一种类型的数据库建立连接之前,必须首先加载与之相匹配的 JDBC 驱动程序,这是通过使用 java.sql 包中的下列方法实现的。

```
Class.forName("DriverName");
```

DriverName 是要加载的 JDBC 驱动程序名称,可以根据数据库厂商提供的 JDBC 驱动程序的种类确定。加载 Oracle 数据库驱动程序的方法如下。

```
Class.forName("oracle.jdbc.driver.OracleDriver");
```

若在 DriverName 中写上一系列 JDBC 驱动程序的名称，中间用冒号分隔，程序则按照顺序搜索列出的驱动程序，并加载第一个能与数据库中指定的 URL 连接的驱动程序。

2. 创建数据库连接

创建与指定数据库的连接，需要使用 DriverManager 类的 getConnection()方法。该方法的语法格式如下。

```
Connection conn=DriverManager.getConnection(URL, user, password);
```

该方法将返回一个 Connection 对象。这里的 URL 是一个字符串，代表了将要连接的数据源，即数据库的具体位置。该方法的执行过程如下。

- 首先，解析 JDBC URL，然后搜寻系统内所有已经注册的 JDBC 驱动程序，直到找到符合 JDBC URL 设定的通信协议为止。
- 如果搜寻到符合条件的 JDBC 驱动程序，则 DriverManager 类建立一个新的数据库连接；否则将返回一个 NULL，然后继续查询其他类型的驱动程序。
- 如果最后无法找到对应的 JDBC 驱动程序，将不能建立数据库连接，Java 程序将抛出一个 SQLException 异常。

不同类型的 JDBC 驱动程序，其 JDBC URL 是不同的。JDBC URL 提供了一种辨识不同种类数据库的方法，使指定种类的数据库驱动器能够识别它，并与之建立连接。标准的 JDBC URL 使用格式如下。

```
jdbc : <子协议名>: <子名称>
```

JDBC URL 由 3 部分组成，各部分之间用冒号分隔。子协议是指数据库连接的方式，子名称可以根据子协议的改变而变化。

在实际的 JDBC 程序设计中，JDBC URL 一般有两种语法格式。第一种 JDBC URL 语法格式如下。

```
jdbc : driver : database
```

这种形式的 URL 通过 ODBC 连接本地数据库，driver 一般是 ODBC。而 ODBC 已经提供了主机、端口等信息，所以这些信息通常可以省略。通过 ODBC 连接数据库的例子如下。

```
Class.forName("sun.jdbc.odbc.JdbcOdbcDriver");
Connection Conn=DriverManager.getConnection("jdbc:odbc:DBName");
```

第二种 JDBC URL 语法格式如下。

```
jdbc : driver://host:port/database
```

或

```
jdbc:driver:@host:post:database
```

这种形式的 URL 用于连接网络数据库，因此必须提供主机、端口号、用户名和密码等信息。例如，在连接 MySQL 和 Oracle 数据库时，就可以使用下面的形式：

```
Class.forName("org.gjt.mm.mysql.Driver");
Connection Conn=DriverManager.getConnection("jdbc:mysql://localhost:3306/
DBName;user=root;password=");
Class.forName("oracle.jdbc.driver.OracleDriver");
Connection Conn=DriverManager.getConnection("jdbc:oracle:thin:@myhost:1521:
DBName","scott","tiger");
```

3. 执行SQL语句

在与某个数据库建立连接之后，这个连接会话就可用于发送SQL语句。在发送SQL语句之前，必须创建一个Statement对象，该对象负责将SQL语句发送给数据库。如果SQL语句运行后产生结果集，Statement对象将把结果集返回给一个ResultSet对象。创建Statement对象是使用Connection接口的createStatement()方法实现的。

```
Statement stmt=conn.createStatement();
```

Statement对象创建好之后，就可以使用该对象的executeQuery()方法执行数据库查询语句了。executyQuere()方法返回一个ResultSet类的对象，它包含了SQL查询语句执行的结果。例如下面的语句：

```
ResultSet rs=stmt.executeQuery("select * from student");
```

如果使用insert、update、delete命令，则必须使用executeUpdate()方法。例如下面的语句：

```
ResultSet rs=stmt.executeUpdate("create table table1(No char(10), Name
char(10)");
```

4. 处理结果集

JDBC接收结果是通过ResultSet对象实现的。一个ResultSet对象包含了执行某个SQL语句后所有的行，而且还提供了对这些行的访问。在每个ResultSet对象内部就好像有一个指针，借助指针的移动，可以遍历ResultSet对象内的每一个数据项。因为一开始指针指向第一条数据项之前，所以必须首先调用next()方法才能取出第一条记录，第二次调用next()方法时指针就会指向第二条记录，以此类推。

了解数据项的取得方式之后，还必须知道如何取出各字段的数据。通过ResultSet对象提供的getXXX()方法，可以取得数据项内每个字段的值。假定ResultSet对象内包含两个字段，分别为整型与字符串，则可以使用rs.getInt(1)与rs.getString(2)方法取得这两个字段的值(1、2分别代表各字段的相对位置)。例如，下面的程序片段利用while循环输出ResultSet对象内的所有数据项。

```
while(rs.next()) {
    System.out.println(rs.getInt(1));
    System.out.println(rs.getString(2));
}
```

5. 关闭数据库连接

成功取得执行结果后，最后一个动作是关闭Connection、Statement、ResultSet等对象。关闭对象的方法如下。

```
try {
    rs.close();
    stmt.close();
    conn.close();
}
Catch(SQL Exception e) {
    E.printStackTrace();
}
```

10.6 基于 JDBC API 连接 Oracle DB XE

10.5 节介绍了用 JDBC API 连接数据库的一般步骤,这对包括 Oracle 数据库在内的所有数据库都是适用的。Oracle AS 提供的 Java EE 容器 OC4J 充分利用了 JDBC 2.0 提供的 DataSource 接口等最新特性,在利用 JDBC API 连接 Oracle 数据库方面,提供了更加简洁、功能更为强大的方法。这主要体现在"加载 JDBC 驱动程序"和"创建数据库连接"这两个步骤上。

10.6.1 Oracle JDBC 驱动程序

Oracle 提供了 4 种类型的 JDBC 驱动程序。其中,两种类型用于客户或者中间层应用程序,另外两种类型用于在 Oracle 数据库 Java 虚拟机中执行 JDBC 时使用。这 4 种类型的驱动程序通过 JDBC 支持全部 Oracle 和非 Oracle 数据库的访问,这主要体现在以下两个方面。

- 完整的 JDBC 2.0 扩展支持——两种客户端驱动程序,即 JDBC 瘦(thin)驱动程序(类型 4)和 JDBC OCI 驱动程序(类型 2)。
- 两种服务器端驱动程序——服务器端瘦驱动程序(类型 4)和服务器端内部驱动程序(类型 2)。

Oracle JDBC 驱动程序的体系结构如图 10-7 所示。

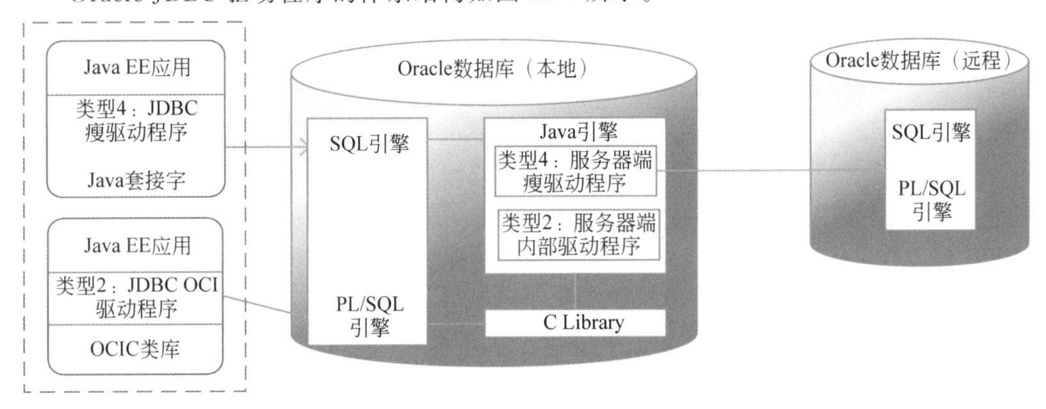

图 10-7 Oracle JDBC 驱动程序的体系结构

Oracle JDBC瘦驱动程序和OCI驱动程序运行在数据库的外部，用于客户机/服务器应用程序，它们使用不同的网络机制打开数据库连接。服务器瘦驱动程序运行在数据库的内部，在当前数据库会话的上下文环境的内部执行。内部驱动程序允许Java程序访问本地数据库资源，而不必打开物理连接。服务器瘦驱动程序允许Java程序运行在数据库内部，访问外部的Oracle数据库(远程数据库)。

所有的Oracle驱动程序都支持JDBC 1.22标准和Oracle对JDBC 2.0的扩充，具有相同的API和语法。这些驱动程序之间的主要区别在于连接数据库的方式和传递数据的方式。Oracle JDBC瘦驱动程序通过TCP/IP，使用标准的Java套接字连接到数据库。而OCI驱动程序在客户机中使用Oracle Net 8与数据库进行通信。如果Oracle数据库的监听器被配置成使用TCP/IP，那么Oracle JDBC瘦驱动程序就只能连接到数据库，而OCI驱动程序则没有这方面的限制，可以连接到支持不同协议的数据库监听器。

Oracle JDBC瘦驱动程序是类型4的，可以在不同的OS之间进行移植。这个驱动程序在客户端使用标准的Java套接字与数据库直接通信，通过TCP/IP提供轻量级实现，模仿TTC(Two-Task Comman)和Net 8协议。

Net 8协议和TTC是JDBC客户机与Oracle数据库之间进行堆栈通信的组成部分。TTC是OSI表示层的Oracle实现，用于在客户机与Oracle数据库之间交换数据。Java TTC是Oracle TTC的轻量级实现，可以在客户机和数据库服务器之间提供字符集和数据类型的交换。

Oracle瘦驱动程序不要求在客户机上安装任何附加的Oracle软件，所以适合于客户机/服务器应用程序。也可以在中间层使用它构建访问Oracle数据库和创建动态网页的Web应用。Oracle瘦驱动程序主要包括以下特性：

- 完整的数据类型支持。
- JDBC 2.0连接缓冲池与JDBC的高级特性。
- 捆绑了DataDirect Type 4 JDBC驱动程序，提供对Sybase、SQL Server和IBM DB 2等数据库访问的支持。

10.6.2　命名服务与目录服务

Java命名和目录接口(JNDI)的设计，为Java EE应用组件(如Servlet、JSP、EJB等)提供了一个命名环境，简化了在开发高级网络程序设计中对目录等基础设施访问的复杂度。目录是一种特殊的数据库，提供了对其数据存储的快速访问。数据库通常采用关系型数据存储模型，而目录数据库则是以一种读取优化的层次结构来存取信息。

命名服务是一种能够为给定的一组数据生成标准名字的服务。在Internet上，每个主机都有一个人类能够识别的正式域名FQDN。例如，www.synu.com.cn。FQDN由一个主机名、0个或多个子域名以及一个域名组成。通过使用子域名和域名，共享相同主机名的系统仍然能够彼此区分。目录服务是一种特殊类型的数据库。通过使用不同的索引、缓冲存储和磁盘访问技术优化读取访问。目录服务中的信息采用层次信息模型表示。目录服务总是对应一个命名服务，但是命名服务并不总是有对应的目录服务。例如，电话簿是一种静态资源，在出版后很快就会过时，并且通常只提供一种访问方式。而电子目录服务则更具动态性，允许进行更灵活的查询，查询时收到的信息很可能是最新的。

在目前的网络系统中，有许多目录服务正在使用，其中最常用的是 Internet 上使用的 DNS，DNS 用于把一个 FQDN 转换成一个 IP 地址。这项服务对于网络上的计算机靠 IP 地址信息实现成功通信是至关重要的。即使给定站点的 IP 地址发生变动，只要地址变动信息已经通过分布式 DNS 命名服务进行了发布，那么这个 IP 地址的 FQDN 就会仍然有效。事实上，DNS 服务维护着一个 URL/IP 地址映射库，这样人类就不必担心 IP 地址发生变化的情况发生，因为命名服务负责将名字正确地解析成 FQDN。由 Java EE 提供的命名服务就是通过类似的方式使名字能够映射到分布式网络环境中的一个对象。

JNDI 体系结构提供了一个标准的、与命名系统无关的 API，这个 API 构建在特定于命名系统的驱动程序之上。这一层帮助把应用程序和实际的数据源相隔离，因此无论程序是访问 LDAP、RMI、DNS，还是其他的目录服务，这都没有关系。JNDI 与任何特定的目录服务实现无关，可以使用任何目录，只要拥有相应的服务提供程序接口（或驱动程序）即可，如图 10-8 所示。

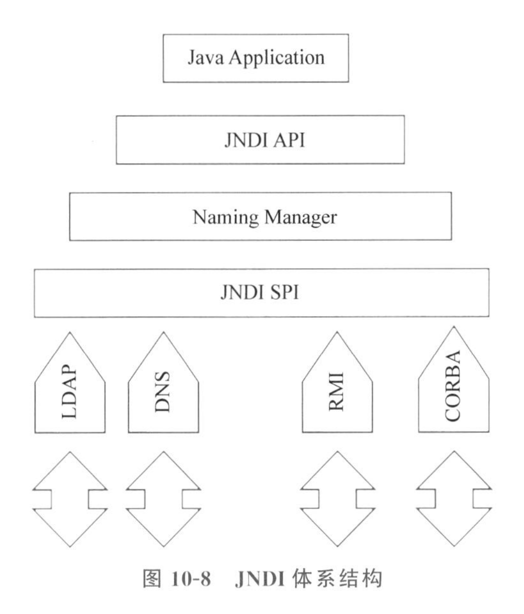

图 10-8 JNDI 体系结构

Java EE 平台通过 JNDI API 提供一个标准的命名服务套件。Java EE 应用通过 JNDI 可以为软件组件、远程方法调用服务、数据库连接池等使用命名服务和目录服务。JNDI 体系结构由两部分组成：一个 API——被 Java EE 应用组件用来访问命名和目录服务；一个服务提供者接口——用来将命名服务和目录服务提供者插入 Java EE 平台中。

JNDI 并不绑定到任何特定的命名服务或目录服务上，而是提供统一的 API。这些 API 可以访问广泛的该种类型的服务（例如 DNS、UUDI 等），从而可以产生灵活并可移植的 Java EE 应用。这样的应用还可以更加容易地与企业遗留应用和系统进行集成。为此，Java EE 平台允许应用装配商和部署商在应用部署时对其行为和业务逻辑进行配置，而不要求他们接触源代码。具体做法是：在部署时提供参数值、外部资源链接信息、数据库名、访问权限以及其他信息，而不是要求将其硬编码到应用中。

JNDI被包含在Java 2 SDK 1.3及Java 2 SDK 1.3以上版本中。Java 2 SDK 1.4对JNDI进行了修订，将以下命名/目录服务提供程序包含进来：

- 轻量级目录访问协议(LDAP)服务提供程序。
- 公共对象请求代理架构(CORBA)的公共对象服务与命名服务提供程序。
- Java RMI注册表服务提供程序。
- 域名系统(DNS)服务提供程序。

10.6.3 javax.sql包

javax.sql包的体系结构建立在客户机/服务器编程方案的基础上。实际上，用基于java.sql包的JDBC编程步骤与ODBC模型完全相同。这种编程模型非常适用于具有长期固定连接，以及本地化数据库事务的桌面客户。在这种类型的应用程序中，一个或者多个桌面客户端连接到一个中央数据库，然后对数据库进行多方面处理以实现各种业务逻辑。但是，这种模型并不适用于基于Internet的分布式应用程序设计，其主要原因有如下几方面的考虑。

- 使用java.sql.DriverManager类进行连接管理有两方面的限制。首先，每次一个客户端要求一个连接时，该类都会尝试获得一个新的连接。这种连接管理方式对以Internet为中心的分布式应用而言效率不高；其次，java.sql.DriverManager类并没有把客户端应用程序与指定的驱动程序类隔开。
- java.sql包对分布式事务并没有提供体系结构上的支持。而分布式事务支持对于建立可扩展的，并且具有容错能力的企业级应用是非常重要的。
- 针对上述情况，javax.sql包提供了以下4方面的功能。
  - 通过基于JNDI的查找，实现利用逻辑名访问数据库。这种实现方式并不是让每个客户机从各自的本地虚拟机装入驱动程序类，而是利用基于JNDI的查找技术，通过为这些资源分配逻辑名字实现数据库资源的访问。
  - javax.sql包为实现连接缓冲池指定了另外一个中间层。这样，连接缓冲池的责任从应用程序开发人员那里迁移到驱动程序和应用程序服务器厂商。
  - javax.sql包指定了一个框架来支持分布式事务，使之在javax.sql包之下透明地完成。在这个框架中，分布式事务支持可以在一个Java EE环境中采用最小配置打开。
  - 行集(RowSet)对象是一个遵守JavaBean规范的对象，封装了数据库结果集和访问信息。一个行集可以是连接的，也可以是断开的。而结果集必须保持与数据库的连接。行集可供封装一组行，而不必维护一条连接。行集还允许更新数据并把这些更改回传到下层数据库。

10.6.4 JDBC数据源

部署到OC4J的JDBC程序使用数据源对象建立与Oracle数据库的连接。数据源是一个Java对象，具有javax.sql.DataSource接口指定的属性和方法。javax.sql包提供了javax.sql.DataSource接口作为java.sql.DriverManager类的一个替代，这个接口被作为生成数据库连接的主要途径而使用。在 JDBC 程序设计方面，主要涉及以下因素。

- 不在客户端应用程序运行过程中装入驱动程序管理器类，而是使用一个集中化的 JNDI 服务查找来获得一个 javax.sql.DataSource 接口对象。
- 不使用 java.sql.DriverManager 类，而是使用一个 javax.sql.DataSource 接口来获得数据库连接的类似功能。

1. javax.sql.DataSource 接口

javax.sql.DataSource 接口是一个用于生成数据库连接的工厂(Factory)。工厂是一种用于生成类的实现方式，而不需要直接实例化实现类的方案。实现 DataSource 接口的对象用 JNDI 服务对其进行注册。这个接口提供的主要方法如下。

(1) getConnection()方法——该方法返回一个对数据源的连接，有以下两种使用格式。

```
public Connection getConnection() throws SQLException
public Connection getConnection(String username,String password) throws
SQLException
```

(2) getLoginTimerout()方法——该方法返回数据源在试图获得一个数据库连接时将等待的秒数。默认的登录时间限制由具体的驱动程序/数据库确定。其使用格式如下。

```
public int getLoginTimerout() throws SQLException
```

(3) setLoginTimerout()方法——该方法指定在获得一个数据库连接时，数据源将等待的时间，以秒为单位。其使用格式如下。

```
public int setLoginTimerout(int seconds) throws SQLException
```

(4) getLogWriter()方法——该方法返回当前 java.io.PrintWriter 对象，DataSource 对象将向这个对象写入日志消息。默认情况下，除非使用 setLogWriter()方法设置一个 PrintWriter 对象，否则日志记录都将被关闭。其使用格式如下。

```
public PrintWriter getLogWriter() throws SQLException
```

(5) setLogWriter()方法——该方法为日志记录设置一个 java.io.PrintWriter 对象。其使用的语法格式如下。

```
public PrintWriter setLogWriter(LogWriter out) throws SQLException
```

2. JNDI 与数据源

JNDI 作为 Java EE 规范的一部分，为定位用户、计算机、网络、对象和服务提供了标准接口，该接口的对象类型之一是数据源。数据源提供了一种连接数据库的替代机制。用 JNDI 和数据源指定数据库的连接的最大优势在于，可以去除 JDBC 程序代码与其赖以运行的数据库配置的关联。

JNDI 体系结构包含一个 API 和一个服务提供者接口。应用程序利用 JNDI API 访问命名服务和目录服务，JNDI SPI 用于附加命名服务和目录服务的提供者。indi.jar 形式的 JNDI 类库随 OC4J 一起发布。JNDI API 包含以下 5 个软件包。

- javax.naming包——该包包含访问命名服务的类和接口，定义了一个Context接口用于查找、绑定/解除绑定和重新明确对象，以及创建和销毁了上下文环境，lookup()方法是最常用的操作。
- javax.naming.directory包——该包扩展了javax.naming包，提供了除命名服务外的访问目录服务的功能。该包包含代表目录上下文的DirContext接口。该接口扩展了Context，并定义了与目录上下文环境有关的检查和更新属性的方法。
- javax.naming.event包——该包包含的类和接口支持在命名服务和目录服务中的事件通知。
- javax.naming.ldap包——该包包含的类和接口可以使用轻量级目录访问协议3.0版的所有功能。
- javax.naming.spi包——该包提供了一种方法，基于这种方法，不同的命名/目录服务提供者的开发人员可以开发自己的产品，并使应用程序能够通过JNDI使用这些工具。

Oracle AS 10g提供了一个完整的JNDI 1.2实现规范，Web应用和EJB可以通过标准的JNDI编程接口访问Java命名服务。JNDI服务提供者可以在一个基于XML的文件系统或者在一个作为替换JNDI服务提供者的LDAP目录中实现。JNDI环境允许为系统指定组件和子组件，而无须定制系统代码。这个规范建议所有的资源管理器的Connection Factory引用，在应用组件环境的上下文中进行组织，为每个资源管理器类型使用一个不同的子上下文环境。

在OC4J中，所有的Java EE应用对象均使用JNDI得到命名的上下文环境，该上下文环境使得应用程序能够定位并检索对象(例如，数据源、本地的和远程的EJB组件、JMS服务，以及其他的Java EE对象和服务)。

每个命名服务为名称格式确定了规则。为了访问HTTP服务器，需要使用URL与HTTP服务器建立连接。这个命名约定组合了主机/IP地址的域名系统(DNS)，需要把它嵌入在URL中，且URL的结构必须满足HTTP的规则。URL格式可以选择在主机或端口之后指定路径/目录或目标文件。例如，http://java.sun.com/JNDI/index.html。相对于HTTP服务器文档，这个路径是JNDI/，而目标index.html是这个目录中的文件。HTTP文档根相当于初始上下文。初始上下文从绑定名称开始搜索或者查找对象的起点，绑定名称指在启用JNDI的目录服务中注册的对象名称。

在JNDI中，目录被称为上下文，index.html表示原子名称。名称在上下文中是唯一的，表示与对象的连接。从目录服务的角度看，名称与磁盘上实际文件之间的关联就是绑定。为了访问文件内容，要在目录服务中查找文件名，请求文件内容，然后解析绑定，以通过目录服务找到文件内容，并返回文件对象的引用，这样应用程序就可以读取文件内容。相对于目录服务根的绑定名称，可以使用以下格式表示基于JDBC的数据源。

```
jdbc/<your-unique-name>
```

上下文名称jdbc是一个约定，需要用唯一的标志基于JDBC的资源名称替换文本<yournique-name>。

一个数据源可以被看作由 JNDI 服务检索出的一个网络资源。在 JNDI 服务中，应用程序可以使用名字绑定对象，其他应用程序可以使用这些名字检索这些对象。在 JNDI 服务中把对象绑定到相关名字的应用程序，以及在 JNDI 服务中查找这些名字的应用程序都可以是远程的。JDBC API 允许应用程序服务器厂商和驱动程序厂商根据这种方式建立数据库资源。

图 10-9 所示为利用 JNDI 和数据源进行连接的执行流程。

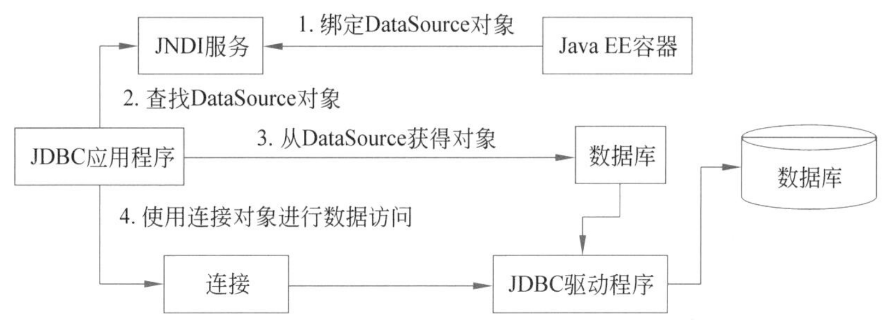

图 10-9 利用 JNDI 和数据源进行连接的执行流程

图 10-9 显示了实现 javax.sql.DataSource 接口的对象是如何可供 JNDI 服务使用的，以及客户端 JDBC 程序是如何查找这些对象的，并生成 Connection 接口的对象的。JNDI 服务是 JNDI API 的提供者，在 JNDI 服务中绑定 javax.sqlDataSource 对象的 Java EE 容器也可以是一个应用服务器，它能够实现所有的 Java EE 服务。

- 驱动程序或 Java EE 容器实现了 javax.sqlDataSource 接口。
- Java EE 容器生成实现 javax.sqlDataSource 接口的对象的一个实例，并且在第一步指出的操作中在 JNDI 服务中把它绑定到一个逻辑名字。
- JDBC 程序使用这个逻辑名字在 JNDI 服务中执行一个查找，并且检索出实现 javax.sqlDataSource 接口的对象。
- JDBC 程序使用 DataSource 对象获得数据库连接，数据源实现使用可能的 JDBC 驱动程序检索一个连接。
- JDBC 程序利用 Connection 接口的对象，使用 JDBC API 完成对数据库全部访问操作。

3. 生成数据源

生成数据源的过程包括实例化一个实现了 javax.sql.DataSource 接口的对象，以及把它绑定到一个名字。例如下面的代码片段：

```
xDataSource x=new xDataSource();
try {
    Context context=new InitialContext();
    Context.bind("jdbc/Orders", x);
}
catch(NamingException e) {
    ...
}
```

在上述代码中，xDataSource 是一个实现了 javax.sql.DataSource 接口的类，由驱动程序和数据库厂商实现。这个类的实际名字与程序开发者无关。开发人员使用的是分配给 DataSource 的逻辑名字。在上述例子中，是 jdbc/Orders。InitialContext 类是一个实现了 JNDI API 的 javax.naming.Context 接口的类。根据生成初始上下文环境的客户机或服务器环境，可能需要使用 InitialContext 类的构造方法，它以一个 Hashtable 对象作为参数。这个 Hashtable 对象应该包含着控制初始上下文环境，以及如何生成的特定环境属性。

上述代码片段的执行过程由 Java EE 容器控制。在启动一个 Java EE 容器时，Java EE 容器首先实例化实现 javax.sqlDataSource 接口的类，然后在 JNDI 服务中把这些对象绑定到逻辑名字上。

4. 检索 DataSource 对象

Java EE 容器在 JNDI 服务中绑定到一个 DataSource 对象之后，网络中的任何客户端 JDBC 程序都可以使用该数据源相关的逻辑名字检索这个 DataSource 对象。下面这个代码片段说明了这一过程。

```
try {
    Context context=new InitialContext();
    DataSource dataSource=(DataSource)context.lookup("jdbc/x");
}
Catch(NamingException e) {
    ...
}
```

在 JNDI 中，命名服务和目录服务操作是相对于上下文的，没有绝对的根目录。JNDI 定义的 InitialContext 类提供了命名和目录操作的起点。一旦拥有了初始化的上下文，就可以查找其他的上下文和对象。InitialContext 类扩展了 Object 并实现了 Context。上述代码片段生成了一个 InitialContext 对象，并且使用在服务器配置中分配的逻辑名字执行一个查找。由于 JNDI 服务一般存在于不同的 JVM 上，因此 lookup()操作一般情况下是一种远程操作。同时，DataSource 类也实现了 java.io.Serializable 接口。

10.6.5 基于 Oracle JDeveloper 连接 Oracle DB XE

在 JDeveloper 下，利用 JDBC 2.0 API 的 DataSource 接口，使用 JNDI 服务就可以实现与 Oracle 数据库的连接。这个连接过程使用 Oracle JDBC 瘦驱动程序(类型 4)。为了实现与 Oracle 数据库的连接，必须赋予 JDBC 全面的信息，以识别希望连接的数据库。

- HOST——安装有 Oracle 数据库及其名称或 IP 地址。如果使用的是本数据库，则可以使用 localhost 作为主机名。
- PORT——有效的 Oracle 数据库监听器所定义的端口号，默认是 1521。
- DBA 用户名和密码——要求为 Oracle 服务器端瘦驱动程序提供具有 DBA 角色的用户。

1. 创建 Oracle JDBC 数据源

在创建一个 Oracle JDBC 数据源之前，首先启动 Oracle DB XE、OC4J，然后启动

JDeveloper IDE。创建一个 Oracle JDBC 数据源，就是创建一个用于访问 Oracle 数据库的 JDBC 连接。

（1）如图 10-10 所示，在 Connection Navigator 窗口单击 Database 节点，选择 New Database Connection...命令，显示创建数据库连接向导窗口，如图 10-11 所示。

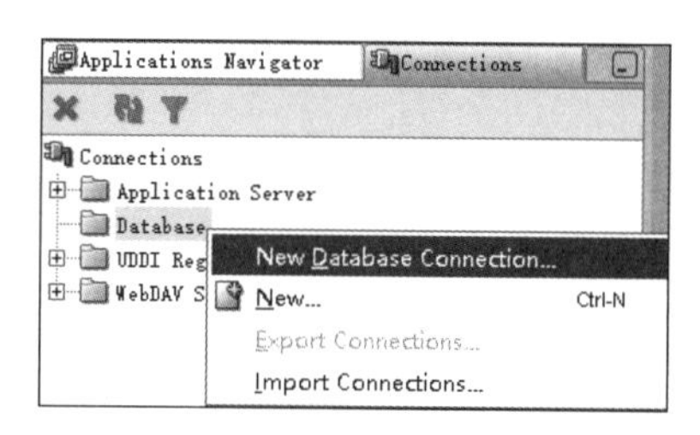

图 10-10　创建与 Oracle DB XE 的连接

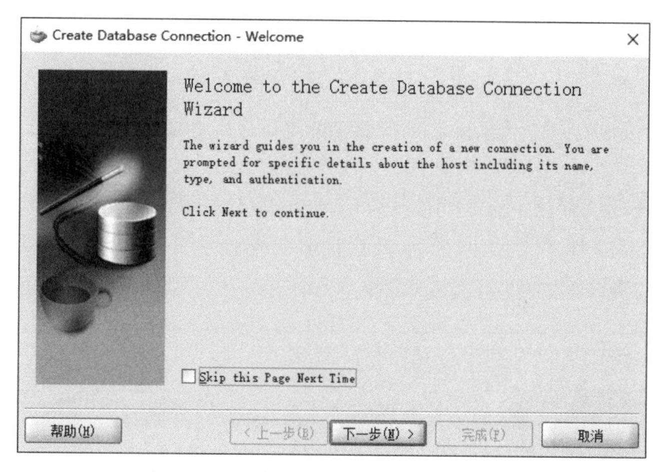

图 10-11　创建数据库连接向导窗口

（2）单击“下一步”按钮，显示如图 10-12 所示的对话框，将 Connection Name 文本域的值修改为 JDBCConn，Connection Type 选择为 Oracle(JDBC)。

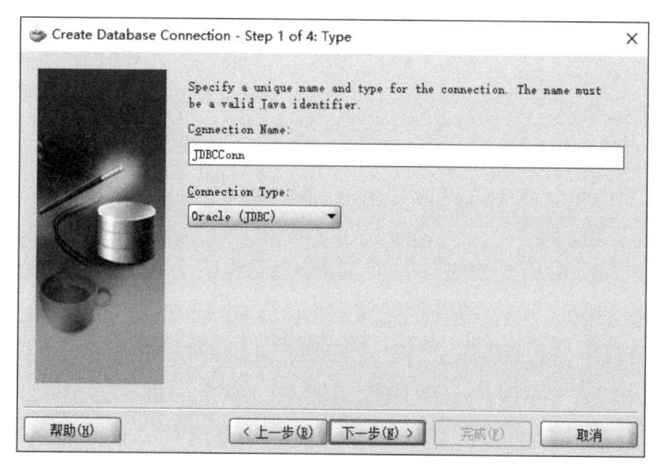

图 10-12　确定连接名称与连接类型

(3) 单击“下一步”按钮,显示如图10-13所示的对话框,输入用户名与密码,勾选Deploy Password复选框。

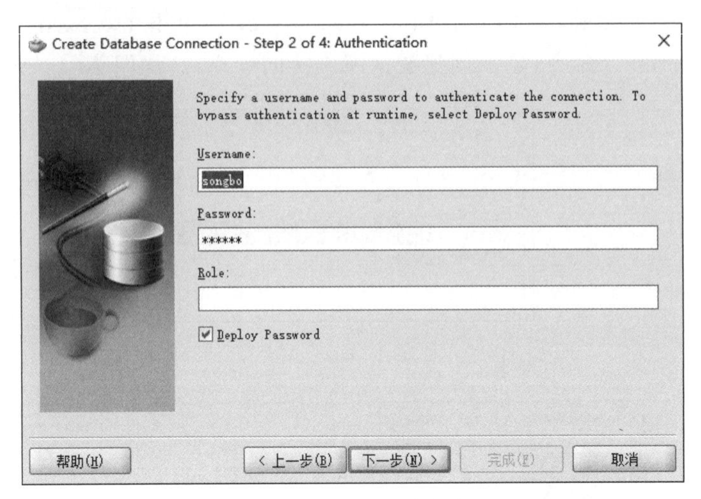

图 10-13 确定连接用户名与密码

(4) 单击“下一步”按钮,显示如图10-14所示的对话框。这里的Driver项选择thin,Host Name域为Dell(作者默认服务器名),JDBC Port为1521,SID域为XE。单击“下一步”按钮,将显示如图10-15所示的对话框。

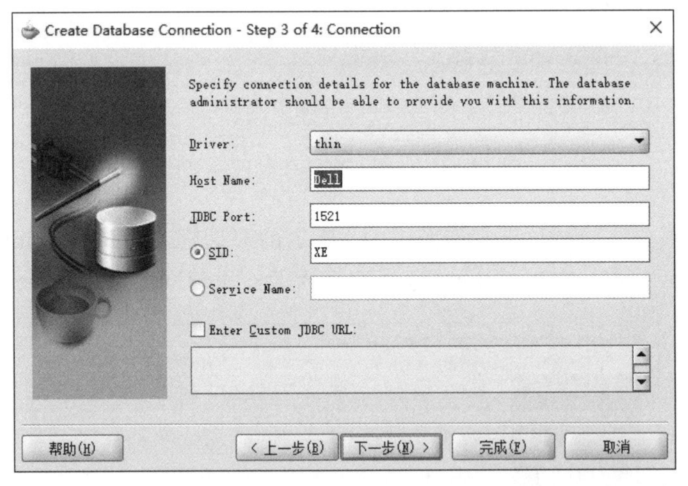

图 10-14 确定JDBC驱动程序类型等值

(5) 单击Test Connection按钮,如果Status区域显示Success!信息,则说明已经与Oracle DB XE连接成功。单击“完成”按钮,完成与Oracle DB XE的连接操作。

与Oracle DB XE连接成功以后,在IDE的Connection Navigator窗口单击数据库连接节点JDBCConn,则显示用户SONGBO所拥有的各个数据库对象,如图10-16所示。

单击Tables节点,视图编辑器窗口会显示表的结构,或者表的数据,如图10-17所示。

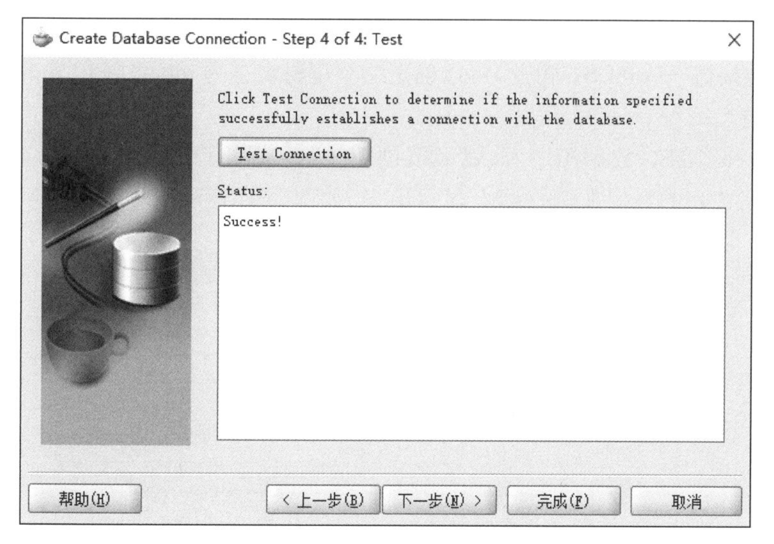

图 10-15　测试连接是否成功

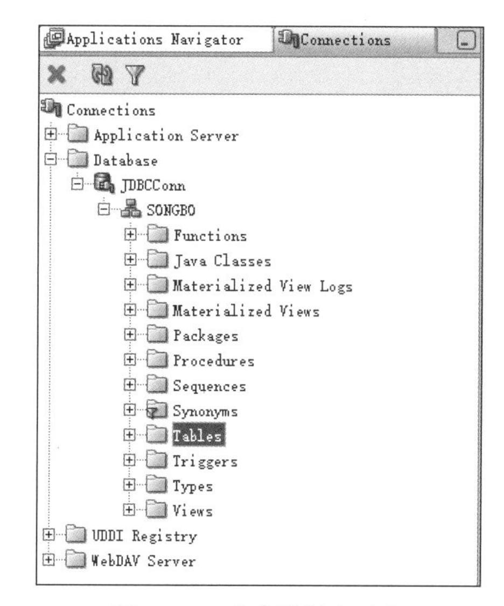

图 10-16　用户数据库对象

EMPLOYEE

	EMP_ID	EMP_NAME	DEPT_ID	EMP_AGE	EMP_JOB	EMP_SALARY
1	101	王一鸣	10	27	资料员	2000
2	200	魏明	20	26	经理	5000
3	202	高伟	20	24	计划员	2600
4	400	张义民	40	27	经理	4200
5	100	宋晓波	10	30	部长	6600
6	501	宋理民	50	28	会记师	4500
7	201	金昌	20	29	采购员	3000
8	300	高一民	30	26	经理	5000
9	301	万一民	30	24	采购员	3000
10	401	张波	40	26	计划员	2600
11	500	张晓明	50	36	经理	5600

图 10-17　用户数据库对象即表数据

(6) 可以从OC4J管理员那里得到分配给DataSource的逻辑名字。这个逻辑名字为：jdbc/数据库连接名+CoreDS。由此，可以确定这个逻辑名字为jdbc/JDBCConnCoreDS。

2. 创建与运行Web应用

创建Oracle JDBC数据源之后，就可以创建Web应用了。这个Web应用实例用于把EMPLOYEE表的数据在浏览器上显示出来，如图10-18所示。

servletJDBC
不安全 | dell:8888/ch10-servletJDBC-context-root/servletJDBC

雇员信息一览表

代码	姓名	部门编号	年龄	职位	薪水
101	王一鸣	10	27	资料员	2000
200	魏明	20	26	经理	5000
202	高伟	20	24	计划员	2600
400	张义民	40	27	经理	4200
100	宋晓波	10	30	部长	6600
501	宋理民	50	28	会记师	4500
201	金昌	20	29	采购员	3000
300	高一民	30	26	经理	5000
301	万一民	30	24	采购员	3000
401	张波	40	26	计划员	2600
500	张晓明	50	36	经理	5600

图10-18 servletJDBC的执行结果

(1) 启动Oracle JDeveloper，创建工作区ch10.jws，然后在该工作区中创建工程servletJDBC.jpr，再在该工程中创建一个servletJDBC.java以及部署描述文件servletJDBC.deploy。

(2) servletJDBC.java的源代码如下所示。

```
1.  package servletJDBC;
2.  import javax.servlet.*;
3.  import javax.servlet.http.*;
4.  import java.io.PrintWriter;
5.  import java.io.IOException;
6.  import java.sql.Connection;
7.  import java.sql.Statement;
8.  import java.sql.ResultSet;
9.  import java.sql.SQLException;
10. import javax.sql.DataSource;
11. import javax.naming.InitialContext;
12. import javax.naming.NamingException;
13. public class servletJDBC extends HttpServlet {
14.   private static final String CONTENT_TYPE ="text/html; charset=GB2312";
15.   public void doGet(HttpServletRequest request, HttpServletResponse
      response) throws ServletException, IOException {
16.     response.setContentType(CONTENT_TYPE);
```

```
17.       PrintWriter out =response.getWriter();
18.       try {
19.         InitialContext ic=new InitialContext();
20.         DataSource ds=(DataSource)ic.lookup("jdbc/JDBCConnCoreDS");
21.         Connection conn=ds.getConnection();
22.         Statement st=conn.createStatement();
23.         ResultSet rs=st.executeQuery("select * from employee");
24.       out.println("<html>");
25.       out.println("<head><title>servletJDBC</title></head>");
26.       out.println("<body>");
27.       out.println("<center>职工信息一览表</center>");
28.       out.println("<center><table width=85%border=1>");
29.       out.println("<tr>");
30.       out.println("<td>代码</td>");
31.       out.println("<td>姓名</td>");
32.       out.println("<td>部门编号</td>");
33.       out.println("<td>年龄</td>");
34.       out.println("<td>职位</td>");
35.       out.println("<td>薪水</td>");
36.       out.println("</tr>");
37.       while(rs.next()) {
38.         out.println("<tr>");
39.         out.println("<td>"+rs.getString("emp_id")+"</td>");
40.         out.println("<td>"+rs.getString("emp_name")+"</td>");
41.         out.println("<td>"+rs.getString("dept_id")+"</td>");
42.         out.println("<td>"+rs.getString("emp_age")+"</td>");
43.         out.println("<td>"+rs.getString("emp_job")+"</td>");
44.         out.println("<td>"+rs.getString("emp_salary")+"</td>");
45.         out.println("</tr>");
46.       }
47.       out.println("</table>");
48.       out.println("</center>");
49.       rs.close();
50.       st.close();
51.       conn.close();
52.     }
53.     catch(NamingException ee) {
54.       out.println("数据库连接失败"); }
55.     catch(SQLException e) {
56.       out.println("数据库操作失败"); }
57.     }
58. }
```

(3) 启动 OC4J 10g 服务器与 Oracle DB XE，然后将这个 Web 应用部署到 OC4J 10g

服务器中。其运行结果如图10-18所示。

【分析讨论】

使用JNDI连接Oracle DB XE的步骤如下。

- 创建Oracle JDBC数据源，确定DataSource的逻辑名字。创建Oracle DB XE的JDBC连接之后，就可以确定这个逻辑名字是jdbc/JDBCconnCoreDS。
- 创建一个InitialContext对象，使用在OC4J中分配的逻辑名字执行一个查找，从而检索出实现DataSource接口的对象，然后使用该对象获取数据库连接（第19、20句）。
- 使用Connection对象并使用JDBC API完成对数据库的访问（第21～23句）。
- 最后，关闭数据库连接（第49～51句）。

10.6.6 PL/SQL 程序设计环境

创建Oracle JDBC数据源的过程，就是与Oracle DB XE进行连接的过程。数据源(JDBCConn)创建之后，只要不删除，就将作为连接对象永久存在。每次启动JDeveloper之后，可以选定这个连接对象右击，从打开的快捷菜单中选择“打开连接”就可以实现与数据库的连接。也可以利用SQL Worksheet工具完成针对各种数据库对象的操作，如图10-19与图10-20所示。

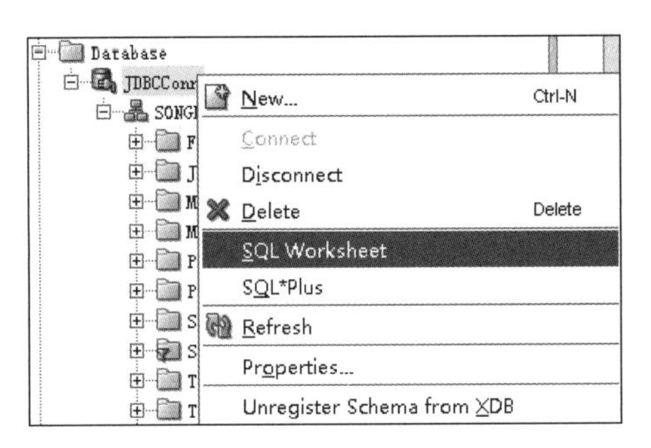

图10-19 选择SQL Worksheet

Enter SQL Statement:

```
SELECT * FROM EMPLOYEE;
```

Results:

	EMP_ID	EMP_NAME	DEPT_ID	EMP_AGE	EMP_JOB	EMP_SALARY
1	101	王一鸣	10	27	资料员	2000
2	200	魏明	20	26	经理	5000
3	202	高伟	20	24	计划员	2600
4	400	张义民	40	27	经理	4200
5	100	宋晓波	10	30	部长	6600
6	501	宋理民	50	28	会记师	4500
7	201	金昌	20	29	采购员	3000
8	300	高一民	30	26	经理	5000
9	301	万一民	30	24	采购员	3000
10	401	张波	40	26	计划员	2600
11	500	张晓明	50	36	经理	5600

图10-20 SQL Worksheet工作环境

在如图 10-20 所示的对话框中，首先在上面的窗口输入查询命令，然后单击左上角的三角形图标，执行这个命令后结果如图 10-20 所示。

10.7 本章小结

本章从分析 JDBC 体系结构出发，阐述了 JDBC 的基本概念与工作原理，对各种类型的 JDBC 驱动程序的特点和用途进行了详细介绍，概述了用于 JDBC 程序设计的 java.sql 与 javax.sql 两个包，介绍了基于 JDBC API 连接通用数据库的一般步骤，重点介绍了 Oracle JDBC 驱动程序的类型，以及在 Oracle JDeveloper 环境下开发 JDBC 程序的方法和步骤，并通过实例对开发过程进行了说明。JDBC API 在 Java EE 平台和多种数据源之间，能够建立与数据库系统无关的连接。JDBC 技术允许应用程序组件提供者完成以下功能：

- 完成对数据库服务器的连接与操作。
- 为了预处理和执行而将 SQL 状态语句传送给数据库引擎。
- 执行存储过程。

Java EE 平台既需要 JDBC 2.0 核心 API，也需要 JDBC 2.0 扩展 API。JDBC 2.0 扩展 API 提供了列集、借助 JNDI 的连接命名、连接池和分布式事务支持。JDBC 驱动程序使用连接池和分布式事务特性与 Java EE 服务器进行协调。

JNDI API 提供了命名服务和目录服务的功能，向应用程序提供了能够完成标准的目录操作的方法。使用 JNDI，应用程序能够存储和检索任何类型的已命名 Java 对象。

第11章 基于JDBC API的Web应用开发

JDBC API是实现JDBC标准支持数据库操作的类与方法的集合，Java 2 SDK 1.4.2以上版本支持JDBC 3.0。JDBC API包括java.sql和javax.sql两个包。java.sql包包含JDBC 2.0核心API以及JDBC 3.0增加部分;javax.sql包含JDBC 2.0与JDBC 3.0标准的扩展API。JDBC标准从一开始推出就体现出了良好的设计性能，所以JDBC 1.0到目前为止都没有改变，后续JDBC标准都是在JDBC 1.0基础上进行的扩展。JDBC API提供了以下几个基本功能：①建立与一个数据源的连接；②向数据源发送查询和更新语句；③处理从数据源得到的结果。实现上述功能的JDBC API的核心类和接口都定义在java.sql包中。所以，熟练掌握这些类和接口的用途及提供的方法，是JDBC程序设计的基础，也是构建更加复杂、更高级应用的必要条件。

本章首先介绍java.sql包中的主要类和接口的用途，对这些类和接口所提供的方法做简要说明；然后在此基础上通过实例阐述在Oracle JDeveloper和OC4J环境下，基于JDBC API创建Web应用的基本原理和方法。

11.1 Connection接口

java.sql.Connection接口用来建立与数据库之间的物理连接，通过它可以读写数据库。该接口提供了进行事务处理的方法、执行SQL语句和创建存储过程所用对象的方法，同时它还提供了一些基本的错误处理方法。该接口的实例可以通过DriverManager.getConnection()或者DataSource.getConnection()方法创建。表11-1所示为Connection接口中的方法。

表 11-1 Connection 接口中的方法

方 法 名 称	方 法 说 明
void close	结束 Connection 对象与数据库的连接
void commit()	将所有的更新都永久地放置在底层的数据存储中
Statement createStatement(int resultSetType,int resultSetConnection)	为执行 SQL 语句而创建一个 Statement 对象。参数指明了语句所产生的 ResultSet 应该是指定的类型,并提供指定的并发类型
boolean getAutoCommit()	返回 Connection 对象的自动提交状态的布尔值。如果是 true,则是打开的;否则,自动提交是关闭的
DatabaseMetaData getMetaData()	返回用于确定数据库特性的 DatabaseMetaData 对象
boolean isClose()	如果数据库连接由于调用了 close()方法而已经关闭,则返回 true;如果数据库仍然是打开的,则返回 false
PreparedStatement PreparedStatement(Sring sql)	创建一个预设的 SQL 语句,即当前数据库连接上的是一个已解析、预编译好的和可重复使用的语句,它返回 PreparedStatement 对象
CallableStatement preparedCall(String sql)	在当前的数据库连接上使用传递的 SQL 语句参数创建并返回一个 CallableStatement 对象(一个可用来调用存储过程的对象)
void setAutoCommit(boolean AutoCommit)	根据所传递方法的布尔值参数设置自动提交模式。如果为 true,则是打开的;否则,则是关闭的
void rollback()	回滚或恢复当前事务中所进行的更新

11.2 Statement 接口

一旦拥有与数据库的连接,就可以实现与数据库的交互。java.sql.Statement 对象可以实现这种交互。Statement 对象可用于给数据库发送 SQL 语句并返回执行的结果。但由于 java.sql.Statement 是接口,没有构造方法,不能直接实例化对象,所以必须通过使用 Connection 对象的 createStatement()方法,才能得到 Statement 对象。例如下面的代码片段:

```
Connection conn=null;
InitialContext ic=new InitialContext();
DataSource ds=(DataSource) ic.lookup("jdbc/JDBCconnCoreDS");
conn=ds.getConnection();
Statement stmt=conn.creatStatement();
```

Statement 对象既可以处理 DML，也可以处理 DDL。在 JDBC 程序中，当利用数据库连接执行 SQL 语句时，返回的执行结果称为结果集(ResultSet)。结果集就像一个虚拟的表，由一组记录组成，但一次执行只能存取一条记录，而这条记录就是记录指针所指向的记录，可以通过记录指针这个逻辑概念指定结果集中要操作的记录。表 11-2 所示为 Statement 接口中的方法。

表 11-2　Statement 接口中的方法

方法名称	方法说明
ResultSet executeQuery(String sql)	用于执行单个结果集的 SQL 语句，返回值是一个结果集
int executeUpdate(String sql)	用于执行一个 SQL 数据更新语句，返回被更新的行的个数。对于不作用在表行上的语句，例如 CREATE 语句，返回值为 0
boolean execute(String sql)	用于执行参数传递的 SQL 语句，既可以查询语句，也可以执行更新语句。其返回值若为 true，则表示得到的是多个结果集中的第一个结果集。此时，可继续调用 getResultSet( )或 getUpdate()方法得到进一步的执行结果。若为 false，则表示没得到执行结果
int[ ] executeBatch()	用于以批处理方式执行多条更新语句，它可以是 insert、update、delete 以及数据定义语句，但不能是包含结果集的 SQL 语句。该方法的返回值是一个数组，数组的每一项是成功执行更新的次数
Connection getConnection()	返回创建该对象的 Connection 对象
int getMaxFieldSize()	返回一个结果集中某字段所允许的最大字节数
int getMaxRows()	返回一个结果集中能够包含的最大行数
boolean getMoreResultSet()	当 Statement 对象包含多个 ResultSet 对象时，该方法就移到下一个 ResultSet 对象
ResultSet getResultSet()	返回当前的 ResultSet 对象
int getUpdateCount()	返回该对象执行的最后一个语句的当前更新次数
void close()	关闭当前的 Statement 对象
void setMaxFieldSize(int max)	设置该对象返回的列的最大字节数
void setMaxRows(int max)	设置所有 select 查询能够返回的最大行数

拥有有效的 Statement 对象后，就可以使用该对象把包含的 SQL 的字符串传送给数据库。当 SQL 语句是 select 语句时，可以使用 executeQuery()方法，并使用 ResultSet 对象查看从查询返回的行。例如，以下代码片段就说明了如何执行一个表查询操作。

```
String sql="select * from userinfo";
ResultSet rs=Statement.executeQuery(sql);
```

如果 SQL 语句是其他类型的 SQL 语句，就使用 executeUpdate()方法。例如下面的代码片段：

```
String sql="select into userinfo values('7107', '宋晓一', '123789', 'xiaoyi@
yahoo.com')";
int rowCount=statement.executeUpdate(sql);
```

executeUpdate()方法返回一个 int 值,表示有多少行记录受 SQL 语句影响。对于不影响行的 SQL 语句,例如,create table 语句,该方法的返回值为 0。

下面的实例说明了如何将一个新记录插入 EMPLOYEE 表中。

(1) 启动 Oracle JDeveloper,在工作区 ch11 中创建一个工程 InsertData.jpr,然后在该工程中创建一个 JSP 文件 InsertData.jsp,其源代码如下。

```
1.   <%@ page contentType="text/html;charset=GBK"%>
2.   <%@ page import="java.sql. * " %>
3.   <%@ page import="javax.sql.DataSource" %>
4.   <%@ page import="javax.naming.InitialContext" %>
5.   <%@ page import="javax.naming.NamingException" %>
6.   <HTML><HEAD>
7.   <META HTTP-EQUIV="Content-Type" CONTENT="text/html; charset=GBK">
8.   <TITLE>插入数据</TITLE></HEAD>
9.   <BODY>
10.  <%  Connection conn=null;
11.    try {
12.      request.setCharacterEncoding("GBK");
13.      InitialContext ic=new InitialContext();
14.      DataSource ds=(DataSource)ic.lookup("jdbc/JDBCConnCoreDS");
15.      conn=ds.getConnection();
16.      if(!conn.isClosed()) {
17.        out.println("数据库连接成功!");
18.      }
19.      Statement st=conn.createStatement();
20.      st.executeUpdate("INSERT into employee(emp_id,emp_name,dept_id,emp_age,
21.      emp_job,emp_salary)"+"values('103','李晓一','10',33,'计划员',2300.00)");
22.      out.println("\n 记录插入完毕!");
23.      st.close();
24.    }
25.    catch(SQLException e) {
26.      out.println("\n 数据库连接失败!");
27.    }
28.    finally {
29.      conn.close();
30.    }
31.  %>
32.  </BODY></HTML>
```

(2) 启动 Oracle DB XE 与 OC4J 10g,在 IDE 中创建部署描述文件 InsertData.deploy,并将其部署到 OC4J 10g 与书库中。

（3）执行结果如图 11-1 与图 11-2 所示。

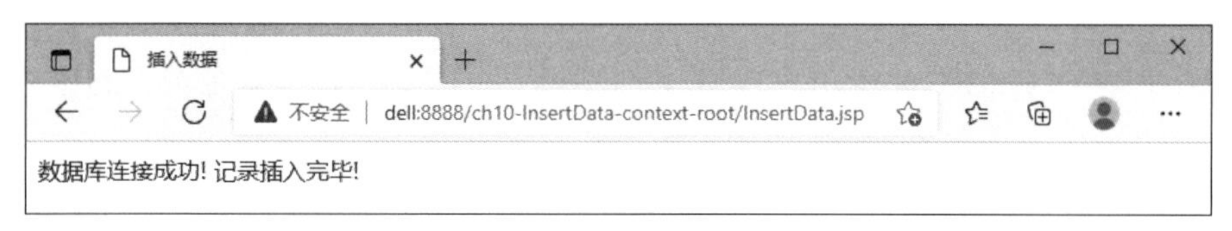

图 11-1　JSP 页面的执行结果

	EMP_ID	EMP_NAME	DEPT_ID	EMP_AGE	EMP_JOB	EMP_SALARY
1	101	王一鸣	10	27	资料员	2000
2	200	魏明	20	26	经理	5000
3	202	高伟	20	24	计划员	2600
4	400	张义民	40	27	经理	4200
5	100	宋晓波	10	30	部长	6600
6	501	宋理民	50	28	会记师	4500
7	201	金昌	20	29	采购员	3000
8	300	高一民	30	26	经理	5000
9	301	万一民	30	24	采购员	3000
10	401	张波	40	26	计划员	2600
11	500	张晓明	50	36	经理	5600
12	103	李晓一	10	33	计划员	2300

图 11-2　插入新记录的 EMPLOYEE 表

【分析讨论】

上述源代码在 try…catch…finally 语句块中包装了代码。因为每个 JDBC 方法调用都有可能产生 SQLException 异常，所以需要捕捉异常对象，并输出产生的异常信息。使用 finally 语句块是为了确保关闭 Connection 对象，而不管是否产生了 SQLException 异常。

11.3　SQLException 类

大量的 JDBC 方法都抛出 SQLException。这个异常类继承了 java.lang.Exception 接口，并通过继承的 getMessage()方法提供了产生异常的原因或生成的异常信息。

SQLException 类的构造方法包含了一个字符串，这是数据库服务器或 JDBC 驱动程序根据 SQL 状态给出的产生异常的原因。SQL 状态是一个标准化的字符串，包含了产生异常的 SQL 处理的状态，以及与数据库厂商提供的相关整数错误码。SQLException 类提供的构造方法如下。

- SQLException()——创建一个新的 SQLException 对象，将原因、SQL 状态以及厂商错误代码的值都设为 null 值。
- SQLException(String reason)——创建一个新的 SQLException 对象，以提供原因作为参数，将 SQL 状态以及厂商错误码的值都设为 null。
- SQLException(String reason, String SQLState)——创建一个新的 SQLException 对象，分别以提供原因、SQL 状态作为参数，厂商错误码的值都设为 null。
- SQLException(String reason, String SQLState, int vendorCode)——创建一个新的 SQLException 对象，分别以提供原因、SQL 状态以及厂商错误码作为参数。

SQLException 类提供了以下 3 个方法，以实现对抛出异常的内部数据的访问。

- Int getErrorCode()——返回异常的厂商错误码。

- SQLException getNextException()——如果有异常，则检索异常链表中的下一个异常。
- String setNextException(SQLException e)——设置当前对象的异常链表中的下一个异常。

11.4 ResultSet 接口

一旦建立了数据库连接并执行了 SQL 语句，则 SQL 语句的执行结果是以一个 ResultSet 对象来表示的。此时，可以使用一个程序循环检索这个结果集。

ResultSet 类封装了 SQL 查询执行所得到的数据行或元组。在 JDBC API 的早期版本中，ResultSet 类只允许对一系列记录的串行遍历——从表的第一个记录到最后一个记录的遍历，不允许在结果集中随机地移动记录指针。而且，ResultSet 中的数据是只读的，不允许通过 ResultSet 进行记录更新。

在 JDBC 2.0 可选的扩展中，ResultSet 规范增加了一些功能，允许以随机的顺序检索结果集。这就是可滚动的 ResultSet 或可滚动的游标。Oracle JDBC 驱动程序提供了对这些特性的支持。

11.4.1 串行访问 ResultSet

在 Statement 接口中，方法 executeQuery()用了 String 变元，返回 java.sql.ResultSet 对象，传入的变元是有效的 SQL 查询。例如：

```
String sql="select * from employee where emp_id='103'";
ResultSet rs=statement.executeQuery(sql);
```

ResultSet 对象包含执行 SQL 查询语句返回的结果集，可以把这个结果集看作一个二维表。要得到这张表中的任何一个字段项，首先需要找到它所处的行，然后再找到它所处的列。完成这个工作要靠一个指向当前记录的指针，而且开始记录指针指向的是第一行之前的位置。如果在 ResultSet 对象上调用 next()方法，则将把记录指针移到下一个位置。从这时开始，记录指针将一直保持有效，直至结束所有行的遍历或者关闭它为止。

如果使用默认的 ResultSet 对象，则拥有只向前移动的指针。通常，可以在循环中使用 next()方法处理结果集中的行。例如下面的代码片段：

```
String sql="select * from employee where emp_id='103'";
ResultSet rs=statement.executeQuery(sql);
while(rs.next()) {
    //处理行集
}
```

如果移动到有效的行，则 next()方法返回 true；如果移出了末尾，则返回 false。所以，可以使用 next()方法控制 while 循环。当然，这是假设 ResultSet 对象是从默认状态开始，且指针记录设置在第一行之前的情形。也可以使用 isLast()或 isFirst()方法分别测试是否到达记录末尾或开头，使用 isBeforeFirst()或 isAfterLast()方法分别测试是位于紧接着第一行记录之前，还是已经超出记录末尾。

11.4.2　ResultSet 接口中的方法

ResultSet 接口中提供了一系列的方法以在结果集中自由地移动记录指针，加强程序的灵活性，提高程序的执行效率，如表 11-3 所示。

表 11-3　ResultSet 接口中的记录指针移动的方法

方法名称	方法说明
boolean previous()	将 ResultSet 指针从当前行移到前一行
boolean isBeforeFirst()	如果 ResultSet 指针在 ResultSet 中的第一行之前，则返回 true
boolean isFirst()	如果 ResultSet 指针在 ResultSet 中的第一行，则返回 true
boolean previous()	将 ResultSet 指针从当前行移到前一行
boolean isBeforeFirst()	如果 ResultSet 指针在 ResultSet 中的第一行之前，则返回 true
boolean isLast()	如果 ResultSet 指针在 ResultSet 中的最后一行，则返回 true
boolean last()	ResultSet 指针在 ResultSet 中的最后一行
boolean afterLast()	ResultSet 指针在 ResultSet 中的最后一行之后
boolean beforeFirst()	ResultSet 指针在 ResultSet 中的第一行之前
boolean isAfterLast()	如果 ResultSet 指针在 ResultSet 中的最后一行之后，则返回 true
boolean first()	将 ResultSet 指针移到 ResultSet 中的第一行
boolean relative(int rows)	将 ResultSet 指针按照整数参数给出的大小进行移动。这种移动相对于 ResultSet 指针的相对位置，正数表示向前移动，负数表示向后移动
boolean absolute(int rows)	将 ResultSet 指针按照整数参数给出的大小，移动到相对于 ResultSet 的起始或末尾的绝对位置

SQL 数据类型与 Java 数据类型并不是完全匹配的，因此，在使用 Java 类型的应用程序与使用 SQL 类型的数据库之间需要一种转换机制。

当使用 ResultSet 接口中的 getXXX()方法获得结果集中列的值时，就需要将 SQL 类型转换为 Java 类型，如表 11-4 所示。

表 11-4　ResultSet 接口中由 SQL 类型转换为 Java 类型的方法

方法名称	方法说明
Array getArray(int i)	以一个 java.sql.Array 的形式返回整数索引参数标识的列值
Array getArray(String cilName)	以一个 java.sql.Array 的形式返回字符串名字参数标识的列值
InputStream getAsciiStream(int colIndex)	以一个 InputStream 的形式返回列名字字符串参数标识的列值

续表

方法名称	方法说明
BigDecimal(int ColumnIndex)	以一个全精度的 java.math.BigDecimal 的形式返回整数索引参数标识的值
BigDecimal(String ColumnIndex)	以一个全精度的 java.math.BigDecimal 的形式返回字符串名字参数标识的值
InputStream getBinaryStream(int colIndex)	以一个 BinaryStream 的形式返回整数索引参数标识的列值
boolean getBoolean(int ColIndex)	以一个 BinaryStream 的形式返回字符串名字参数标识的列值
boolean getBoolean(String ColIndex)	以一个 boolean 的形式返回整数索引参数标识的列值
byte getByte(int ColIndex)	以一个 boolean 的形式返回列名字字符串参数标识的列值
byte[] getBytes(int ColIndex)	以一个 byte 数组类型的形式返回整数索引参数标识的列值
byte[] getBytes(String ColIndex)	以一个 byte 数组的形式返回列名字字符串参数标识的列值
Datc gctDatc(int ColIndcx)	以一个 java.sql.Date 引用的形式返回由整数索引参数标识的 ResultSet 列值
Date getDate(int ColIndex,Calendar cal)	以一个 java.sql.Date 引用的形式返回由整数索引参数标识的 ResultSet 列值
Date getDate(String ColIndex)	以一个 java.sql.Date 引用的形式返回 ResultSet 由列名字符串参数标识的列值
Date getDate(String ColIndex,Calendar cal)	以一个 java.sql.Date 引用的形式返回由列名字符串参数标识的 ResultSet 列的值
String getString(int ColIndex)	以 String 的形式返回整数索引参数标识的 ResultSet 列的值
String getString(String ColName)	以 String 的形式返回列名字符串标识的 ResultSet 列的值
double getDouble(int ColIndex)	以 Double 的形式返回整数索引参数标识的 ResultSet 列的值
double getDouble(String ColName)	以 Double 的形式返回列名字符串标识的 ResultSet 列的值
float getFloat(int ColIndex)	以 float 的形式返回整数索引参数标识的 ResultSet 列的值
float getFloat(String ColIndex)	以 float 的形式返回列名字符串标识的 ResultSet 列的值
long getLong(int ColIndex)	以 long 的形式返回整数索引参数标识的 ResultSet 列的值

续表

方法名称	方法说明
long getLong(String ColName)	以 long 的形式返回列名字符串标识的 ResultSet 列的值
int getInt(int ColIndex)	以 int 的形式返回整数索引参数标识的 ResultSet 列的值
int getInt(String ColName)	以 int 的形式返回列名字符串标识的 ResultSet 列的值
short getShort(int ColIndex)	以 short 的形式返回整数索引参数标识的 ResultSet 列的值
short getShort(String ColName)	以 short 的形式返回列名字符串标识的 ResultSet 列的值
Time getTime(int colIndex)	以一个 java.sql.Time 对象引用的形式返回整数索引参数所标识的 ResultSet 列的值
Time getTime(int colIndex,Calendar cal)	以一个 java.sql.Time 对象引用的形式返回整数索引参数所标识的 ResultSet 列的值。如果底层数据库没有包含时间区信息，则使用 java.util.Calendar 对象创建 Time 对象
Time getTime(String colName)	以一个 java.sql.Time 对象引用的形式返回列名字符串所标识的 ResultSet 列的值
Time getTime(String colName,Calendar cal)	以一个 java.sql.Time 对象引用的形式返回列名字符串所标识的 ResultSet 列的值。如果底层数据库没有包含时间区信息，则使用 java.util.Calendar 对象创建 Time 对象
Timestamp getTimestamp(int colIndex)	以一个 java.sql.Timestamp 对象引用的形式返回整数索引参数所标识的 ResultSet 列的值
Timestamp getTimestamp(int colIndex, Calendar cal)	以一个 java.sql.Timestamp 对象引用的形式返回整数索引参数所标识的 ResultSet 列的值。如果底层数据库没有包含时间区信息，则使用 java.util. Calendar 对象创建 Timestamp 对象
Timestamp getTimestamp(String colName)	以一个 java.sql.Timestamp 对象引用的形式返回列名字符串所标识的 ResultSet 列的值
Timestamp getTimestamp (String colName, Calendar cal)	以一个 java.sql.Timestamp 对象引用的形式返回列名字符串所标识的 ResultSet 列的值。如果底层数据库没有包含时间区信息，则使用 java.util.Calendar 对象创建 Timestamp 对象
Object getObject(int colIndex)	以一个 Object 对象引用的形式返回整数索引参数所标识的 ResultSet 列的值
Object getObject(String colName)	以一个 Object 对象引用的形式返回列名字符串所标识的 ResultSet 列的值

表11-4中的每个方法都有重载版本，提供了识别含有数据的列的两种途径。为了选择列，可以传送String变元作为SQL列名，或者传送int类型的列的索引值。其中，第一列的索引值是1。例如，对于下面的查询，可以按照名称返回列。

```
ResultSet rs=statment.executeQuery("select code, name, from employee");
while(rs.next()) {
    String code=rs.getString("emp_id");
    String name=rs.getString("emp_name");
}
//或者按照表中的字段顺序返回列值
while(rs.next()) {
    String code=rs.getString(1);
    String name=rs.getString(2);
}
```

11.4.3 结果集元数据

元数据是有关数据的数据，ResultSetMetaData接口提供了有关在ResultSet对象中返回元数据的信息。如果从ResultSet对象中获得ResultSetMetaData对象的实例，那么可以查看数据表中有关列属性的信息。

下面的实例说明了如下的操作过程：将表DEPARTMENT中所有列的名称、类型、以int形式返回的Java类型(对应java.sql.Types类中的常量值之一)显示出来。

(1) 创建工作区ch11.jws，在该工作区中创建工程文件queryMetaData.jpr。在该工程文件中创建JSP文件queryMetaData.jsp，其源代码如下。

```
1.  <%@ page contentType="text/html;charset=GB2312"%>
2.  <%@ page import="java.sql.*" %>
3.  <%@ page import="javax.sql.DataSource" %>
4.  <%@ page import="javax.naming.InitialContext" %>
5.  <%@ page import="javax.naming.NamingException" %>
6.  <HTML><HEAD><TITLE>queryMetaData.jsp</TITLE></HEAD>
7.  <BODY>
8.  <%  Connection conn=null;
9.  try {
10.     request.setCharacterEncoding("GB2312");
11.     InitialContext ic=new InitialContext();
12.     DataSource ds=(DataSource)ic.lookup("jdbc/JDBCConnCoreDS");
13.     conn=ds.getConnection();
14.     if(!conn.isClosed()) {
15.       out.println("数据库连接成功!");
16.       out.println("<BR>");
17.     }
18.     Statement st=conn.createStatement();
19.     ResultSet rs=st.executeQuery("select * from department");
```

```
20.        ResultSetMetaData rsmd=rs.getMetaData();
21.        for (int i =1; i <=rsmd.getColumnCount(); i++) {
22.          out.println("Column name=" +rsmd.getColumnName(i));
23.          out.println(" type=" +rsmd.getColumnTypeName(i));
24.          out.println(" java type=" +rsmd.getColumnType(i));
25.          if (rsmd.getColumnType(i) ==java.sql.Types.TIMESTAMP)
26.            out.println(" it's a Date/Time!");
27.          else
28.            out.println(" it's NOT a Date/Time.");
29.            out.println("<BR>");
30.        }
31.        rs.close();
32.        st.close();
33.      }
34.      catch (SQLException e) {
35.        out.println("数据库连接错误:" +e);
36.      }
37.      finally {
38.        conn.close();
39.    }
40.    %>
41.    </BODY></HTML>
```

(2) 启动 Oracle DB XE 与 OC4J 10g，然后创建部署描述文件 queryMetaData.deploy，并将 JSP 文件部署到 OC4J 10g 与 Oracle DB XE 中。

(3) 其执行结果如图 11-3 所示。

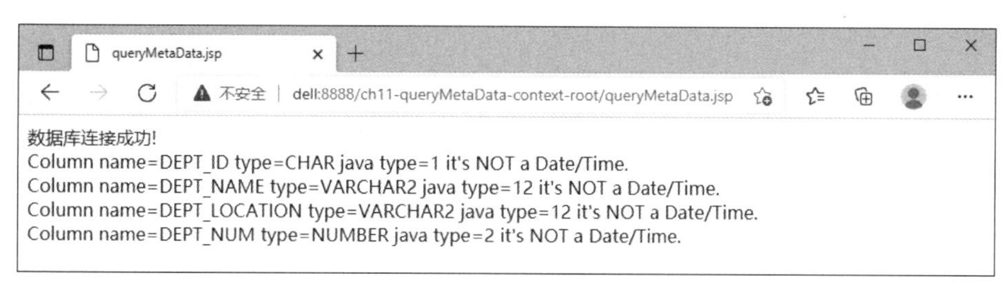

图 11-3　JSP 页面的执行结果

【分析讨论】

- 为了显示 ResultSet 对象中每个列的名称和数据类型名称，编写了一个 for 循环，通过迭代每个列，并调用适当的方法，可以得到所要求的列属性信息(第 21～30 句)。
- 第 25 句使用 java.sql.Types 常量名称与 DEPARTMENT 表中列的 Java 类型进行比较，根据返回值的 true 或 false 判断是否为日期或时间类型。
- 如果使用 getDate()方法，则得不到时间部分；如果使用 getTime()方法，则得不到日期部分；而使用 getTimestamp()方法可同时返回时间和日期。

11.4.4 可被更新和滚动的结果集

默认情况下，Connection对象的createStatement()方法返回的是Statement对象实例，但它返回的仅是从头到尾进行迭代操作的结果集。如果想在结果集中实现滚动和更新操作，就要得到实现这种类型操作的ResultSet对象。可以使用下面的形式创建Statement对象实例。

```
Statement st=connection.createStatement(int 指针参数, int 数据一致性参数);
```

其中，指针类型参数如表11-5所示，数据一致性参数如表11-6所示。将这两个参数有机地组合起来，就可以实现ResultSet对象的滚动和更新操作。

表11-5 指针类型参数

方法名称	方法说明
ResultSet TYPE_FORWARD_ONLY	默认值，记录指针只能由第一条记录向最后一条记录移动，即只能向前移动
ResultSet TYPE_SCOLL_SENSITIVE	允许记录指针向前或向后移动。而且当其他ResultSet对象改变记录指针时，将影响记录指针的位置
ResultSet TYPE_SCOLL_INSENSITIVE	允许记录指针向前或后移动。而且当其他ResultSet对象改变记录指针时，不影响记录指针的位置
ResultSet.CONCUR_READ_ONLY	默认值，ResultSet对象中的数据仅能读，不能修改
ResultSet.CONCUR_UPDATABLE	ResultSet对象中的数据可以读，也可以修改

表11-6 数据一致性参数

方法名称	方法说明
ResultSet.CONCUR_READ_ONLY	默认值，ResultSet对象中的数据仅能读，不能修改
ResultSet.CONCUR_UPDATABLE	ResultSet对象中的数据可以读，也可以修改

例如，下面的语句将创建的Statement对象实例设定为既可以实现滚动操作，又可以实现更新操作。

```
Statement st =connection.createStatement(ResultSet.TYPE_SCROLL_SENSITIVE,
ResultSet.CONCUR_UPDATABLE);
```

创建Statement对象之后，就可以创建允许更新的ResultSet对象了。根据Oracle数据库的规定，不能在可更新的结果集中使用select * from …的语法形式，但可以通过使用表的别名的方法解决这个问题。例如下面的语句

```
ResultSet rs=st.executeQuery("select alias_name.* from employee alias_
name");
```

然后，根据所使用的数据类型，使用ResultSet的updateXXX()方法更新列的值，最

后使用 updateRow()方法更新表。例如下面的代码片段：

```
while(rs.next()) {
  Rs.updateString(" ", " ");
  Rs.updateRow();
}
```

为了插入行,必须使用 moveToInsertRow()方法实现滚动。该方法使记录指针处在准备接受新值的空行上。例如下面的语句：

```
Rs.moveToInsertRow();
```

现在就可以调用 insertRow()方法,把上述数据插入表中。接着需要调用 moveToCurrentRow()方法,使记录指针返回到原来记录集中正在处理的位置。例如下面的代码片段：

```
rs.insertRow();
rs.moveToCurrentRow();
```

下面的实例说明了如下的操作过程。

- 将 EMPLOYEE 表中的现有记录作为查询结果存储在 ResultSet 对象中,并将其显示在页面上。
- 如何任意移动记录指针,并配合 ResultSet 接口的数据存取方法完成记录的插入、删除和更新操作。

(1) 在 ch11.jws 中创建工程文件 updateTable.jpr、JSP 文件 updateTable.jsp。其源代码如下。

```
1.   <%@ page contentType="text/html;charset=GBK"%>
2.   <%@ page import="java.sql.* " %>
3.   <%@ page import="javax.sql.DataSource" %>
4.   <%@ page import="javax.naming.InitialContext" %>
5.   <%@ page import="javax.naming.NamingException" %>
6.   <HTML><HEAD>
7.   <META HTTP-EQUIV="Content-Type" CONTENT="text/html; charset=GB2312">
8.   <TITLE>updateTable.jsp</TITLE></HEAD>
9.   <BODY>
10.  <%Connection conn=null;
11.  try {
12.      request.setCharacterEncoding("GBK");
13.      InitialContext ic=new InitialContext();
14.      DataSource ds=(DataSource)ic.lookup("jdbc/JDBCConnCoreDS");
15.      conn=ds.getConnection();
16.      if(!conn.isClosed()) {
17.        out.println("数据库连接成功!");
18.        out.println("<BR>");
19.      }
```

```
20.     Statement st=conn.createStatement(ResultSet.TYPE_SCROLL_SENSITIVE,
        ResultSet.CONCUR_UPDATABLE);
21.     ResultSet rs=st.executeQuery("select n.* from employee n");
22.     rs.beforeFirst();             //把记录指针移到第一条记录之前
23.     out.println("修改前 EMPLOYEE 表中的记录");
24.     out.println("<BR>");
25.     while(rs.next()) {            //把记录指针移到下一条记录
26.       out.println(rs.getString(1) +" "+rs.getString(2) +" "+rs.
          getDouble(3) +" "+rs.getString(4) +" "+rs.getString(5) +" "+rs.
          getDouble(6));
27.       out.println("<BR>");
28.     }
29.     rs.absolute(4);               //把记录指针移到第 4 条记录
30.     rs.deleteRow();               //删除第 4 条记录
31.     rs.moveToInsertRow();         //插入一个新记录
32.     rs.updateString(1,"105");
33.     rs.updateString(2,"吴小丽");
34.     rs.updateString(3,"10");
35.     rs.updateDouble(4,24);
36.     rs.updateString(5,"计划员");
37.     rs.updateDouble(6,1800.00);
38.     rs.insertRow();               //把新记录插入数据库中
39.     rs.close();
40.     rs=st.executeQuery("select n.* from employee n");
41.     rs.beforeFirst();             //把记录指针移到第一条记录之前
42.     out.println("修改后 EMPLOYEE 表中的记录");
43.     out.println("<BR>");
44.     while(rs.next()) {
45.       out.println(rs.getString(1) +" "+rs.getString(2) +" "+rs.
          getDouble(3) +" "+rs.getString(4) +" "+rs.getString(5) +" "+rs.
          getDouble(6));
46.       out.println("<BR>");
47.     }
48.     rs.close();
49.     st.close();
50.   }
51.   catch (SQLException e) {
52.     out.println("数据库连接错误:" +e);
53.   }
54.   finally {
55.     conn.close();
56.   }
57. %>
58. </BODY></HTML>
```

（2）启动 Oracle DB XE 与 OC4J 10g Java EE 容器。

（3）JSP 页面的执行结果，如图 11-4 所示。

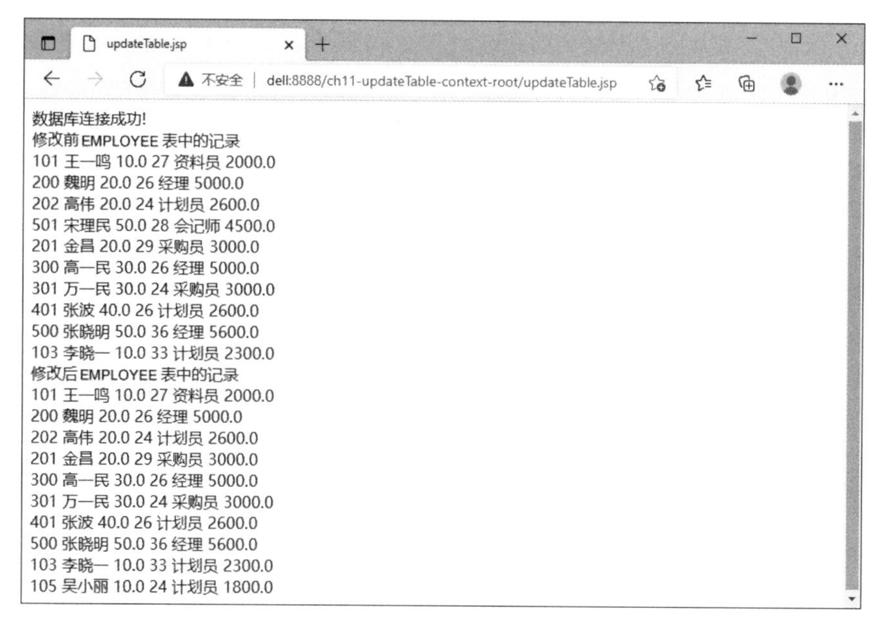

图 11-4 JSP 页面的执行结果

11.5 PreparedStatement 接口

通过以上内容的讨论可以得知，Statement 类是通过一个包含 SQL 语句的字符串参数处理查询的。Statement 类的对象实例取出 SQL 语句，把它提交给数据库执行，然后将结果返回给客户端。注意，对统一查询的所有重复执行都需要将整个过程重复一次。作为这个过程的一部分，SQL 语句需要再次对创建的字符串进行格式化，并且如果有任何 where 子句参数发生了变化，查询字符串都需要反映这些变化。查询字符串的第二次执行需要进行和第一次执行时相同的处理——查询提交给数据库，数据库解析、优化和执行查询并返回结果。

在如上所述的情形下，将会大大影响数据查询的执行效率。在需要多次执行相同的查询语句时，利用 PreparedStatement 接口可以优化这一过程的处理。PreparedStatement 接口是 Statement 接口的扩展，代表了一条预设的 SQL 语句。预设语句是指预先将 SQL 语句传递给数据库，并在数据库中被编译、优化与缓存。因为语句不需要在每次执行时都由数据库编译与优化，所以基于重复执行的整体性能被大大提高了。

另外，已编译语句可以指定输入参数，用于定制特殊 SQL 语句的执行。输入参数可以是 select 或者 update 语句的 where 子句中的值，也可以是 insert 语句的 values 子句中的值，或者是 update 语句的 set 子句的值。SQL 语句及其参数都提交给数据库，由数据库对它进行处理。当数据库接受查询时，它对查询进行解析与优化，然后为了以后的重复处理而将查询保存下来。例如，对于下面的查询字符串：

```
String sql="select * from employee where emp_name=? ";
```

其中，"?"用于每个输入参数的占位符。这些占位符对应数据库中的变量，称为绑定变量。使用绑定变量的查询将被编译一次，随后把查询计划存储在共享池中，可以从中检索和重用它。

创建一个PreparedStatement对象，可以利用Connection对象的PreparedStatement()方法。如果Connection对象为conn，则创建一个PreparedStatement对象的prepare语句如下。

```
PreparedStatement prepare=conn.PreparedStatement(sql);
```

这样，在PreparedStatement对象创建的同时，就将带有参数的SQL语句作为参数传递给了它，然后就可以利用PreparedStatement接口提供的方法指定这些参数，这些参数称为IN参数。为了传递这些IN参数，需要调用PreparedStatement对象的setXXX()方法。例如，为上述创建的prepare对象传递IN参数，由于EMPLOYEE表中的字段EMP_NAME是字符串类型，所以需要使用setString()方法(其中2是参数的序数位置)：

```
prepare.setString(2, "宋晓梅");
ResultSet rs=prepare.executeQuery();
```

PreparedStatement接口提供的常用方法如表11-7所示。

表11-7　PreparedStatement接口提供的常用方法

方法名称	方法说明
boolean execute()	执行对象的SQL语句，而不论是什么类型的语句(update或select)
ResultSet executeQuery()	执行对象的SQL语句，并返回一个ResultSet对象
int executeUpdate()	执行对象中的update语句，并返回一个整数，表示表中记录被更新的行数
ResultSetMetaData getMetaData()	返回ResultSet对象的有关字段信息
void setArray(int i, Array x)	将第一个参数i所表示索引参数的值设置为第二个参数x所表示的数组对象
void setInt(int parameterIndex, int x)	将第一个参数所指定位置上占位符的值设置为第二个参数x的值。占位符的值会被设置为第二个参数所提供的int变量的值
void setFloat(int parameterIndex, float x)	将第一个参数所指定位置上占位符的值设置为第二个参数x的值。占位符的值会被设置为第二个参数所提供的float变量的值
void setLong(int parameterIndex, long x)	将第一个参数所指定位置上占位符的值设置为第二个参数x的值。占位符的值会被设置为第二个参数所提供的long变量的值

续表

方法名称	方法说明
void setDouble(int parameterIndex,double x)	将第一个参数所指定位置上占位符的值设置为第二个参数 x 的值。占位符的值会被设置为第二个参数所提供的 double 变量的值
void setNull(int parameterIndex,int sqlType)	将第一个参数所指定位置上占位符的值设置为 null 的值。null 值的类型是第二个参数所指定的 JDBC SQL 类型
void setString(int parameterIndex,String x)	将第一个参数所指定位置上占位符的值设置为第二个参数 x 的值。占位符的值会被设置为第二个参数所提供的 String 变量的值
void setDate(int parameterIndex,Date x)	将第一个参数所指定位置上占位符的值设置为第二个参数 x 的值。占位符的值会被设置为第二个参数所提供的 Date 变量的值
void setTime(int parameterIndex,Time x)	将第一个参数所指定位置上占位符的值设置为第二个参数 x 值。占位符的值会被设置为第二个参数所提供的 Time 变量的值

下面的实例使用 PreparedStatement 对象在 EMPLOYEE 表中插入两条记录，然后将插入记录后的数据表显示出来。

(1) 在 ch11.jws 中创建工程文件 bindQuery.jpr，JSP 文件为 bindQuery.jsp，部署描述文件为 bindQuery.deploy。bindQuery.jsp 的源代码如下。

```
1.   <%@ page contentType="text/html;charset=GB2312"%>
2.   <%@ page import="java.sql.* " %>
3.   <%@ page import="javax.sql.DataSource" %>
4.   <%@ page import="javax.naming.InitialContext" %>
5.   <%@ page import="javax.naming.NamingException" %>
6.   <HTML><HEAD>
7.   <META HTTP-EQUIV="Content-Type" CONTENT="text/html; charset=GBK">
8.   <TITLE>bindQuery.jsp</TITLE></HEAD>
9.   <BODY>
10.  <%  Connection conn=null;
11.  try {
12.      request.setCharacterEncoding("GBK");
13.      InitialContext ic=new InitialContext();
14.      DataSource ds=(DataSource)ic.lookup("jdbc/JDBCConnCoreDS");
15.      conn=ds.getConnection();
16.      if(!conn.isClosed()) {
17.        out.println("数据库连接成功!");
18.        out.println("<BR>");
19.      }
```

```
20.         String id[]={"60","70"};
21.         String name[]={"研发部","产品部"};
22.         String location[]={"北京市海淀区10号","沈阳市皇姑区12号"};
23.         float num[]={10,30};
24.         PreparedStatement pst=conn.prepareStatement("insert into department
            values(?,?,?,?)");
25.         for(int i=0;i<id.length;i++) {
26.           pst.setString(1,id[i]);
27.           pst.setString(2,name[i]);
28.           pst.setString(3,location[i]);
29.           pst.setFloat(4,num[i]);
30.           pst.executeUpdate();
31.         }
32.         pst.close();
33.         Statement st=conn.createStatement();
34.         ResultSet rs=st.executeQuery("select * from department");
35.         out.println("更新后dept表中的记录");
36.         out.println("<BR>");
37.         while(rs.next()) {            //把记录指针移到下一条记录
38.           out.println(rs.getString(1) +" "+rs.getString(2) +" "+rs.
            getString(3) +" "+rs.getFloat(4));
39.           out.println("<BR>");
40.         }
41.         rs.close();
42.         st.close();
43.     }
44.     catch (SQLException e) {
45.         out.println("数据库连接错误:" +e);
46.     }
47.     finally {
48.         conn.close();
49.     }
50.  %>
51.  </BODY></HTML>
```

(2) 启动Oracle DB XE与OC4J 10g。

(3) 把bindQuery.jsp等资源部署到Oracle DB XE与OC4J 10g中。

(4) JSP文件的执行结果如图11-5所示。

【分析讨论】

- 第20～23句将要更新的数据存储到数组中，第20句用来执行具有参数的SQL语句，以进行数据的更新操作。SQL语句“insert into department values(?,?,?,?)”中的每个列的值并没有确定，而是以“?”来表示，程序必须在执行这个SQL语句之前确定“?”位置的值。

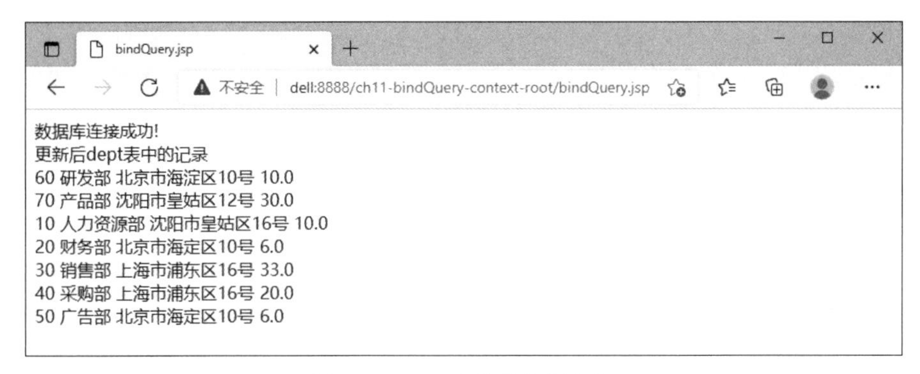

图 11-5　JSP 文件的执行结果

- 第 26～30 句用来确定每个“?”所代表参数的值。注意，为了能够执行带有参数的 SQL 语句，必须使用 PreparedStatement 对象。
- 第 33 句创建了一个 Statement 对象，第 34 句返回了一个 ResultSet 对象，代表执行 SQL 语句后所得到的结果集。再用 ResultSet 对象的 next()方法将返回的结果集一个一个地取出并显示出来，直到 next()方法返回 false 为止。

11.6　CallableStatement 接口

CallableStatement 接口是 PreparedStatement 的子接口，同时拥有 PreparedStatement 及其超接口 Statement 的所有功能，并允许在数据库上调用 PL/SQL 代码，以及存储过程和存储函数，从而添加从它们接受输出参数的能力。大多数存储过程语言的实现都既有输入参数(可以从 PreparedStatement 类中继承方法来设置)，又有输出参数(存储过程的返回值)。输出参数也称为 OUT 参数，必须由 CallableStatement 接口中特殊的方法管理，用这些方法注册参数。

下面是 PL/SQL 代码块的语法形式：

```
CallableStatement callPLSQL= connection.prepareCall("{[?=]) call procedue_
name {(?,?,...)]}");
```

- procedue_name——数据库存储过程的名称。
- ?=——可选，当存储过程返回一个结果参数时使用。
- (?,?,...)——代表存储过程的参数表。参数的实际类型、IN、OUT 或 INOUT，由存储过程的定义确定。

由此可知，调用 PL/SQL 代码块的最简单的语法形式如下。

```
CallableStatement callPLSQL=connection.prepareCall("{call procedue_name}");
```

上述语句代表了对无参数存储过程的调用。如果需要对两个输入参数的存储过程进行调用，则可用如下语句实现。

```
CallableStatement callPLSQL=connection.prepareCall("{call procedue_
```

```
name (?,?}");
```

例如，为了建立一个CallableStatement对象，需要调用Connection对象的prepareCall()方法，则可用如下语句实现。

```
CallableStatement callPLSQL=connection.prepareCall("{call updateLast (?,?}");
```

CallableStatement对象包含了对存储过程updateLast的调用，它用于更新指定用户的名字。在这种情形下，存储过程需要两个输入参数：用户名编号与新名字。调用的参数必须在使用从preparedStatement接口继承的setXXX()方法执行存储过程之前设置。执行存储过程以后，可以使用getXXX()方法检索值。对于updateLast存储过程，可以编写下面的代码建立它的输入参数：

```
callPLSQL.setString(1, "7101");
callPLSQL.setString(2, "章伊伊");
```

使用下面的语句执行该存储过程。

```
callPLSQL.executeUpdate();
```

存储过程通常应用在数据库应用程序中，以提高数据库的性能。存储过程由RDBMS预编译并缓存，提供非常快速的访问与执行。另外，在客户机与服务器结构中，还可以减少客户机与服务器之间的网络冲突，从而提升整个系统的性能。

11.7 DatabaseMetaData接口

DatabaseMetaData接口是由JDBC驱动程序开发者实现的，提供了对有关数据库的名称、版本、JDBC驱动程序名称等信息的访问功能。DatabaseMetaData对象实例是通过Connection对象的getMetaData()方法得到的。用户根据该接口提供的方法可以很容易地取得某一数据库的信息。DatabaseMetaData接口提供的方法如表11-8所示。

表11-8 DatabaseMetaData接口提供的方法

方法名称	方法说明
String getDatabaseProdectName()	返回数据库产品的名称
String getDatabaseProdectVersion()	返回数据库产品的版本
int getDriverMajorVersion()	返回一个整数，表述驱动程序的主版本号
int getDriverMinorVersion()	返回一个整数，表述驱动程序的次版本号
String getDriverName()	返回JDBC驱动程序的名称
String getDriverVersion()	返回JDBC驱动程序的版本
String getURL()	返回一个包含数据库URL的字符串。如果驱动程序不能获知数据库的URL，则返回NULL
int getMaxStatement()	返回一个整数值，表示可以同时打开的活动语句的最大数

续表

方法名称	方法说明
int getMaxConnection()	返回一个整数值，表示驱动程序可以同时保持的激活数据库连接的最大数
boolean isReadOnly()	如果数据库处于只读模式且不允许更新，则返回 true
String getUserName()	返回一个包含了当前数据库连接的用户名字符串
int getMaxStatementLength()	返回一个整数，表示一个按字节计算的最大长度。若返回 0，则表示不限制长度或长度是未知的
boolean usersLocalFilePerTable()	如果数据库中的每个表都是用本地文件，则返回 true
boolean usersLocalFiles()	如果数据库使用本地文件系统存储数据，则返回 true
ResultSet getTableTypes()	返回一个当前数据中可用表的类型的结果集
ResultSet getSchemas()	返回连接数据库中可用的数据库模式结构的列表

下面的实例通过使用 DatabaseMetaData 接口提供的方法，将 Oracle 数据库的相关信息显示在浏览器页面上。

(1) 在 ch11.jws 中创建工程文件 getDBInfo.jpr、JSP 文件 getDBInfo.jsp。JSP 文件的源代码如下。

```
1.   <%@ page contentType="text/html;charset=GBK"%>
2.   <%@ page import="java.sql.* " %>
3.   <%@ page import="javax.sql.DataSource" %>
4.   <%@ page import="javax.naming.InitialContext" %>
5.   <%@ page import="javax.naming.NamingException" %>
6.   <HTML><HEAD><TITLE>getDBInfo.jsp</TITLE></HEAD>
7.   <BODY>
8.   <%  Connection conn=null;
9.     try {
10.      request.setCharacterEncoding("GBK");
11.      InitialContext ic=new InitialContext();
12.      DataSource ds=(DataSource)ic.lookup("jdbc/JDBCConnCoreDS");
13.      conn=ds.getConnection();
14.      if(!conn.isClosed()) {
15.        out.println("数据库连接成功!");
16.        out.println("<BR>");
17.      }
18.      DatabaseMetaData dbmt=conn.getMetaData();
19.      out.println("JDBC URL: "+dbmt.getURL()+"<BR>");
20.      out.println("JDBC 驱动程序: "+dbmt.getDriverName()+"<BR>");
21.      out.println("JDBC 驱动程序的版本代号: "+dbmt.getDriverVersion()+
         "<BR>");
22.      out.println("用户账号: "+dbmt.getUserName()+"<BR>");
23.      out.println("数据库名称: "+dbmt.getDatabaseProductName()+"<BR>");
24.      out.println("数据库的版本代号: "+dbmt.getDatabaseProductVersion()+
```

```
           "<BR>");
25.        out.println("数据库模式: "+dbmt.getSchemas()+"<BR>");
26.      }
27.      catch (SQLException e) {
28.        out.println("数据库连接错误:" +e);
29.      }
30.      finally {
31.        conn.close();
32.      }
33.    %>
34.    </BODY></HTML>
```

(2) 启动Oracle DB XE与OC4J 10g,创建该Web应用的部署描述文件getDBInfo.deploy,并将其部署到Oracle DB XE与OC4J 10g中。JSP文件的执行结果如图11-6所示。

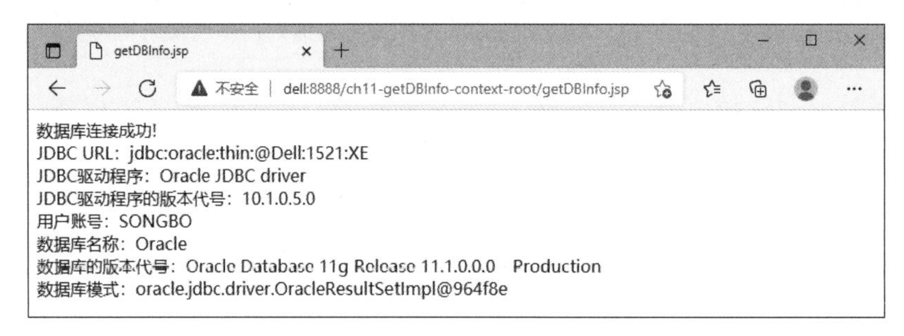

图11-6 JSP文件的执行结果

11.8 本章小结

JDBC是Java技术的重要组成部分。JDBC为访问关系型与对象关系型数据库提供了可移植和灵活的方法,是一种功能强大的技术。基于JDBC技术可以建立更复杂、更高级的应用特性,包括SQLJ和EJB。JDBC技术自问世以来受到了业界广泛的支持,使得它成为一种具有强大生命力的技术。

实现数据访问的基本元素包含在JDBC 2.0中,封装在java.sql包中。而Optional Package是对JDBC的一个扩展,它的接口与类封装在javax.sql包中,它保存了更特殊的数据访问功能。为了获得多功能与高效的JDBC程序,过去需要开发人员承担的大量工作都被封装在了Optional Package中,并传递给了JDBC驱动程序的供应商。

OC4J 10g充分利用了JDBC 2.0提供的DataSource接口的最新特性,在基于JDBC API连接Oracle数据库方面提供了更简单、功能更强大的方法。Oracle JDBC与JNDI,以及与目录服务的连接,代表应用服务器系统的集成又向前迈出了合理的一步。因为驱动程序供应商通常就是数据库供应商,应该最了解如何与其产品进行交互作用,这样就可以使开发人员将注意力集中在应用程序的设计上,而不必担心外部装置的安排,从而可以获得高效的数据库连接,但付出的工作量却大大减少了。

第12章 Java Web 应用开发案例分析

实现一个 Web 应用的发布需要经历很多过程,包括准备原始内容、设计、建立原型、程序设计、测试以及最终发布。其中,设计是一个非常重要的过程。一个好的考虑周全的设计可以尽早地发现可能出现的问题,并使 Web 应用的维护与修改更加容易。

Servlet 在处理 HTTP 请求与响应方面非常出色,但是它不适合为最终用户生成内容;JSP 页面可以有效地处理内容的生成,但是它不适合处理业务逻辑。因此,深入理解 Servlet、JSP 以及 JavaBean 等 Web 组件在软件开发中所处的位置、最适合完成的工作等方面的知识是非常必要的。设计模式(Design Pattern)就是为了解决这些问题而提出的一个解决方案。

MVC(Model-View-Controller)设计模式是目前使用较多的一种设计模式。在 Java EE Web 应用中,View 部分一般用 JSP 与 HTML 构建,是 Web 应用的用户界面;Controller 部分一般由 Servlet 组成,在视图层与业务层之间起到了桥梁的作用,并控制两者之间的数据流向;Model 部分包括业务逻辑层和数据访问层,业务逻辑层一般由 JavaBean 构建,数据访问层一般由 JDBC API 构建。这样,一个 Java EE Web 应用就被划分为表示层、控制层、业务逻辑层与数据访问层,形成一个多层体系的结构。对于大型、复杂的 Web 应用来说,这样的划分是十分必要的。

本章首先介绍 MVC 设计模式的概念与体系结构,然后在此基础上探讨如何根据 MVC 设计模式的基本原理,综合运用 Servlet、JSP 以及 JDBC 技术实现一个 Java EE Web 应用的开发。

12.1 Web 应用设计的重要性

程序的设计是软件开发的一个重要方面。在设计一个程序时,应该着重考虑以下 3 方面内容,即维护性(Maintainability)、重用性(Reliability)以及扩充性(Extensibility)。

1. 维护性

维护性指的是为了保持程序正常运行所需要做的工作。因为软件维护的工作量越大，软件开发的成本越高，所以维护从某种意义上说决定着软件开发的成本。在实际的软件开发过程中，程序的维护性很难定量地计算，但是可以使用一种技术提高软件系统的可维护性，这主要体现在以下两个方面。

1）程序源代码

一个程序源代码如果没有注释语句、结构混乱、格式不良，是很难维护的。高质量的程序源代码要有良好的文档说明以及清晰定义的结构。这样，其他程序员就很容易理解和读懂源代码，进行程序调试与修改就可以更快速、更容易。

2）程序结构

设计一种有意义、各部分划分条理清楚的程序，能够大大提高程序的可维护性。在典型的程序中可能包含多个不同的部分，例如，用户接口、执行业务处理的类，以及表示业务实体的类。引入一种结构并且对这些类型的类加以区分，就可以提高程序的可维护性。因为对于开发人员而言，这样可以更清楚地看到不同程序的各个部分是如何组织到一起的。尽管生成格式清晰的源代码非常重要，但是知道如何快速地找到需要修改的代码也同样非常重要。

2. 重用性

OOP的目标之一是组件的复用。当一个类与其他对象之间的依赖关系比较弱，并且提供了专门的一组任务或者具有较高的聚集时，重用性就得到了增强。因此，需要在具体设计之前选择一个合适的设计模式，并且明确模式中各个组件所处的位置和重要功能，不需要具体设计就可以获得一定程度的重用性，这样有助于生成的类在整个程序中重复使用。

3. 扩充性

软件的扩充性决定了当软件进入实际使用时，可以被扩充和增强到什么程度。良好的设计应该考虑到扩充性。当然，软件开发人员不可能预见将来所发生的所有情况。但是，可以通过在逻辑上把程序划分为成分更小的部分而增强扩充性，减少这些方面的更改对系统中其他部分所造成的影响。

12.2 问题的提出

用户界面承担着向用户显示问题模型以及与用户进行输入/输出交互的功能。从用户的角度看，希望保持软件交互操作界面相对稳定。另一方面，当需求发生变化时，同样希望能够改变和调整用户界面显示的内容和形式，这就要求开发人员在重新设计界面结构时，能够在不改变软件功能和计算模型的情形下支持用户对界面构成的调整。从软件开发的角度看，困难在于在满足对界面调整要求的同时，如何保持软件的计算模型独立于界面的构成，而MVC就是这样一种用户交互界面应用的设计模式。

1. 用户界面设计的可变性需求

与软件处理问题的内在模型比较，用户界面是需要经常发生变化的，而且一旦发生变化,就要求对界面做出修改。这种变化主要体现在以下4方面。

- 在不改变问题模型的前提下,要求扩展软件系统的应用功能。
- 用户界面提出新的和特别的要求。
- 把某个软件系统的设计思想移植到另一个运行环境。
- 不同类型的用户对界面构成的要求不同。

由于软件的界面是用户可以直接感受和要求的,所以一个具有生命力的软件系统的界面,应该能够根据用户需求的变化而改变。软件的计算模型与显示形式是可以相互独立的。如果用户界面的设计与问题模型和功能内核紧密地交织在一起,即使对于结构最简单的用户界面,当用户提出各种灵活性要求时,用户界面的设计过程也将变成一个复杂、耗资费时、易于出错的过程。在软件工程实践中,这经常导致建立和维护多个差异很大的软件系统,每个系统支持一种用户界面的结构。虽然这是解决问题的一种简单和直接的方法,但是它为以后的系统升级和维护带来了极大的困难。因为包括问题模型在内的任何变化都会影响多个模块,造成一致性维护的困难。

2. MVC解决方案

设计模式是指在程序设计中针对特定问题惯用的解决方案。这种解决方案被实践证明是有效的,并且容易被重复使用。设计模式是面向对象的开发人员用来解决实际编程问题的一种形式化表示,描述了开发人员已经做过的工作。对设计模式的形式化描述来源于大量开发人员的知识和经验,它是面向对象软件开发的一种重要资源。

MVC设计模式是Xerox公司在20世纪80年代末期发表的一系列论文中提出的,首先被应用在SmallTalk-80语言环境中,是许多界面系统的构成基础。Microsoft的MFC(微软基础类库)也遵循了MVC设计模式的思想。MVC设计模式的基本原理是把程序的数据与业务逻辑、数据的外观呈现,以及将数据的操作划分到不同的实体中,这些实体分别称为模型、视图与控制器。这使得设计过程更加灵活,可以提供多种易于改变的外观呈现(视图),可以对业务规则和数据的物理表示模型进行修改,而不涉及任何用户界面的代码。

12.3　MVC设计模式

MVC设计模式最初是为了编写独立的GUI应用程序而开发出来的,现在已经在各种面向对象的GUI应用程序设计中被广泛使用,包括Java EE应用程序设计。一个体系结构设计良好的Java EE应用程序,应当遵从文档完善的MVC设计模式。

对于用户界面设计的可变性需求的状态,MVC设计模式把软件交互系统的组成分解成模型、视图、控制器3个组件。

1. 模型

模型是应用程序使用的对象的完整表示。例如,一个电子表格、一个数据库等。模型是自包含的,即它的表示与程序的其他部分是独立的。模型提供了一些操作方法,外界通过这些方法使用模型所实现的对象。模型包含了应用程序的核心数据、逻辑关系和计算功能,封装了应用程序需要的数据,提供了完成问题处理的操作过程,从而使得模型独立于具体的界面表达和输入/输出操作。

2. 视图

一个应用程序可以包含任意数目的视图，例如，一个编辑视图、一个打印视图、一个文档的几个不同页面视图。每个视图都要跟踪它要了解的模型的某个特定方面，但是每个视图都是和同一个模型进行交互。视图将表示模型的数据、数据间逻辑关系以及状态信息，并以特定形式展示给用户，它从模型中获得显示信息，对相同的信息可以有自模型的数据值，并用它们来更新显示。

3. 控制器

每个视图通过一个控制器对象与它的用户界面相连接，这可能包括命令按钮、鼠标处理等。当控制器接收到一个用户命令时，它使用与之相关的视图提供的适当信息修改模型。当模型改变时，它通知所有的视图，然后视图自身进行更新。

控制器处理用户与应用程序的交互操作，它的职责是控制提供模型中任何变化的传播，确保用户界面与模型间的对应关系。控制器用来接收用户的输入，并将输入反馈给模型，进而实现对模型的计算控制，是使模型和视图协调工作的组件。通常一个视图拥有一个控制器，用来接收来自鼠标或键盘的事件，把它们转化为对模型或视图的服务请求，并把任何模型的变化信息反馈给视图。

图12-1所示为MVC设计模式的体系结构。

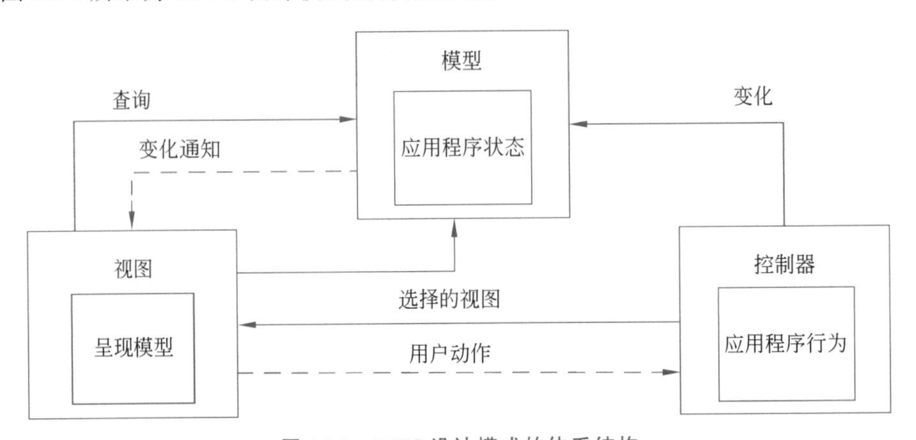

图12-1 MVC设计模式的体系结构

模型、视图与控制器的分离，使得一个模型可以拥有多个显示视图。如果用户通过某个视图的控制器改变了模型数据，所有依赖于这些数据的视图都会反映这些变化。因此，对于模型来说，无论何时发生了何种数据变化，控制器都会将这些变化通知所有的视图，并导致显示更新。MVC体系结构被认为是几乎所有应用程序设计的基础，这主要体现在建立于其上的组件的重用几乎没有什么限制。

计算机业界一个比较通用的观点是，一个设计良好、可伸缩的应用程序至少应该有4层。这同时包括与业务逻辑层分开的表示逻辑层，这种表示逻辑层允许应用程序对业务对象进行重用。如图12-2所示，这些多层应用系统仍然被认为是MVC设计模式的应用程序。

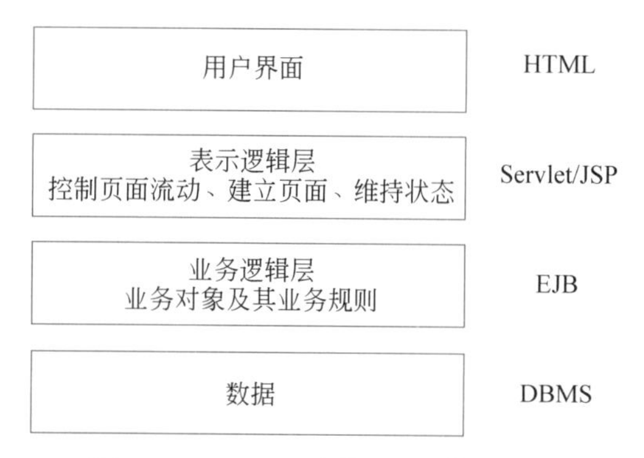

图 12-2 Java EE 中的 MVC 体系结构

4. MVC 的优缺点

MVC 设计模式的优点主要体现在以下几方面。

- 可以为一个模型在运行时同时建立和使用多个视图。
- 视图与控制器的可插接,即允许更换视图和控制器对象。可以根据需求动态地打开或关闭,甚至在运行期间进行对象替换。
- 模型的可移植性。因为模型是独立于视图的,所以可以把一个模型独立地移植到新的平台工作。需要做的只是在新平台上对视图和控制器进行新的修改。
- 潜在的框架结构。可以基于 MVC 创建应用程序框架,而不仅仅使用在涉及界面的设计中。

MVC 设计模式的缺点主要体现在以下几方面。

- 增加了系统结构和实现的复杂性。对于一个用户界面比较简单的软件系统,严格遵循 MVC 设计模式,使模型、视图与控制器分离,将会增加系统结构的复杂性,并可能产生过多的更新操作,从而降低系统的运行效率。
- 视图与控制器之间过于紧密的连接。视图与控制器是相互分离但联系紧密的组件。视图对控制器的依赖性很大,妨碍了它们的独立重用。
- 视图对模型数据的低效率访问。依据模型操作的接口的不同,视图可能需要多次调用,才能获得足够的显示数据。对没有发生变化数据的不必要频繁访问,将损害操作性能。

12.4 结构化 Web 应用

结构用于构造或组织一个 Web 应用的各种不同的组件。对于 Web 应用来说,不同的组件是指 HTML 页面、JSP 页面、Servlet、JavaBean 等,所以定义结构将帮助开发人员决定各种组件在 Web 应用中的位置以及所起的作用。结构还对 Web 应用的控制提供指导性原则,使各种组件协调一致地工作,以完成 Web 应用所要求的功能。

MVC 设计模式提供了两种结构。其中,Model 1 结构的 Web 应用的主要特征如下。

- 表示层用 HTML 或 JSP 文件。如果需要,JSP 文件可以用 JavaBean 存取数据。

- JSP文件还负责所有的业务逻辑处理。例如，接收来自用户的请求，转给适当的JSP页面，激活适当的JSP页面等。这意味着Model 1结构是以页面为中心设计的，即所有的表示逻辑与业务逻辑都出现在JSP页面上。
- 数据访问要么通过JavaBean实现，要么在JSP页面中用脚本实现。

Model 1结构的JSP页面中经常包含业务逻辑，这将会给应用程序的维护性带来不利的影响。因为JSP页面中经常存在一些称为脚本的Java代码，这就使得JSP页面的代码不易被理解。而且，如果想重复使用这些脚本代码，就必须进行复制和粘贴操作，这将是一个非常耗时、易于出错的过程。

另外，因为JSP页面与应用程序的逻辑是紧密耦合的，所以修改或者扩充这种应用程序中包含的功能是非常困难的。如果更改了其中一些功能，则会经常波及系统其他部分而造成更多的缺陷以及不可预见的后果。

在Model 2中，控制器负责接收Web应用的所有请求。对于每一个请求，控制器将选择做相应的处理还是显示数据。若要显示数据，则把请求指派或转发给含有表示逻辑（视图）的JSP页面。如果需要进行一些处理，则可以通过调用JavaBean完成，也可以把请求指派或者转发给包含所需处理逻辑的JSP页面。

在Model 2中，有单独负责表示逻辑与显示逻辑的页面，还有一个集中控制器负责协调Web应用的整个流程。通过这种集中控制机制，可以将表示逻辑与控制流分开。模型是Web应用的另一个组成部分，负责存储与Web应用相关的数据。例如，模型可以是一组访问数据库的JavaBean。一旦控制器接收请求，它将实例化JavaBean。

- 模型——模型包含Web应用的核心功能，表示Web应用的状态，由JavaBean实现。可以设计JavaBean保存Web应用的大部分业务逻辑，它能与数据库或文件系统交互，所以它负责Web应用的数据。
- 视图——视图负责表示逻辑，它决定数据如何展示给用户。视图可以访问模型的数据，但是它无法修改数据。当模型更新数据时，将会通知视图。
- 控制器——控制器对用户的输入做出响应，创建模型并提供输入。Servlet可以同时拥有Java类和HTML代码，可以接收从客户机发送来的HTTP请求，并决定创建必要的JavaBean，同时能够把对模型的更新通知视图。

图12-3所示为Model 2结构概念图。在Model 2中，使用一个Servlet作为控制器。所有来自客户机的HTTP请求均由这个Servlet处理，接着Servlet再将请求调至JavaBean。然后，JavaBean更新模型，并向Servlet返回一个路径选择器。Servlet利用这个路径选择器将请求转发或者重定向到JSP页面，接着JSP页面访问模型对象，并向客户机发回响应。

在Model 2结构中，控制器负责决定Web应用中的控制逻辑，Web应用的结构在一个位置上定义，提高了Web应用的维护性。而且，把结构定义从控制器中分离，与请求服务关联的处理和业务逻辑也容易找到，因为它不再是嵌入的，而是分散在系统中的许多页面中。控制器就是一个Servlet，而Servlet就是一个Java类。因此，可以使用Java语言的功能实现请求处理。同时，还可以使用标准的Java语言开发与调试环境对程序进行控制，而不必再调试带有脚本代码的JSP页面。JSP页面可以用来将Servlet所收集的或者

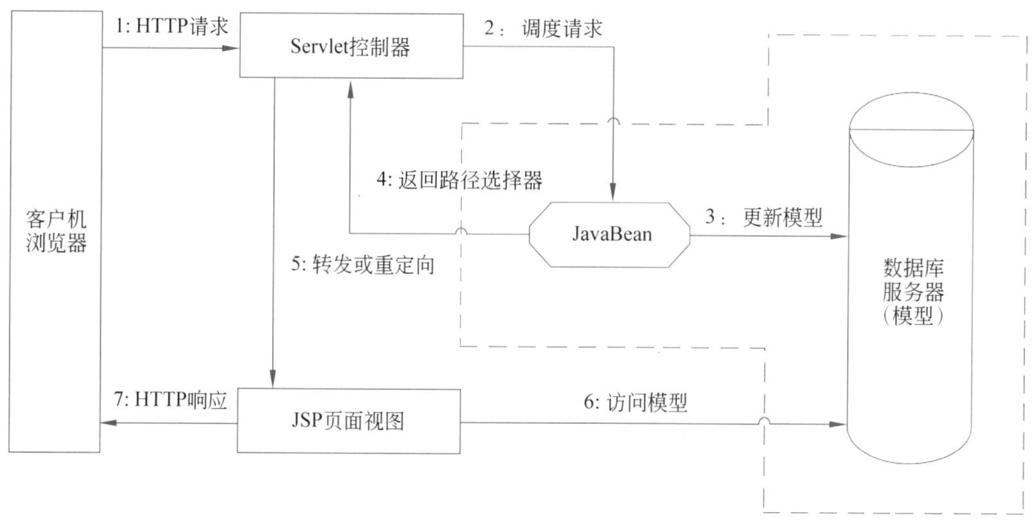

图 12-3　Model 2 结构概念图

产生的信息显示在客户机浏览器上。所以，Servlet 与 JSP 组合是一种强大的工具，使用这个工具可以开发出易于维护并能够随着新的需求进行扩展的、具有优良设计模式的 Web 应用。

在 Model 2 结构中，处理各种请求的逻辑集中在一起，再加上把视图组件与请求组件分离，这比 Model 1 结构更容易扩充。正是这种分离结构，使得可插入组件的应用成为可能，进而开发出灵活的、可重用的，以及可扩充性强的 Web 应用。

选择使用 Servlet 作为 MVC 设计模式的控制器具有以下几个优点。

- 使应用程序模块化。
- 减少了 HTML 与 Java 代码的相关性。
- 允许开发人员为相同的数据提供多个视图。
- 简化了应用程序流程。
- 使应用程序更易于维护。
- 是一种进行 Web 应用开发的可靠的设计模式。

12.5　Java EE Web 应用开发案例分析

本节将根据 MVC 设计模式的基本原理，在 OC4J 与 Oracle DB XE 运行环境下基于 JDeveloper IDE，综合运用 Servlet、JSP，以及 JDBC 技术实现一个 Java EE Web 应用的开发案例。

12.5.1　数据表的设计

启动 Oracle DB XE，输入以下 SQL 命令创建一个图书表 BOOK。

```
CREATE table "BOOK" (
```

```
        "ISBN"       VARCHAR2(16) NOT NULL,
        "TITLE"      VARCHAR2(30) NOT NULL,
        "AUTHOR"     VARCHAR2(16) NOT NULL,
        "PRESSNAME"  VARCHAR2(32) NOT NULL,
        constraint   "BOOK_PK" primary key ("ISBN")
    )
```

创建数据表之后，使用插入命令输入如图 12-4 所示的数据。

编辑	ISBN	TITLE	AUTHOR	PRESSNAME
	1-302-0101-X/TP	Web应用高级教程	GregBarish	清华大学出版社
	3-4032-0306-X/JP	Java应用开发教程	宋波	电子工业出版社
	5-503-0506-X/XL	Java应用设计	宋波	人民邮电出版社
	6-606-5011-T-/XT	Java语言程序设计	宋波	清华大学出版社
				行 1 - 4 (共 4 行)

图 12-4　输入数据

12.5.2　功能介绍

这个 Java EE Web 应用的主要功能是：浏览图书信息，添加、修改、删除图书信息。图 12-5 所示为这个 Web 应用的 UML 用例图。

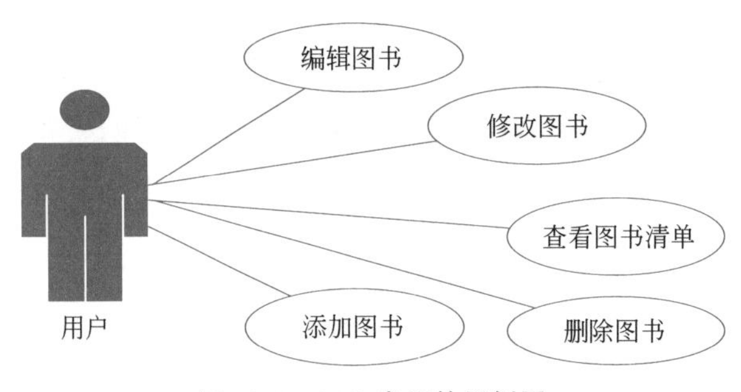

图 12-5　Web 应用的用例图

12.5.3　体系结构

在 MVC 设计模式中，使用 Servlet 作为请求处理组件，使用 JSP 页面作为表示组件，模型是程序的事务逻辑及数据。

1. 体系结构

Web 应用的体系结构如图 12-6 所示。所有涉及的数据访问的使用方案都将发送给特定的 Servlet。由这些 Servlet 查找数据，使用数据库连接执行各种数据库操作，然后再把相关请求转发到 JSP 页面，由它们使用请求分配器显示下一个视图。如果 JSP 页面需要数据库中的数据，则 Servlet 将把这些数据存储作为一个请求属性，它们可以由 JSP 页面使用 JavaBean 中的 useBean 实现检索操作。

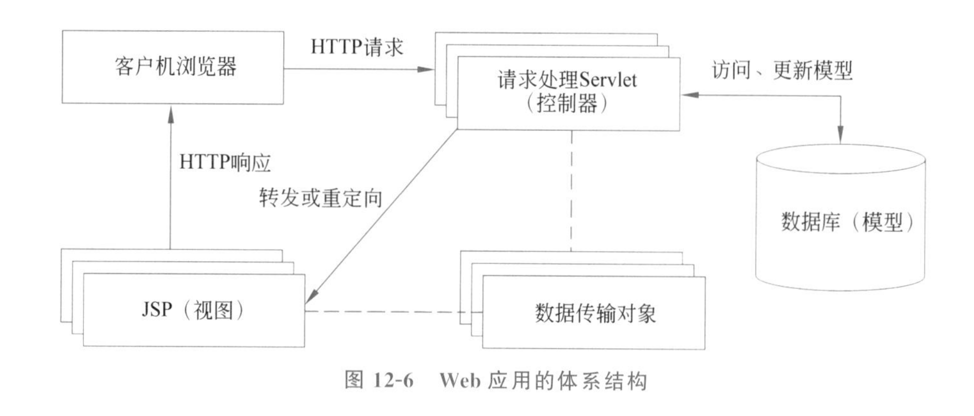

图 12-6　Web 应用的体系结构

2. 选择数据传输对象

根据 MVC 设计模式的定义，遵守 JavaBean 设计模式的自定义 Java 类用于从请求处理层向表示层传输数据。这些对象来自 SQL 记录集的请求分配类填充，并且作为请求属性存储。这些组件此后将被提取并由 JSP 页面显示出来，实际的数据检索是在处理 JSP 页面时执行的。这样，SQL 记录集中出现的表格化数据流将被转换到一些层次化结构的对象中。进行显示的 JSP 页面接着使用自定义的"标注"或者"脚本"把数据转换到过多的自定义 JavaBean 组件。这是传统的程序设计经常使用的方法。

在理想情形下，JSP 页面应该在记录集中循环处理并显示相关的数据。但是，提出对记录集进行迭代处理的要求，就需要频繁地建立数据库连接，才能实现数据库资源的访问。这样会对应用程序的性能、可扩展性、异常处理、可扩充性以及资源清理等带来隐含的影响，导致 Web 应用的执行效率降低，运行速度下降。

javax.sql 包中提供的 javax.sql.RowSet 接口为 JavaBean 组件模型增添了对 JDBC API 的扩展支持。RowSet 接口的实现没有作为驱动程序的一部分，而是在驱动程序的底层上实现的，所以不依赖于某个驱动程序，能够独立实现。

RowSet 接口定义了 ResultSet 类的一个扩展。RowSet 对象用作数据行的容器，而且在每个这样的实现顶部都可以进一步添加功能，即 RowSet 对象实现了 RowSet 接口，同时也扩展了 RowSet 接口。这样导致的结果是，RowSet 接口的任何实现都可以继承 ResultSet 的功能，可以利用 get()对象方法检索值，通过编程利用 update()对象方法更新值，利用各种光标移动对象方法移动光标，并执行其他的相关任务。

RowSet 接口提供了如下 3 个实现。

- JDBCRowSet——一个基本的 JDBC 与 JavaBean 的混合。
- CacheRowSet——允许一个数据集按照意愿与数据库退耦或重新耦合。
- WebRowSet——用一个简单的 XML 接口提供 JDBC。

CacheRowSet 实现可以在一种与填充连接断连的模式下工作。这个接口提供的方法既用于设置数据源的 JNDI 名字以获得连接，也用于设置 SQL 命令字符串。当调用这个接口上的 execute()方法时，它会通过指定的连接和 SQL 命令使用得到的数据填充内部数据结构。CacheRowSet 实现用于在检索数据之后关闭连接。此后，这些数据按照与迭代处理结果集和检索数据相同的方式用于 JSP 页面中。

在 Oracle 公司的网站 https://www.oracle.com/java/technologies/java-archive-database-downloads.html，可以免费下载 jdbc_rowset_tiger-1_0-fd-ri.zip 软件包，如图 12-7 所示。

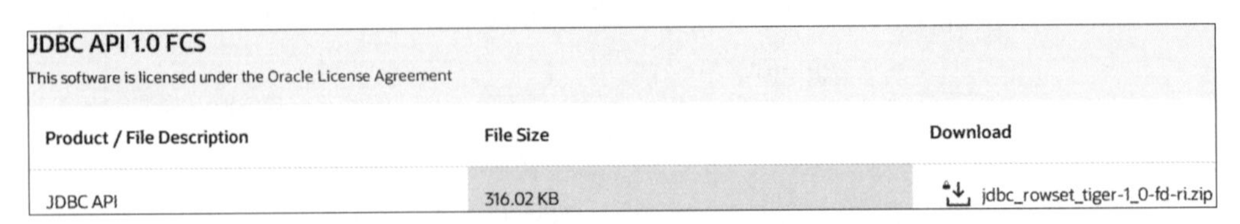

图 12-7　jdbc_rowset_tiger-1_0-fd-ri.zip 软件包

软件包中包含了 3 个 RowSet 实现，还包含了一些使用方法说明的 HTML 文档。将该软件包解压缩到某一目录下，然后在 JDeveloper IDE 中单击 Tool 菜单下的 Project Properpies...命令项，将会显示如图 12-8 所示的对话框。

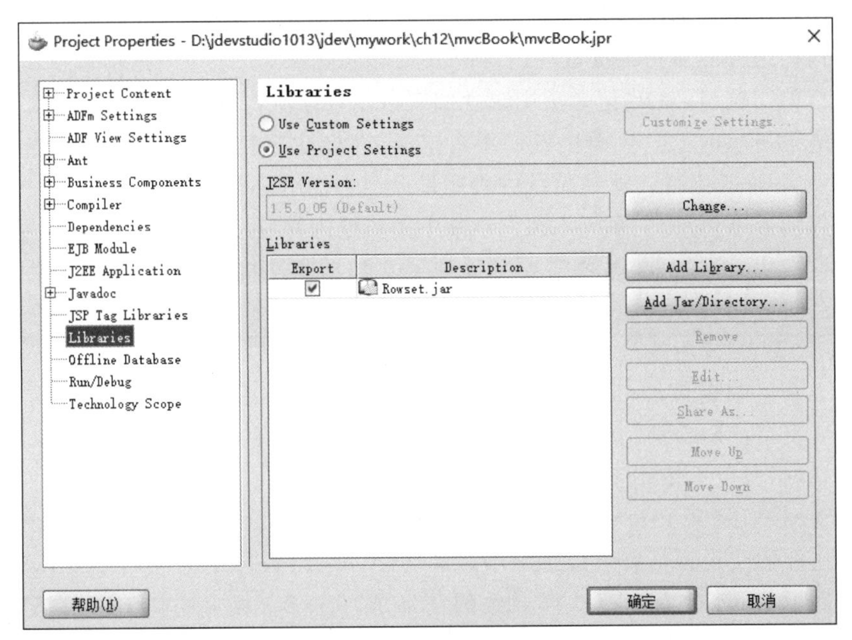

图 12-8　工程属性对话框

单击 Add Jar/Directory 按钮，将会显示如图 12-9 所示的对话框。单击"确定"按钮，就可以完成添加 jar 类库的设置工作。这样就可以在创建的任何类型的工程文件中使用 RowSet 接口的实现。基于以上讨论，在本节的案例中将使用 CacheRowSet 接口的实现。

12.5.4　显示模块的设计

控制器负责接收 Web 应用的所有请求。对于每个请求，控制器将选择是做相应的处理还是显示数据。因此，Web 应用的控制器是由 Servlet 完成的。

ListServlet 属于 MVC 设计模式的控制器部分，其功能是把来自客户端的请求转发给 JSP 页面视图(List.jsp)，其具体实现过程如下。

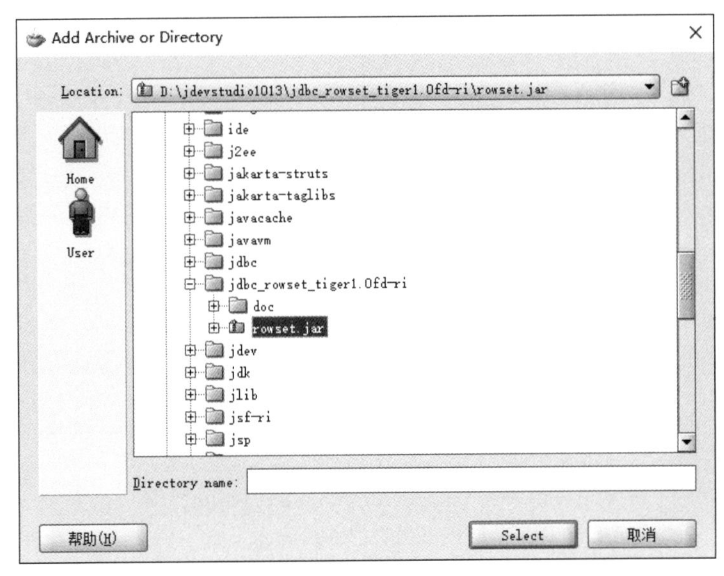

图 12-9　添加用户类库

- 当浏览器向 ListServlet 的一个实例对象发出请求时，该实例对象将执行相关的 SQL 语句，并填充用作一个请求属性的记录集。
- 请求将被转发给 List.jsp 页面。
- List.jsp 页面将迭代处理记录集并显示相关数据。

创建 ch12.jws，在该 Application 中创建工程文件 mvcBook.jpr，创建完成上述功能的 Servlet——ListServlet.java。

```
1.   /* ListServlet.java */
2.   package mvcBook;
3.   import com.sun.rowset.CachedRowSetImpl;
4.   import javax.servlet.ServletException;
5.   import javax.servlet.ServletConfig;
6.   import javax.servlet.http.HttpServlet;
7.   import javax.servlet.http.HttpServletRequest;
8.   import javax.servlet.http.HttpServletResponse;
9.   import java.sql.*;
10.  import javax.sql.DataSource;
11.  import javax.naming.*;
12.  import javax.sql.rowset.CachedRowSet;
13.  public class ListServlet extends HttpServlet {
14.      public void init(ServletConfig config) throws ServletException {
15.          super.init(config);
16.      }
17.      public void doPost(HttpServletRequest req, HttpServletResponse res)
         throws ServletException {
```

```
18.          doGet(req, res);
19.      }
20.      public void doGet(HttpServletRequest req, HttpServletResponse res)
         throws ServletException {
21.          try {
22.              req.setCharacterEncoding("GBK");
23.              //生成一个新的缓冲存储集
24.              CachedRowSet rs =new CachedRowSetImpl();
25.              //生成JNDI初始上下文环境
26.              InitialContext ic=new InitialContext();
27.              //查找JDBC数据源的JNDI名字
28.              DataSource ds=(DataSource)ic.lookup("jdbc/DBConnCoreDS");
29.              //获得JDBC连接
30.              Connection conn=ds.getConnection();
31.              //设置用于获取图书列表的SQL命令
32.              rs.setCommand("select * from book");
33.              //运行SQL命令
34.              rs.execute(conn);
35.              //把行集作为一个请求属性进行存储
36.              req.setAttribute("rs",rs);
37.              //把请求转发到List.jsp页面
38.              getServletContext().getRequestDispatcher("/List.jsp").
                 forward(req,res);
39.          }
40.          catch(Exception ex) {
41.              throw new ServletException(ex);
42.          }
43.      }
44.  }
```

List.jsp页面属于MVC设计模式的视图部分，其功能是把图书列表显示为一个HTML表，并提供用于修改与删除图书，以及添加图书的超文本链接。

```
1.  <%@ page contentType="text/html;charset=GBK"%>
2.  <%--定义行集作为一个JavaBean--%>
3.  <jsp:useBean id="rs" scope="request" type="javax.sql.rowset.CachedRowSet" />
4.  <html><head><title>List.jsp</title></head>
5.  <body>
6.  <table border=1>
7.  <tr><th>书号</th><th>书名</th><th>作者</th><th>出版社</th><th>
    </th><th></th>
8.  </tr>
9.  <%  request.setCharacterEncoding("GBK");
10.   //迭代处理行集
```

```
11.   while(rs.next()) {
12. %>
13.     <!--显示图书属性-->
14.     <tr>
15.       <td><%=rs.getString(1) %></td>
16.       <td><%=rs.getString(2) %></td>
17.       <td><%=rs.getString(3) %></td>
18.       <td><%=rs.getString(4) %></td>
19.       <!--显示用于删除一本图书的链接-->
20.       <td><a href="DeleteServlet?id=<%=rs.getString("ISBN") %>">删除
          </a></td>
21.       <!--显示用于修改一本图书的链接-->
22.       <td><a href="EditServlet?id=<%=rs.getString("ISBN") %>">修改
          </a></td>
23.     </tr>
24. <%  }  %>
25. </table>
26. <!--显示用于添加一本图书的链接-->
27. <a href="/ch12-mvcBook-context-root/New.html">新图书</a>
28. </body></html>
```

当客户机浏览器向 ListServlet 的一个实例发出请求时，该 ListServlet 将把这个请求转发给 List.jsp 页面视图，其执行结果如图 12-10 所示。

不安全 | lenovo:8888/ch12-mvcBook-context-root/listServlet

书号	书名	作者	出版社		
1-302-0101-X/TP	Web应用高级教程	GregBarish	清华大学出版社	删除	修改
3-4032-0306-X/JP	Java应用开发教程	宋波	电子工业出版社	删除	修改
5-503-0506-X/XL	Java应用设计	宋波	人民邮电出版社	删除	修改
6-606-5011-T-/XT	Java语言程序设计	宋波	清华大学出版社	删除	修改

新图书

图 12-10　Web 应用的主页面

12.5.5　修改模块的设计

修改一本图书的信息需要两个步骤：首先要在数据库中查询选定的图书，并把选定的信息显示出来以供修改；然后，提交修改信息，即将修改后的图书信息更新到数据库中。

EditServlet 属于 MVC 设计模式的控制器部分，完成修改一本图书的功能。其具体实现过程如下。

- 当用户单击"修改"超文本链接时，浏览器将把请求发送到 EditServlet 的一个实例对象，然后它将查找数据源并获得一个 JDBC 连接。
- EditServlet 接着执行 SQL 语句以获得选定图书的属性，并把记录集作为一个请求属性填充。EditServlet 接着把这个请求转发给 Edit.jsp 页面。它从数据库中提取数据并把它作为一个 HTML 表单表示。

```
1.  /* EditServlet.java */
2.  package mvcBook;
3.  import javax.servlet.ServletException;
4.  import javax.servlet.ServletConfig;
5.  import javax.servlet.http.HttpServlet;
6.  import javax.servlet.http.HttpServletRequest;
7.  import javax.servlet.http.HttpServletResponse;
8.  import java.sql.*;
9.  import javax.sql.DataSource;
10. import javax.naming.*;
11. import javax.sql.rowset.CachedRowSet;
12. import com.sun.rowset.CachedRowSetImpl;
13. public class EditServlet extends HttpServlet {
14.     public void init(ServletConfig config) throws ServletException {
15.         super.init(config);
16.     }
17.     public void doPost(HttpServletRequest req, HttpServletResponse res)
          throws ServletException {
18.         doGet(req, res);
19.     }
20.     public void doGet(HttpServletRequest req, HttpServletResponse res)
        throws ServletException {
21.         try {
22.             req.setCharacterEncoding("GBK");
23.             //生成一个新的缓冲存储集
24.             CachedRowSet rs =new CachedRowSetImpl();
25.             //生成 JNDI 初始上下文环境
26.             InitialContext ic=new InitialContext();
27.             //查找 JDBC 数据源的 JNDI 名字
28.             DataSource ds=(DataSource)ic.lookup("jdbc/DBConnCoreDS");
29.             //获得 JDBC 连接
30.             Connection conn=ds.getConnection();
31.             //设置 SQL 命令
32.             rs.setCommand("select * from book where isbn =?");
33.             //设置选定图书号作为 SQL 输入参数
34.             rs.setString(1, req.getParameter("id"));
35.             //填充行集并把它作为一个请求属性
36.             rs.execute(conn);
37.             req.setAttribute("rs",rs);
38.             //把请求转发到 Edit.jsp 页面
39.             getServletContext().getRequestDispatcher("/Edit.jsp").
                forward(req, res);
```

```
40.             }
41.             catch(Exception ex) {
42.                 throw new ServletException(ex);
43.             }
44.         }
45.     }
```

Edit.jsp 属于 MVC 设计模式的视图部分，其功能是修改一本图书的属性信息。当修改完成后单击 Update 按钮时，将把修改后的信息发送到 UpdateServlet 的一个实例并进行具体处理。

```
1.  <%@ page contentType="text/html;charset=GB2312"%>
2.  <%--定义行集作为一个 JavaBeans--%>
3.  <jsp:useBean id="rs" scope="request" type="javax.sql.rowset.CachedRowSet" />
4.  <html><head><title>Edit.jsp</title></head>
5.  <body>
6.  <%
7.  //把指针移到行集的第一条记录
8.  if(rs.next()) {
9.  %>
10. <form action="UpdateServlet">
11. <!--把 ID 作为一个隐藏参数显示-->
12. <input name="id" type="hidden" value="<%=rs.getString(1) %>"/>
13. <table border=1>
14. <tr>
15. <td><b>书号:</b></td>
16. <td><input name="isbn" type="text" value="<%=rs.getString(1) %>"/></td>
17. </tr>
18. <tr>
19. <td><b>书名:</b></td>
20. <td><input name="title" type="text" value="<%=rs.getString(2) %>"/></td>
21. </tr>
22. <tr>
23. <td><b>作者:</b></td>
24. <td><input name="author" type="text" value="<%=rs.getString(3) %>"/></td>
25. </tr>
26. <tr>
27. <td><b>出版社:</b></td>
28. <td><input name="pressname" type="text" value="<%=rs.getString(4)
    %>"/></td>
29. </tr>
30. <tr>
31. <td></td>
32. <td><input type="submit" value="Update"/></tr>
33. </table>
```

```
34.  <%
35.  }
36.  %>
37.  </body></html>
```

UpdateServlet属于MVC设计模式的控制器部分，其功能是把修改后的图书属性信息更新到数据库中。其具体实现过程如下所示。

- 当用户修改图书属性信息后，单击Update按钮，将把修改后的信息发送到UpdateServlet的一个实例对象。它查找数据源并获得一个JDBC连接。
- UpdateServlet接着执行SQL语句以更新选定的图书属性信息。然后，UpdateServlet把请求转发给URI(统一资源标识)，该URI被映射到List.jsp页面，以显示一个新的图书属性信息列表。

```
1.   /* UpdateServlet.java */
2.   package mvcBook;
3.   import javax.servlet.ServletException;
4.   import javax.servlet.ServletConfig;
5.   import javax.servlet.http.HttpServlet;
6.   import javax.servlet.http.HttpServletRequest;
7.   import javax.servlet.http.HttpServletResponse;
8.   import javax.sql.DataSource;
9.   import javax.naming.*;
10.  import java.sql.Connection;
11.  import java.sql.PreparedStatement;
12.  import javax.sql.rowset.CachedRowSet;
13.  import com.sun.rowset.CachedRowSetImpl;
14.  public class UpdateServlet extends HttpServlet {
15.      public void init(ServletConfig config) throws ServletException {
16.          super.init(config);
17.      }
18.      public void doPost(HttpServletRequest req, HttpServletResponse res)
         throws ServletException {
19.          doGet(req, res);
20.      }
21.      public void doGet(HttpServletRequest req, HttpServletResponse res)
         throws ServletException {
22.          Connection con =null;
23.          try {
24.              req.setCharacterEncoding("GBK");
25.              //生成一个新的缓冲存储集
26.              CachedRowSet rs =new CachedRowSetImpl();
27.              //查找数据源并且获得连接
28.              InitialContext ctx =new InitialContext();
29.              DataSource ds=(DataSource)ctx.lookup("jdbc/DBConnCoreDS");
```

```
30.             con =ds.getConnection();
31.             //为更新图书生成预备语句
32.             PreparedStatement stmt =con.prepareStatement("update book " +
33.                                                     "set isbn =?, " +
34.                                                     "title =?, " +
35.                                                     "author =?, " +
36.                                                     "pressname =? " +
37.                                                     "where isbn =?");
38.             //把修改过的图书属性设置为 SQL 输入参数
39.             stmt.setString(1, req.getParameter("isbn"));
40.             stmt.setString(2, req.getParameter("title"));
41.             stmt.setString(3, req.getParameter("author"));
42.             stmt.setString(4, req.getParameter("pressname"));
43.             stmt.setString(5, req.getParameter("id"));
44.             //进行更新
45.             stmt.executeUpdate();
46.             stmt.close();
47.             //设置用于获取图书列表的 SQL 命令
48.             rs.setCommand("select * from book");
49.             //运行 SQL 命令
50.             rs.execute(con);
51.             //把行集作为一个请求属性进行存储
52.             req.setAttribute("rs",rs);
53.             //把请求转发到相关 URI, 这些 URI 映射到 List.jsp 页面上以显示新的图书
54.             getServletContext().getRequestDispatcher("/List.jsp").
                forward(req, res);
55.         }
56.         catch(Exception ex) {
57.             throw new ServletException(ex);
58.         }
59.         finally {
60.             try {
61.                 if(con !=null)
62.                 {
63.                   con.close();
64.                 }
65.             }
66.             catch(Exception ex) {
67.                 throw new ServletException(ex);
68.             }
69.         }
70.     }
71. }
```

当用户单击“修改”超文本链接时,EditServlet 进行若干处理后把请求转发给 Edit.

jsp页面，其执行结果如图12-11所示。

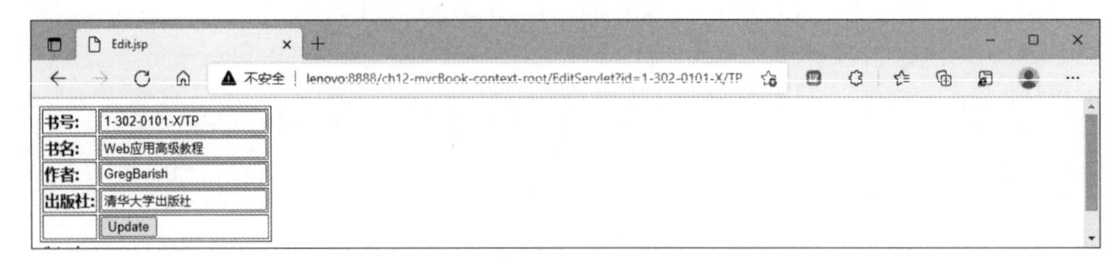

图12-11　Web应用的修改图书信息页面

用户单击Update按钮后，数据库中的图书属性信息将被修改并更新。此时，新的图书属性信息列表如图12-12所示。

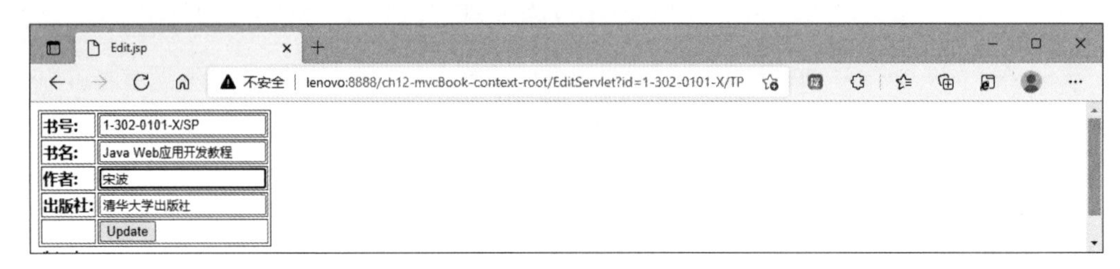

图12-12　Web应用修改并更新后的图书属性信息页面

12.5.6　添加模块的设计

添加一本新出版的图书信息需要3个步骤：第一，提交一个书号；第二，在数据库中查询是否已经存在相同的书号，如果不存在，则允许输入图书信息，否则，返回第一步重新输入书号；第三，提交图书添加信息，即将输入的图书信息添加到数据库中。

mew.html属于MVC设计模式的视图部分，其功能是显示图书信息的列表，并显示一个用于将添加信息发送到CreateServlet进行处理的超文本链接。

```
1.  <html><head><meta HTTP-EQUIV="Content-Type" CONTENT="text/html;
    charset=GBK">
2.  <title>添加图书</title></head>
3.  <body>
4.  <form action="/ch12-mvcBook-context-root/CreateServlet">
5.  <table border=1><tr><td><b>书号:</b></td><td><input name="isbn"
    type="text"/></td></tr>
6.  <tr><td><b>书名:</b></td><td><input name="title" type="text"/>
    </td></tr>
7.  <tr><td><b>作者:</b></td>
8.  <td><input name="author" type="text"/></td></tr>
9.  <tr><td><b>出版社:</b></td><td><input name="pressname" type="text"/>
    </td></tr>
10. <tr><td></td><td><input type="submit" value="CreateServlet"/></td>
```

```
</tr>
11.  </table></form>
12.  </body></html>
```

当用户单击 Web 应用的主页面的“新图书”超文本链接时，New.html 的执行结果如图 12-13 所示。图中已经输入了新添加的一本图书信息。

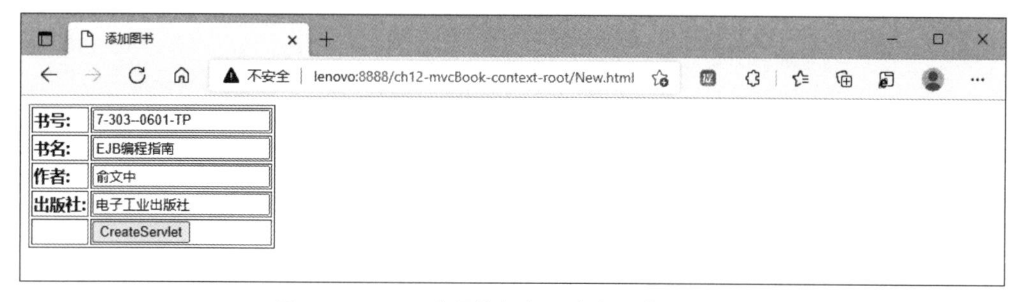

图 12-13　Web 应用的添加一本新图书信息页面

CreateServlet 属于 MVC 设计模式的控制器部分，其功能是把添加的信息插到数据库中。用户单击 CreateServlet 按钮后，其具体实现过程如下。

- 浏览器把请求发送给 CreateServlet 的一个实例对象。
- CreateServlet 查找数据源并获得一个 JDBC 连接。
- 执行 SQL 语句以生成新的图书属性信息，并将新的图书信息插入数据库中。
- 把请求转发给 URI，该 URI 被映射到 List.jsp 页面，以显示一个新的图书属性信息列表。

```
1.   /* CreateServlet.java */
2.   package mvcBook;
3.   import javax.servlet.ServletException;
4.   import javax.servlet.ServletConfig;
5.   import javax.servlet.http.HttpServlet;
6.   import javax.servlet.http.HttpServletRequest;
7.   import javax.servlet.http.HttpServletResponse;
8.   import javax.sql.DataSource;
9.   import java.sql.Connection;
10.  import java.sql.PreparedStatement;
11.  import javax.naming.*;
12.  import javax.sql.rowset.CachedRowSet;
13.  import com.sun.rowset.CachedRowSetImpl;
14.  public class CreateServlet extends HttpServlet {
15.    public void init(ServletConfig config) throws ServletException {
16.      super.init(config);
17.    }
18.    public void doPost(HttpServletRequest req, HttpServletResponse res)
       throws ServletException {
```

```
19.        doGet(req, res);
20.      }
21.      public void doGet(HttpServletRequest req, HttpServletResponse res)
         throws ServletException {
22.        Connection con =null;
23.        try {
24.          req.setCharacterEncoding("GBK");
25.          //生成一个新的缓冲存储集
26.          CachedRowSet rs =new CachedRowSetImpl();
27.          //查找数据源并且获得连接
28.          InitialContext ctx =new InitialContext();
29.          DataSource ds =(DataSource)ctx.lookup("jdbc/DBConnCoreDS");
30.          con =ds.getConnection();
31.          //通过指定插入 SQL 的语句生成预备语句
32.          PreparedStatement stmt =con.prepareStatement("insert into book
             (isbn,title,author,pressname) values(?,?,?,?)");
33.          //把新图书属性设置为 SQL 输入参数
34.          stmt.setString(1, req.getParameter("isbn"));
35.          stmt.setString(2, req.getParameter("title"));
36.          stmt.setString(3, req.getParameter("author"));
37.          stmt.setString(4, req.getParameter("pressname"));
38.          //执行 SQL 插入语句
39.          stmt.executeUpdate();
40.          stmt.close();
41.          //设置用于获取图书列表的 SQL 命令
42.          rs.setCommand("select * from book");
43.          //运行 SQL 命令
44.          rs.execute(con);
45.          //把行集作为一个请求属性进行存储
46.          req.setAttribute("rs",rs);
47.          //把请求转发到相关 URI，这些 URI 映射到 ListServlet 上以显示新的图书
48.          getServletContext().getRequestDispatcher("/List.jsp").forward
             (req, res);
49.        }
50.        catch(Exception ex) {
51.          throw new ServletException(ex);
52.        }
53.        finally {
54.          try {
55.            if(con !=null) con.close();
56.          }
57.          catch(Exception ex) {
58.            throw new ServletException(ex);
59.          }
```

```
60.         }
61.   }
```

添加完新记录的图书属性信息列表如图 12-14 所示。

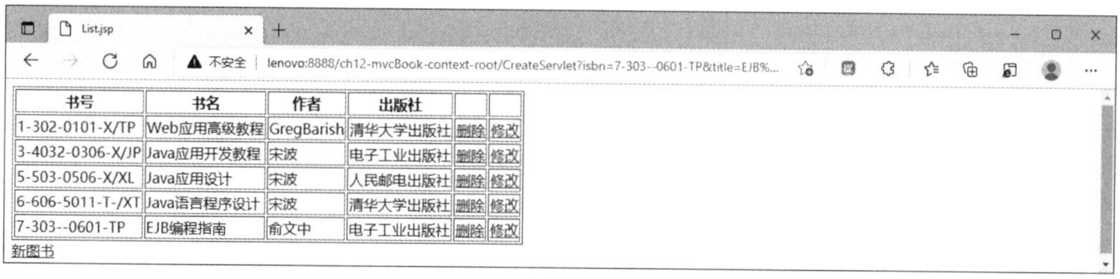

书号	书名	作者	出版社		
1-302-0101-X/TP	Web应用高级教程	GregBarish	清华大学出版社	删除	修改
3-4032-0306-X/JP	Java应用开发教程	宋波	电子工业出版社	删除	修改
5-503-0506-X/XL	Java应用设计	宋波	人民邮电出版社	删除	修改
6-606-5011-T-/XT	Java语言程序设计	宋波	清华大学出版社	删除	修改
7-303--0601-TP	EJB编程指南	俞文中	电子工业出版社	删除	修改

新图书

图 12-14　Web 应用的添加一本新图书信息页面

12.5.7　删除模块的设计

删除一本图书的信息需要两个步骤：第一，对删除操作进行确认，并把要删除图书的书号显示出来；第二，提交删除信息，即将删除后的图书信息更新到数据库中。

DeleteServlet 属于 MVC 设计模式的控制器部分，完成删除一本图书的功能。其具体实现过程如下。

- 用户单击“删除”超文本链接时，将把请求发送到 DeleteServlet 的一个实例对象。
- DeleteServlet 接着执行 SQL 语句以删除选定的图书。
- 然后，相关请求被转发到特定 URI，并把该 URI 映射到 List.jsp 页面以显示新的图书列表信息。

```
1.    /* DeleteServlet.java */
2.    package mvcBook;
3.    import javax.servlet.ServletException;
4.    import javax.servlet.ServletConfig;
5.    import javax.servlet.http.HttpServlet;
6.    import javax.servlet.http.HttpServletRequest;
7.    import javax.servlet.http.HttpServletResponse;
8.    import javax.sql.DataSource;
9.    import java.sql.Connection;
10.   import java.sql.PreparedStatement;
11.   import javax.naming.*;
12.   import javax.sql.rowset.CachedRowSet;
13.   import com.sun.rowset.CachedRowSetImpl;
14.   public class DeleteServlet extends HttpServlet {
15.     public void init(ServletConfig config) throws ServletException {
16.       super.init(config);
17.     }
18.     public void doPost(HttpServletRequest req, HttpServletResponse res)
        throws ServletException {
```

```
19.     doGet(req, res);
20.   }
21.   public void doGet(HttpServletRequest req, HttpServletResponse res)
      throws ServletException {
22.     Connection con =null;
23.     try {
24.       req.setCharacterEncoding("GBK");
25.       //生成一个新的缓冲存储集
26.       CachedRowSet rs =new CachedRowSetImpl();
27.       //生成 JNDI 初始上下文环境
28.       InitialContext ctx =new InitialContext();
29.       //查找 JDBC 数据源的 JNDI 名字
30.       DataSource ds = (DataSource) ctx.lookup("jdbc/DBConnCoreDS");
31.       //获得 JDBC 连接
32.       con =ds.getConnection();
33.       //生成预备语句以便发送 SQL 删除语句
34.       PreparedStatement stmt =con.prepareStatement("delete from book
          where isbn =?");
35.       //设置选定的图书号作为一个 SQL 输入参数
36.       stmt.setString(1, req.getParameter("id"));
37.       //执行 SQL
38.       stmt.executeUpdate();
39.       stmt.close();
40.       //设置用于获取图书列表的 SQL 命令
41.       rs.setCommand("select * from book");
42.       //运行 SQL 命令
43.       rs.execute(con);
44.       //把行集作为一个请求属性进行存储
45.       req.setAttribute("rs",rs);
46.       //把请求转发到相关 URI, 这些 URI 映射到 List.jsp 页面上以显示新的图书
47.       getServletContext().getRequestDispatcher("/List.jsp").forward
          (req, res);
48.     }
49.     catch(Exception ex) {
50.       throw new ServletException(ex);
51.     }
52.     finally {
53.       try {
54.         if(con !=null) con.close();
55.       }
56.       catch(Exception ex) {
57.         throw new ServletException(ex);
58.       }
59.     }
```

```
60.     }
61.  }
```

图 12-15 所示为删除一本图书后的图书信息清单。

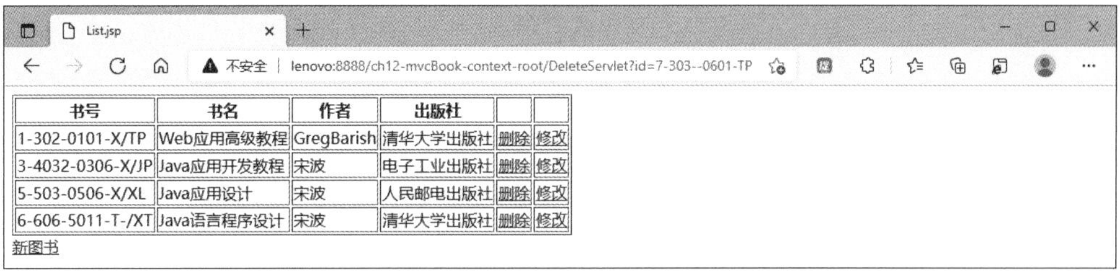

List.jsp

不安全 | lenovo:8888/ch12-mvcBook-context-root/DeleteServlet?id=7-303--0601-TP

书号	书名	作者	出版社		
1-302-0101-X/TP	Web应用高级教程	GregBarish	清华大学出版社	删除	修改
3-4032-0306-X/JP	Java应用开发教程	宋波	电子工业出版社	删除	修改
5-503-0506-X/XL	Java应用设计	宋波	人民邮电出版社	删除	修改
6-606-5011-T-/XT	Java语言程序设计	宋波	清华大学出版社	删除	修改

新图书

图 12-15　Web 应用的删除一本图书后的信息页面

12.6　本章小结

软件设计是 Java EE Web 应用开发的一个重要方面，如果能够多花一些时间进行设计，特别是利用一些好的、成熟的设计模式，那么长远看，既节省时间，又降低了软件成本。缺少良好设计的 Java EE Web 应用，在维护与扩充软件时将要花付出巨大的代价。

本章探讨了 MVC 设计模式的概念与原理，通过一个综合实例阐述了如何运用 MVC 设计模式开发一个 Java EE Web 应用；介绍了如何利用 JDBC 可选择的扩充包提供的 javax.sql.RowSet 接口的一个实现 CacheRowSet 的工作模式。在程序中运用这种工作模式既可提高数据库的访问效率，又可提高 Web 应用的运行性能。

第3篇

NetBeans与JavaFX应用开发

第13章 NetBeans IDE

NetBeans是目前使用非常广泛、开源且免费的Java应用开发工具。作为Oracle公司官方认定的Java应用开发工具，NetBeans的开发过程最符合Java应用的开发理念。本章将介绍NetBeans IDE的下载、安装和基本结构，讲解基于NetBeans开发JavaFX应用的基本原理与过程。

13.1 NetBeans概述

NetBeans主要包括IDE(集成开发环境)和platform(平台)两部分。其中，IDE是在平台基础上实现的，并且平台本身也可以免费使用。NetBeans IDE可以运行在Windows、Solaris和Mac等OS上，可以开发标准的Java Application、Web应用程序、C++程序等。目前，NetBeans的最新版本是NetBeans 13.0。NetBeans除了完全支持Java SE、Java EE、Java ME和JavaFX以外，它还新增了JavaFX编写器，能够以可视化方式生成JavaFX GUI应用程序。其他的重要功能改进包括支持PHP Zend框架、Ruby on Rails 3.0，以及改进的Java编辑器、调试器和问题跟踪等。

- 代码编辑器：支持代码缩进、自动补全和高亮显示；可以自动分代码、自动匹配单词和括号、标注代码错误、显示和提示JavaDoc；提供了集成的代码重构、调试和JUnit单元测试。
- GUI编辑器：在IDE中，可以通过拖曳设计基于组件的GUI。IDE内建有对本地化和国际化的支持，可以开发多种程序设计语言的应用程序。
- Java EE应用开发：支持GlassFish、JBoss以及Tomcat等Web服务器，支持Java EE应用开发。
- Web应用开发：支持Servlet/JSP、JSF、Struts、Ajax和JSTL等技术，提供了编辑部署描述符的可视化编辑器以及调试Web应用的HTTP监视器，还支持可视化JSF开发。

- 协同开发：可以从官方网站免费下载 NetBeans Developer Collaboration，开发人员可以通过网络实时共享项目和文件。
- 支持可视化的手机程序开发：支持 Ruby 和 Rails 的开发；支持版本控制 CVS 和 Subversion。

13.2　下载与安装 NetBeans

1.下载 NetBeans

目前，NetBeans IDE 的最新版本是 13.0，本书使用的是 NetBeans IDE 12.5 版本(Apache- NetBeans-12.5-bin-windows-x64.exe)。可以从以下两个网址中的一个免费下载 NetBeans IDE。

- http://www.oracle.com/technetwork/；
- http://netbeans.org。

NetBeans 可以在不同的 OS 上运行，在下载安装之前要清楚 NetBeans 对系统的最低要求以及推荐的配置。表 13-1 给出了 NetBeans 在 Windows 系统中安装的要求。

表 13-1　NetBeans 推荐系统配置

资源名称	最低要求	推荐配置
处理器	800MHz Intel Pentium Ⅲ及 Pentium Ⅲ以上	2.6GHz Intel Pentium 4
内存	512MB	2GB
显示器	最小屏幕分辨率为 1024×768 像素	最小屏幕分辨率为 1024×768 像素
硬盘空间	750MB	1GB
Java SE	JDK 8 及 JDK 8 以上版本	JDK 8 及 JDK 8 以上版本

2. 安装 NetBeans

NetBeans 可以运行在 Windows、Linux、Solaris OS 等 OS 上。本节以 Windows OS 为目标平台，介绍 NetBeans 12.5 的安装方法和过程。安装之前需要安装 JDK 8.0 以上版本。

(1) 双击安装文件 Apache-NetBeans-12.5-bin-windows-x64.exe，显示如图 13-1 所示的界面。

(2) 单击 Customize 按钮，显示定制安装界面，如图 13-2 所示。

(3) 选择需要安装的功能，单击 OK 按钮，出现图 13-3。

(4) 勾选“I accept the terms in the license agreement(我接受许可协议中的条款)”复选框，单击 Next 按钮，打开图 13-4。设置安装路径后，单击 Next 按钮，打开图 13-5。

图 13-1　NetBeans 安装初始界面

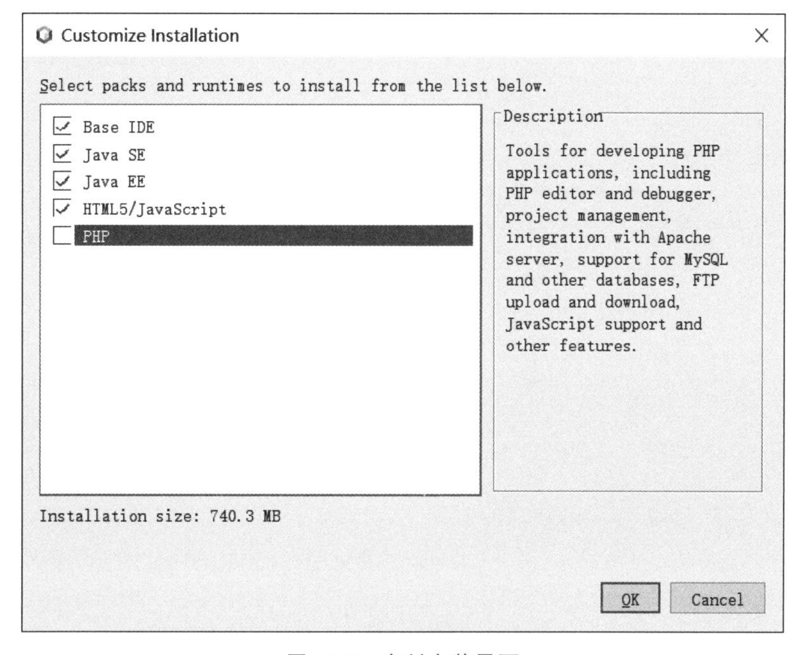

图 13-2　定制安装界面

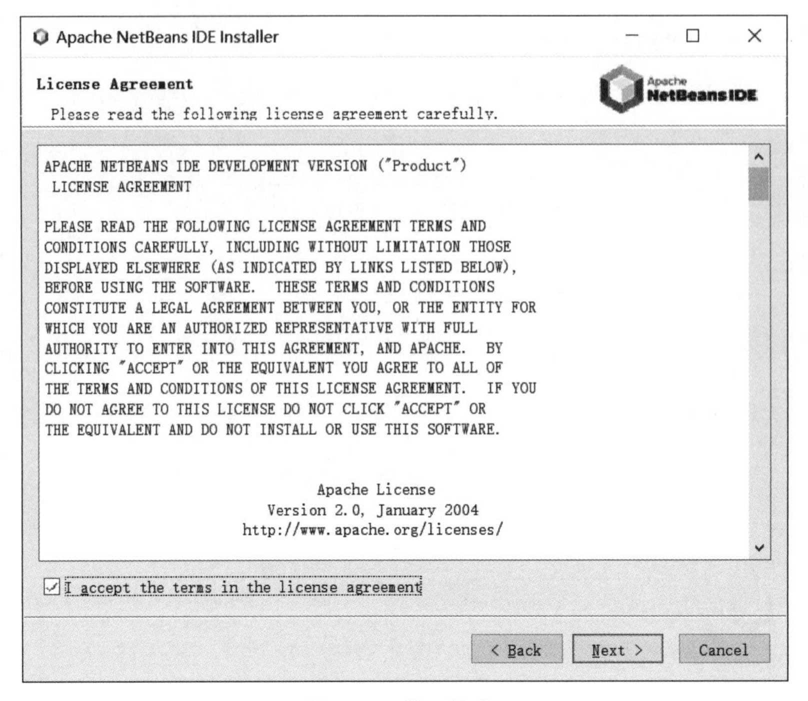

图 13-3　许可协议

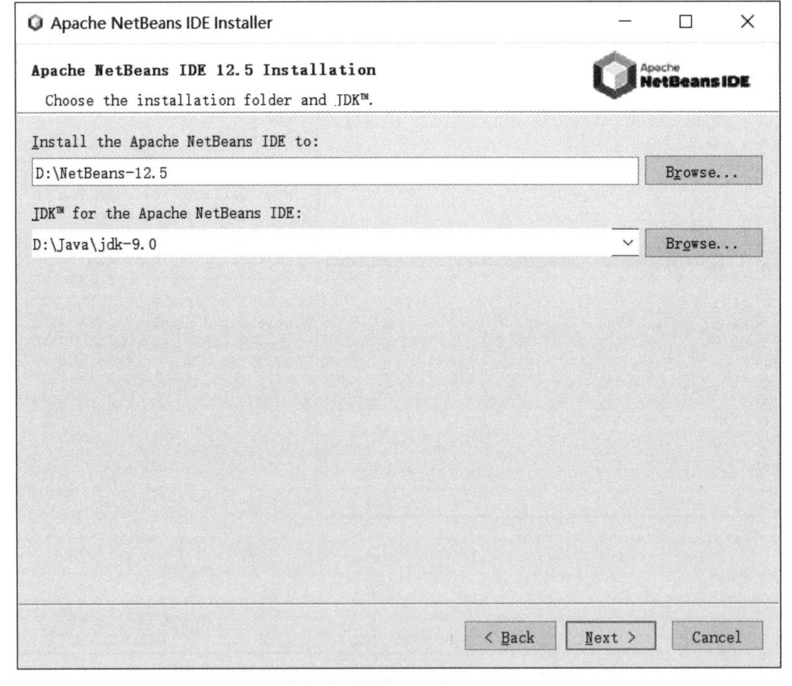

图 13-4　安装路径

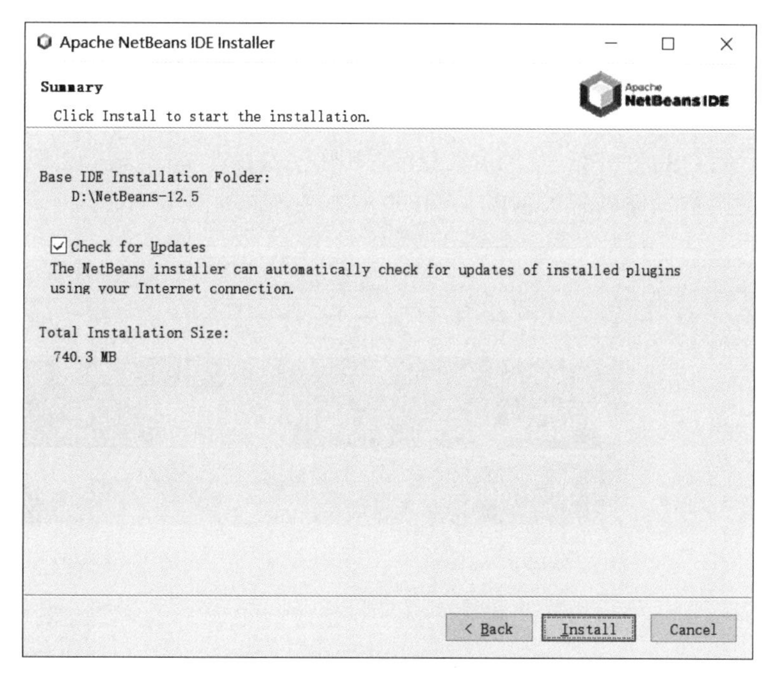

图 13-5　安装摘要

（5）单击 Install 按钮，开始安装。安装完成后，显示如图 13-6 所示的安装成功界面。

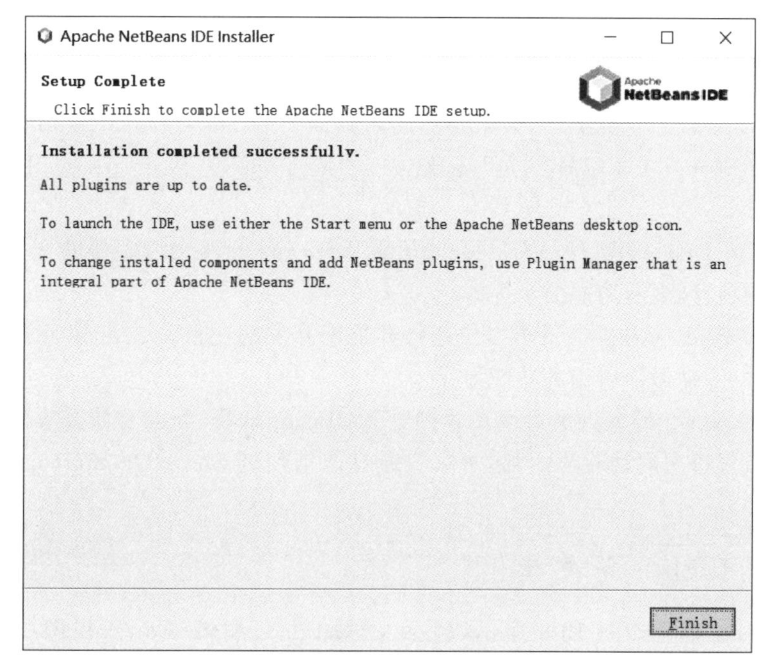

图 13-6　安装成功界面

单击 Finish 按钮，完成 NetBeans IDE 的安装工作。安装程序将在 Windows OS 的“开始”菜单中创建启动 IDE 的程序，并在 OS 的桌面上创建用于启动 IDE 的图标。

13.3 NetBeans IDE 概述

在 Windows OS 的“开始”菜单中选择“程序”→Apache NetBeans 12.5 命令，显示启动过程界面，之后启动完成的 NewBeans IDE 12.5 主界面如图 13-7 所示。

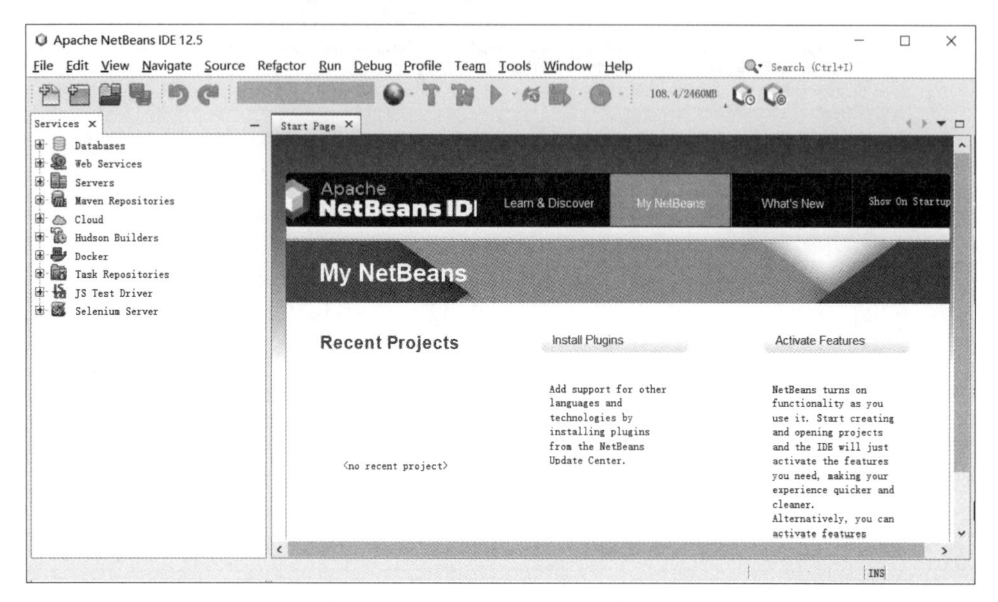

图 13-7 NetBeans IDE 12.5 主界面

在 NetBeans IDE 主界面中，如果勾选起始页面中的 Show On Startup 复选框，那么每次运行 NetBeams IDE 都会打开起始页。“起始页”包括 Learn & Discover、My NetBeans、What's New 等选项卡。

- Learn & Discover：开发人员可以访问 NetBeans 开发文档和帮助文档，调试和运行示例项目，观看功能演示等。
- My NetBeans：开发人员可以快速打开近期开发的项目，从 NetBeans 更新中心安装插件、手动激活所需的功能等。
- What's New：开发人员可以在线浏览 NetBeans 教程、新闻和博客等。

如果不希望每次启动时显示“起始页”，通过取消勾选 Show On Startup 复选框即可实现。

13.3.1 NetBeans 菜单栏

NetBeans 菜单栏如图 13-8 所示，包括文件(File)、编辑(Edit)、视图(View)、导航(Navigate)、源(Source)、重构(Refactor)、运行(Run)、调试(Debug)、分析(Profile)、团队开发(Team)、工具(Tools)、窗口(Window)和帮助(Help)等菜单。

- 文件(File)菜单：包括文件和项目的一些命令，例如新建、打开项目、打开、关闭文件、设置项目属性等。

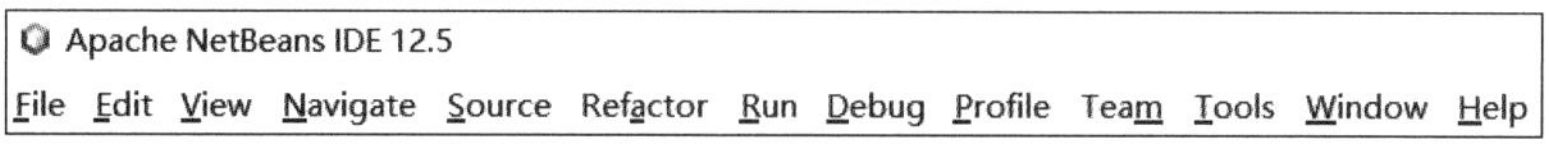

Apache NetBeans IDE 12.5

File　Edit　View　Navigate　Source　Refactor　Run　Debug　Profile　Team　Tools　Window　Help

图 13-8　NetBeans 菜单栏

- 编辑(Edit)菜单：包括复制、粘贴、剪切等各种简单的操作。
- 视图(View)菜单：包括各种视图的操作，并可以控制工具栏中各个命令的显示/隐藏。
- 导航(Navigate)菜单：提供了在编辑代码时进行跳转的各种功能，例如，转至文件、上一个编辑位置、下一个书签等。
- 源(Source)菜单：提供对源代码的操作或控制。例如，代码格式化、插入代码、修复代码、开启/关闭注释等。
- 重构(Refactor)菜单：提供了对代码重新设定的功能。例如，重命名、复制、移动、安全删除等。
- 运行(Run)菜单：提供了文件和项目的运行命令。
- 调试(Debug)菜单：提供了文件和项目的调试命令。
- 分析(Profile)菜单：提供了对内存使用情况或程序运行性能进行分析的命令。
- 团队开发(Team)菜单：提供辅助团队开发的相关命令，例如，团队开发服务器、创建生成作业等。
- 工具(Tools)菜单：提供了各种管理工具，例如，库、服务器、组件面板等。
- 窗口(Window)菜单：提供了打开/关闭各种窗口的操作，例如，项目、文件、服务器、导航、属性等。
- 帮助(Help)菜单;提供了有关 NetBeans 的帮助内容、联机文档等。

13.3.2　NetBeans 工具栏

NetBeans 工具栏如图 13-9 所示，它提供了诸如打开项目、复制和运行等一些常用命令。鼠标指针停留在某个按钮上时，将会显示该按钮的功能提示信息以及快捷键。

图 13-9　NetBeans 工具栏

开发人员可以通过下列两种方式对工具栏进行定制：

- 在“Toolbars(工具栏)”空白处右击，将弹出如图 13-10 所示的上下文菜单，选择 Customize 命令，则可以在这里根据需要对工具栏进行设置。
- 选择菜单栏中的“视图”命令，并选择“Toolbars(工具栏)”上下文菜单中的“Customize(定制)”命令，将显示如图 13-11 所示的对话框。可以在该对话框中进行相关的定制操作。

此外，开发人员通过选择如图 13-10 所示的 Performance 命令打开内存工具条，显示当前状态下的内存使用情况，如图 13-12 所示。

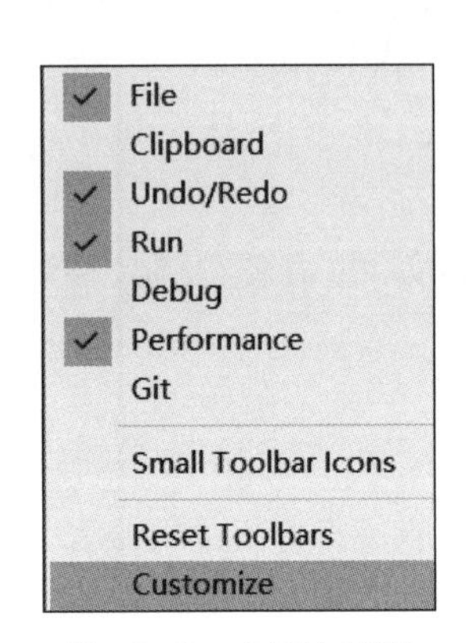

图 13-10　上下文菜单

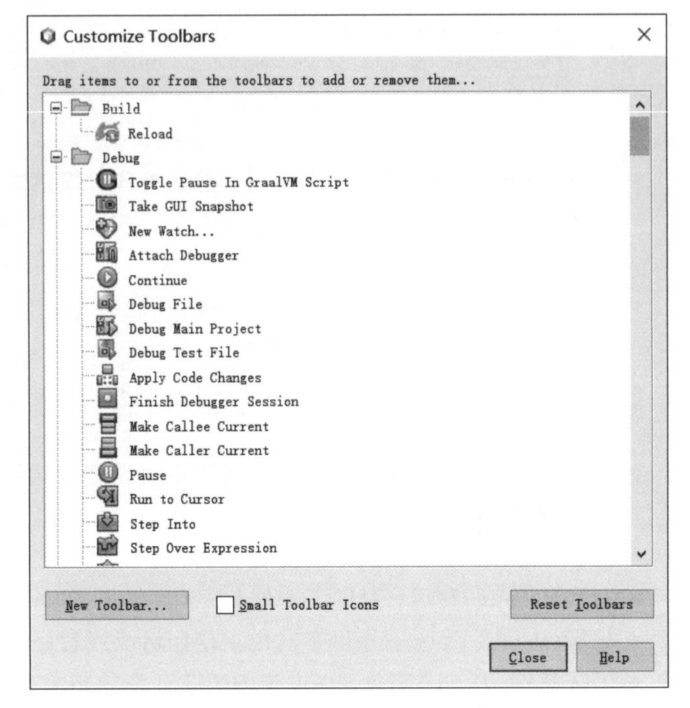

图 13-11　定制工具栏对话框

图 13-12　内存工具条

13.3.3　NetBeans 窗口

NetBeans 窗口是 NetBeans IDE 的重要组成部分，包括项目、文件、服务、输出、导航、组件面板、属性等窗口，每个窗口用于实现不同的功能。

1. 项目窗口

项目窗口列出了当前打开的所有项目，是项目源的主入口点。展开某个项目节点就会看到使用的项目内容的逻辑视图，如图 13-13 所示。项目是一个逻辑上的概念，容纳了一个应用程序的所有元素。一个项目可以包含一个文件，也可以包含多个文件。项目窗口可以包含一个项目，也可以包含多个项目。但是，同一时刻只能有一个主项目。在项目窗口中可以进行主项目的设置。项目窗口可以通过选择菜单栏中的“窗口”→“项目(J)”命令打开，或者通过按快捷键 Ctrl+1 打开。一般地，一个项目可以包含如下的逻辑内容。

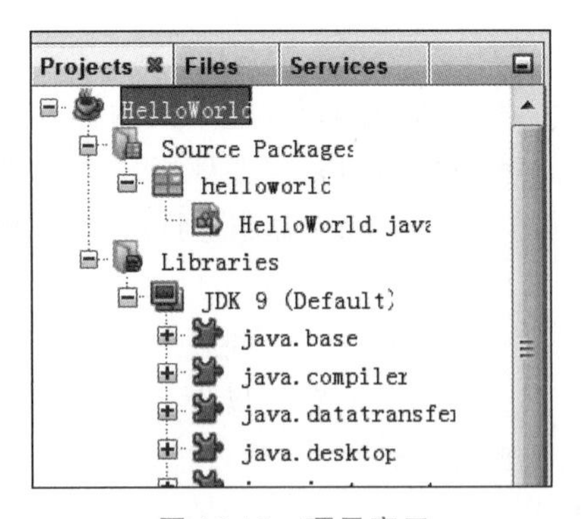

图 13-13　项目窗口

- 源包：包括了项目包含的源代码文件，双击某个源代码文件即可打开该文件并可在代码编辑器中进行编辑。

- 测试包：包含编写的单元测试代码。
- 库：包含该项目使用的库文件。
- 测试库：编写测试程序时使用的测试库。

右击项目窗口中的每个节点，会弹出相应的快捷菜单，其中包含了所有主要的命令，如图 13-14 所示。

2. 文件窗口

文件窗口显示基于目录的项目视图，包括项目窗口中未显示的文件和文件夹，以及支撑项目运行的配置文件，如图 13-15 所示。文件窗口可以通过选择菜单栏中的"窗口"→"文件"命令打开，或者通过按快捷键 Ctrl+2 打开。

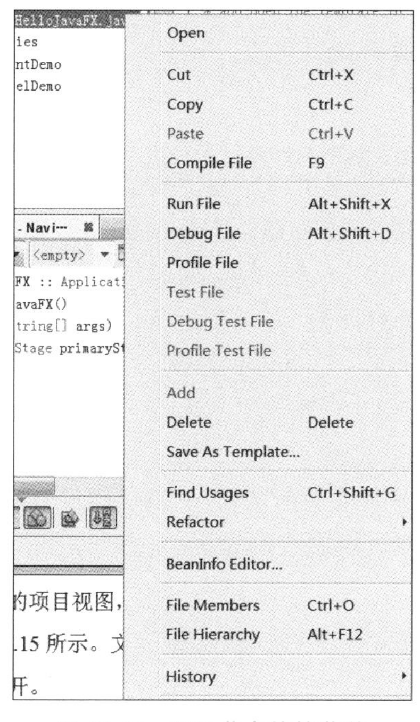

图 13-14　项目节点快捷菜单

图 13-15　文件窗口

3. 服务窗口

服务窗口描述了 IDE 运行时资源的逻辑视图，包括数据库、Web 服务、服务器、团队开发服务器等，如图 13-16 所示。服务窗口可以通过选择菜单栏中的"窗口"→"服务"命令打开，或者通过按快捷键 Ctrl+5 打开。在服务窗口中，各节点的含义如下。

图 13-16　服务窗口

- 数据库：包括 Java DB 数据库及其示例 sample、支持的数据库驱动程序，以及网络模式下的示例数据库 sample。
- Web 服务：用于管理所有相关的 Web 服务。

- 服务器：描述注册的所有服务器，包括 Apache Tomcat 和 Glass Fish Server。
- Maven 资源库：Apache Maven 是一种软件项目管理工具，提供了一个项目对象模型(POM)文件的新概念来管理项目的构建、相关性和文档。
- 云：云计算服务。
- Hudson 构建器：一个可扩展的持续集成引擎，用于持续、自动地构建/测试软件项目，以及监控一些定时执行的任务。在服务窗口中可以添加 Hudson 服务器。
- Docker：是一个开源的应用容器引擎，基于 Go 语言并遵从 Apache 2.0 协议开源。Docker 可以让开发者打包他们的应用以及依赖包到一个轻量级、可移植的容器中，然后发布到任何流行的 Linux 机器上，也可以实现虚拟化。容器是完全使用沙箱机制，相互之间不会有任何接口(类似 iPhone 的 App)，更重要的是，容器的性能开销极低。Docker 从 17.03 版本之后分为 CE(Community Edition：社区版)和 EE(Enterprise Edition：企业版)，通常用社区版就可以。
- 任务资源库：用于管理所有任务的资源库。
- JS Test Driver：JavaScript 单元测试工具。
- Selenium 服务器：Selenium 是一个用于 Web 应用程序测试的工具。Selenium 测试直接运行在浏览器中，就像真正的用户在操作一样。支持的浏览器包括 IE(7,8,9,10,11)、Mozilla Firefox、Safari、Google Chrome、Opera 等。Selenium 是一套完整的 Web 应用程序测试系统，包含测试的录制、编写及运行(Selenium Remote Control)和测试的并行处理(Selenium Grid)。Selenium 的核心 Selenium Core 基于 JsUnit，完全由 JavaScript 编写，因此可用于任何支持 JavaScript 的浏览器上。

4. 输出窗口

输出窗口用于显示来自 IDE 的消息。消息种类包括调试程序、编译错误、输出语句、生成 JavaDoc 文档等，如图 13-17 所示。输出窗口可以通过选择菜单栏中的“窗口”→“输出”命令打开，或者通过按快捷键 Ctrl+4 打开。

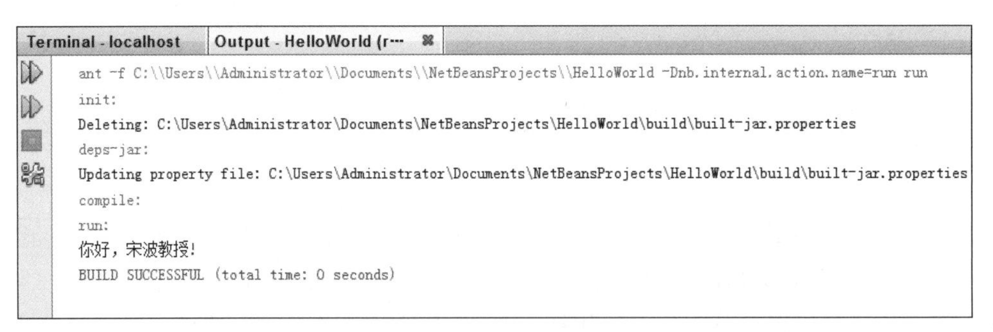

图 13-17 输出窗口

如果项目运行时需要输入信息，输出窗口将显示一个新标签，并且光标将停留在标签处。此时，可以在窗口中输入信息，此信息与在命令行中输入的信息相同。

5. 导航窗口

导航窗口显示了当前选中文件包含的构造方法、方法、字段等信息，如图 13-18 所示。

将鼠标指针停留在某成员的节点上，就可以显示 JavaDoc 文档内容。在导航窗口中，双击某成员节点可以在代码编辑器中直接定位该成员。在默认情形下，NetBeans IDE 的左下角显示导航窗口。也可以选择菜单栏中的"窗口"→"导航"命令打开，或者通过按快捷键 Ctrl+7 打开。

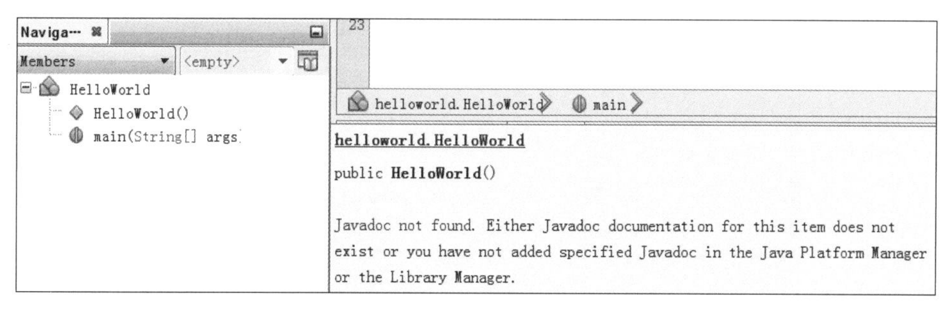

图 13-18 导航窗口

6. 组件面板窗口

组件面板管理器中包含可以添加到 IDE 编译器中的各种组件。对于 Java 桌面应用程序，组件面板中的可用项包括容器、控件、窗口等，如图 13-19 所示。在图 13-20 中可以添加、删除、组织组件面板窗口中的组件。

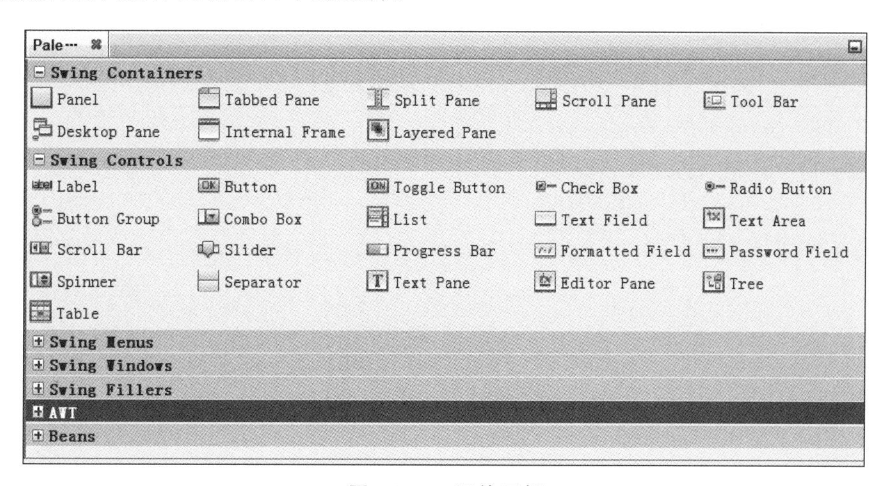

图 13-19 组件面板

组件面板管理器可以通过选择菜单栏中的"窗口"→"组件面板"命令打开，或者通过按快捷键 Ctrl+Shift+8 打开。

7. 属性窗口

属性窗口描述了项目包含的对象及对象元素具有的属性，开发人员可以在属性窗口中修改/查看这些属性。属性窗口显示了当前选定对象/组件的相关属性表单。图 13-21 左边为创建的 Java Application，右边的图显示了被选中组件的属性表单。

当单击图 13-21 中的 Find 按钮时，属性窗口则描述了该组件具有的属性、绑定表单、触发事件等。若要修改属性值，可以单击属性值字段并直接输入新值，然后按 Enter 键

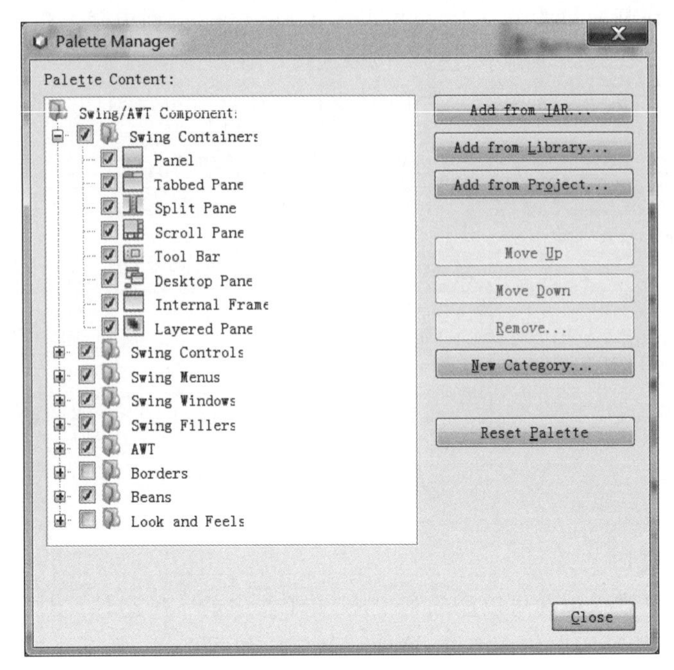

图 13-20　组件面板管理器

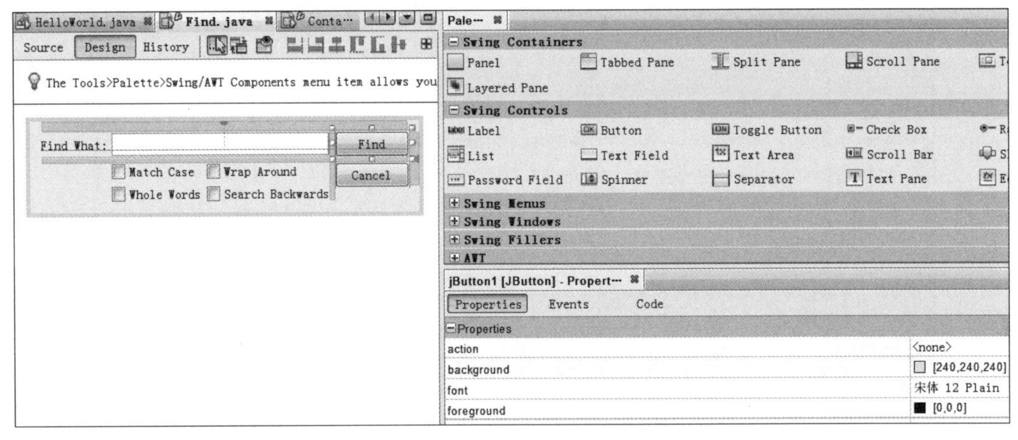

图 13-21　Java Application与其组件属性表单窗口

即可。

如果属性值允许使用特定的值列表，则会出现下拉箭头，单击该箭头，然后选中值即可。如果属性编辑器适用于该属性，则会出现省略号(…)按钮，单击该按钮即可打开属性编辑器，对属性值进行修改。

绑定表单描述了该组件与其他组件之间的关系，通过它可以修改绑定源及绑定表达式。事件表单列出了该选定控件支持的事件，通过触发相应的事件可以实现不同的功能，图 13-22 描述了 JButton 控件支持的鼠标单击事件 mouseClicked。代码表单描述了被选定控件的相关代码，图 13-23 描述了 JButton 控件的代码。jButton1 在应用程序中的名称为 Find,该名称在程序中是唯一的,用于区分其他控件。

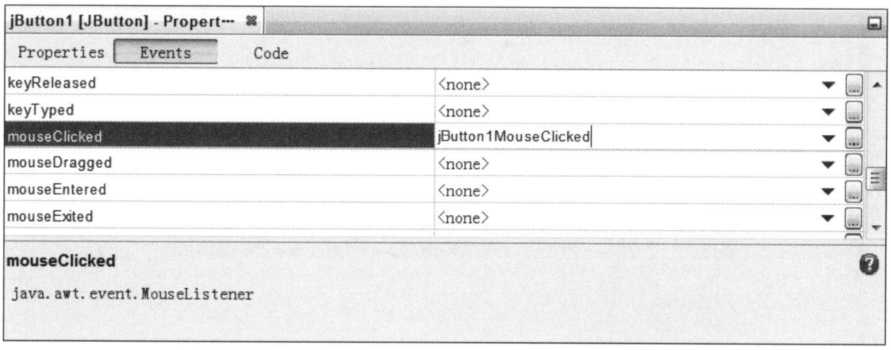

图 13-22 "属性"窗口事件表单

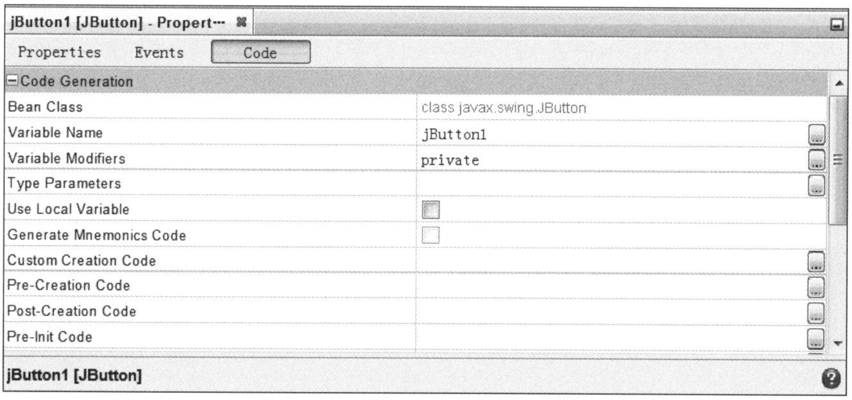

图 13-23 "属性"窗口代码表单

属性窗口可以通过选择菜单栏中的"窗"口→"属性"命令打开,或者通过按快捷键 Ctrl+Shift+7 打开。

13.3.4 代码编辑器

代码编辑器提供了编写代码的场所,是 IDE 中使用最多的部分。代码编辑器提供了各种可以使代码编写更简单、快捷的功能。

1. 代码模板

IDE 支持代码模板功能。借助代码模板,可以加快开发速度,积累开发经验,减少记忆与沟通成本。只要在源代码编辑器中输入代码模板的缩写,然后按 Tab 键或空格键,即可生成完整的代码片段。图 13-24 描述了已经定义的代码模板。

2. 快速编写代码

通过快速编写代码功能可以帮助用户快速查找并输入 Java 类名、表达式、方法名、组件名称、属性等。输入字符之后,代码编辑器会自动显示提示菜单,列出能包含的类、方法、变量等,如图 13-25 所示。

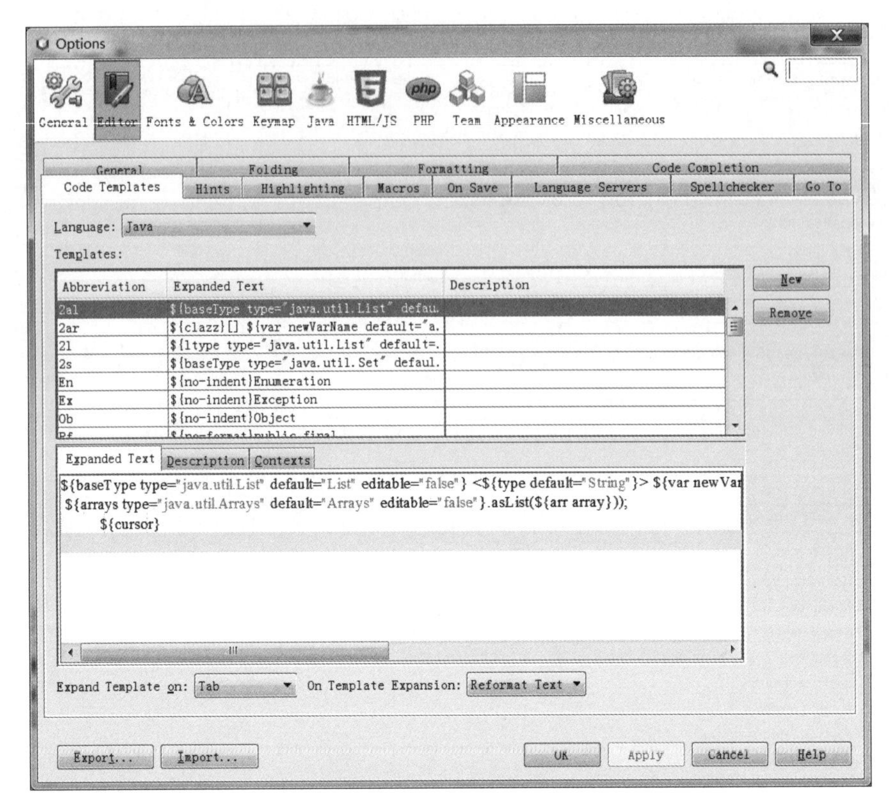

图 13-24　代码模板选项卡

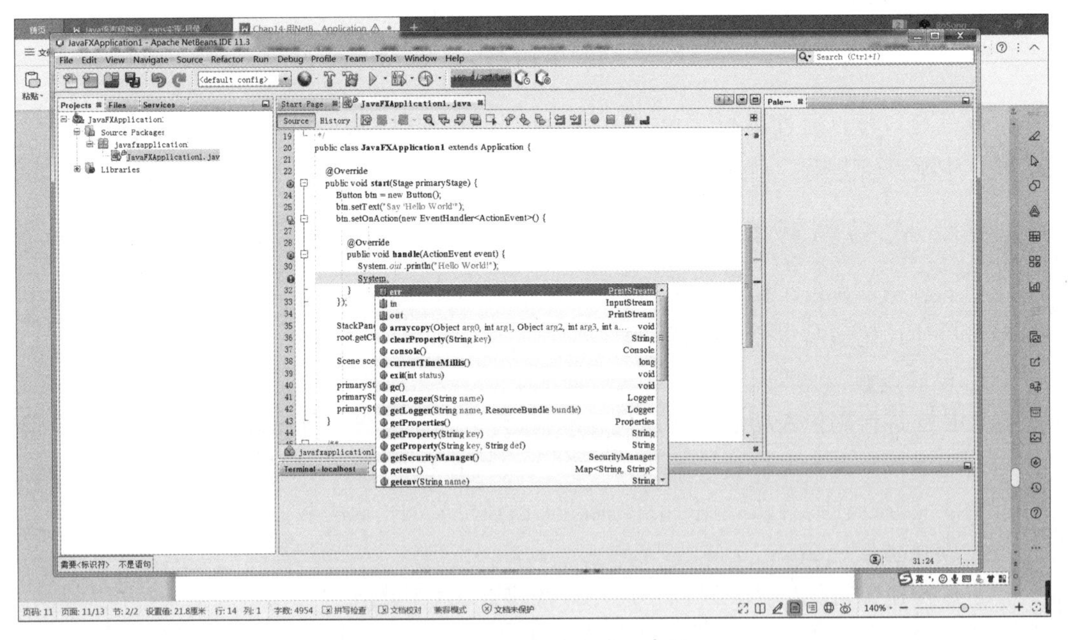

图 13-25　代码自动完成示意图

13.4 基于 IDE 开发 Java Application

用 NetBeans IDE 可以快速、便捷地开发 Java Application。在 IDE 中，所有的开发工作都基于项目完成。项目由一组源文件组成，即一个项目可以包含一个或一组源代码文件。此外，项目还包含用来生成、调试和运行这些源文件的配置文件。

用 IDE 生成的 Ant 脚本编译、调试和运行的项目称为标准项目。下面通过一个示例介绍创建 Java 标准项目的过程。该示例实现了一个银行账户类 basicAccount，它可作为各种账户的基类。主类 bankAccount 用于输出账户的所有者信息和余额。假定 basicAccount 类具有下列成员。

- Owner：账户所有者。
- Balance：账户余额，一个只读的数值属性，该属性值取决于账户的存款额和取款额。
- Deposit：存款方法，该方法的参数为存款额，返回值为存款后账户的余额。
- Withdraw：取款方法，该方法的参数为取款额，返回值为取款后账户的余额。
- 构造方法：其参数为账户所有者的名称。

(1) 从 IDE 主菜单中选择“文件”→“新建项目”，打开 New Project(新建项目)对话框。在对话框的“Categories(类别)”中选择 Java with Ant，在 Projects(项目)区域选择 Java Application 项目，如图 13-26 所示。

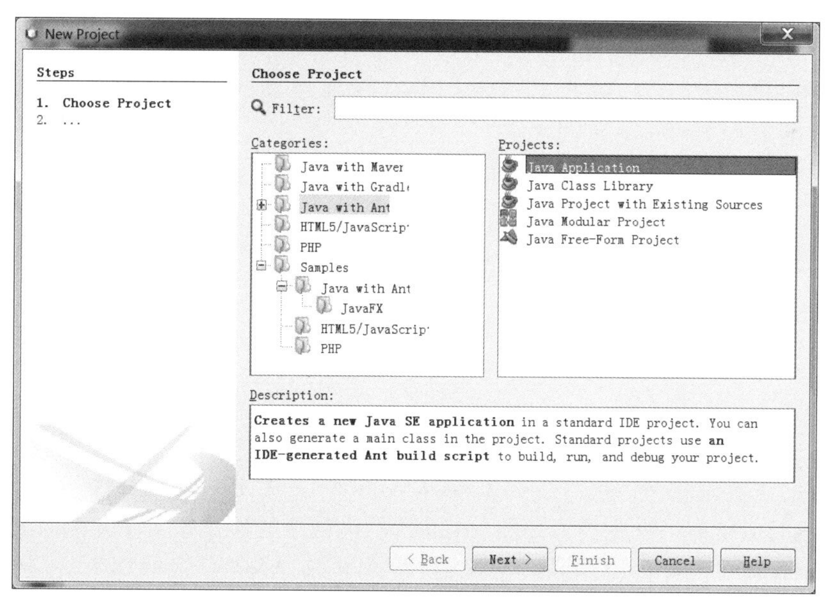

图 13-26 New Project(新建项目)对话框

(2) 单击 Next 按钮，打开 Name and Location(名称和位置)对话框。在该对话框中输入如图 13-27 所示的值，选择创建主类。单击 Finish(完成)按钮，完成 Java 标准项目的创建，如图 13-28 所示。

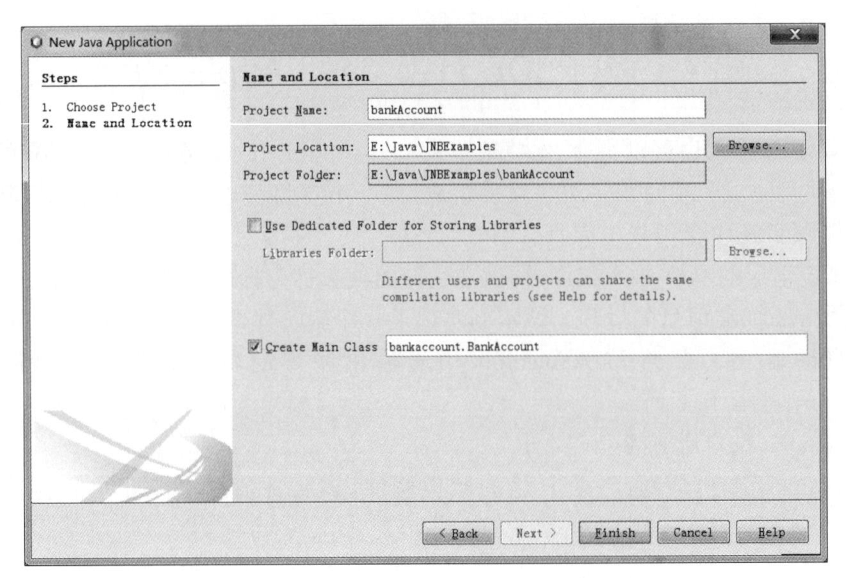

图 13-27　Name and Location(名称和位置)对话框

```
BankAccount.java
Source  History
1  /*
2   * To change this license header, choose License Headers in Project Properties.
3   * To change this template file, choose Tools | Templates
4   * and open the template in the editor.
5   */
6  package bankaccount;
7  /**
8   *
9   * @author Administrator
10  */
11 public class BankAccount {
12     /**
13      * @param args the command line arguments
14      */
15     public static void main(String[] args) {
16         // TODO code application logic here
17     }
18 }
```

图 13-28　创建的 Java 标准项目

此时,创建的标准项目包含主类 bankAccount。主类是一个项目的入口,并且一个 Java 标准项目只能有一个主类。如图 13-29 所示为创建的项目的文件夹结构。IDE 将项目信息存储在项目文件夹和 nbproject 文件夹中,包括 ANT 生成的脚本、控制生成和运行的属性文件以及 XML 配置文件。源目录包含在项目文件夹中,名称为 src。test 目录用于保存项目的测试包。

主类用于输出账户所有者信息和余额,可以向 main()方法中添加如下代码实现这个功能。

图 13-29　项目目录结构

```
1.   package bankAccount;
2.   public class BankAccount {
3.       private String Owner="songbo";
4.       private double Balance=1000;
5.       public String getOwner() {
6.         return Owner;
7.       }
8.       public double getBalance() {
9.           return Balance;
10.      }
11.      public double Deposit(double amount) {
12.          Balance=Balance+amount;
13.          return Balance;
14.      }
15.      public double Withdraw(double amount) {
16.          Balance=Balance-amount;
17.          return Balance;
18.      }
19.      public static void main(String[ ] args) {
20.          BankAccount account=new BankAccount();
21.          System.out.println("账户所有者: "+account.getOwner());
22.        account.Deposit(100000.0);
23.        System.out.println("账户余额: "+account.getBalance());
24.      }
25.  }
```

上述操作在创建 Java 标准项目的同时，也创建了 Java 主类 main()以及 Java 包 bankAccount。如果没有勾选如图 13-27 所示的 Create Main Class 复选框，则需要另行创建 Java 包以及 Java 主类。编译这个 Java 类并运行它，结果如图 13-30 所示。

在 IDE 中可以通过如下几种方式运行 Java 标准项目。

- 单击工具栏中的“运行主项目”图标，该方法适用于运行主项目。若不是主项目，则可将其设置为主项目。

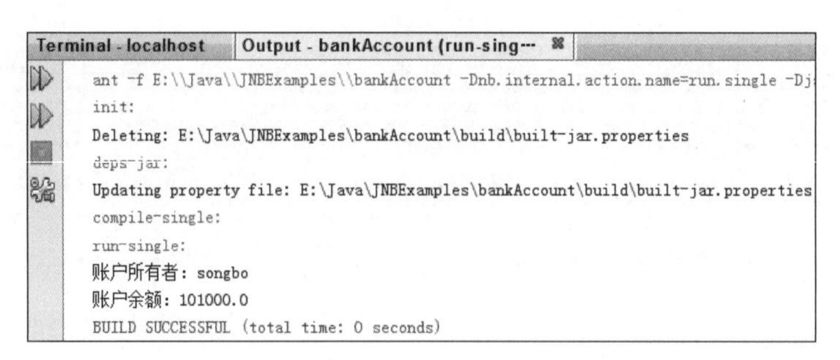

图 13-30　运行结果

- 在项目窗口中选择要运行的项目并右击，从快捷菜单中选择"运行"命令即可，该方法适用于运行主项目和非主项目。
- 选择菜单项中的"运行"→"运行主项目"，该方法适用于运行主项目。

13.5　基于 NetBeans IDE 连接与操作 Oracle DB 11g XE

(1) 启动 NetBeans IDE，然后在菜单栏中选择 Services 命令，浏览窗口中将出现 NetBeans IDE 的服务窗口，如图 13-31 所示。其将显示 NetBeans IDE 的各种服务选项，例如 Java DB、Drivers、Servers 等。

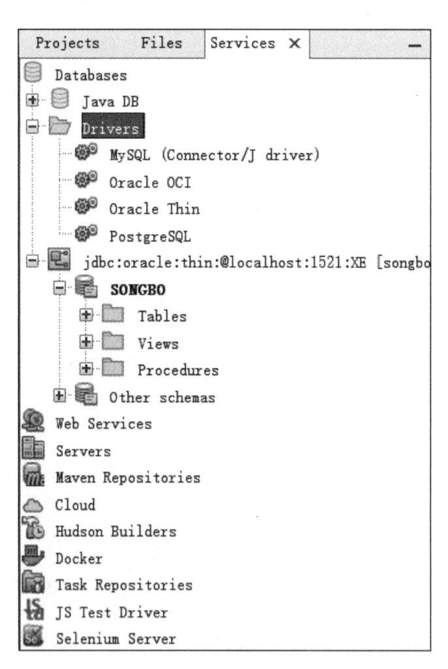

图 13-31　NetBeans IDE 的服务窗口

(2) 从 Oracle 公司网站下载 ojdbc6.jar 驱动程序文件，并将其解压缩保存在某一文件夹中。

(3) 从 Windows 的“开始”菜单中,启动 Oracle DB 11g XE 的数据库服务。

(4) 展开 Drivers 节点,选择 Oracle Thin 节点右击,从弹出的快捷菜单中选择 Connect Using 命令,将显示如图 13-32 所示的 New Connection Wizard 对话窗口。

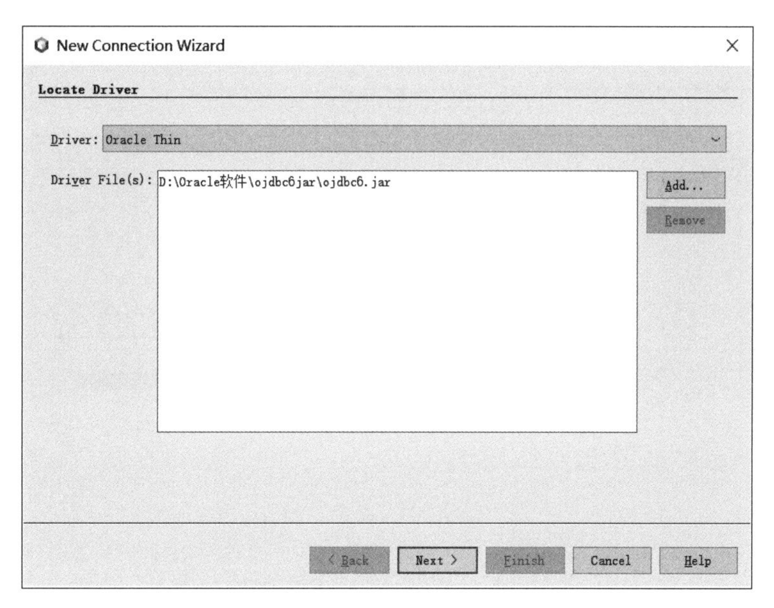

图 13-32 New Connection Wizard 对话窗口

(5) 在 Driver 下拉列表中选择 Oracle Thin,在 Driver File(s)区域单击 Add 按钮,选择 ojdbc6.jar 文件。

(6) 单击 Next 按钮,进入如图 13-33 所示的对话窗口。

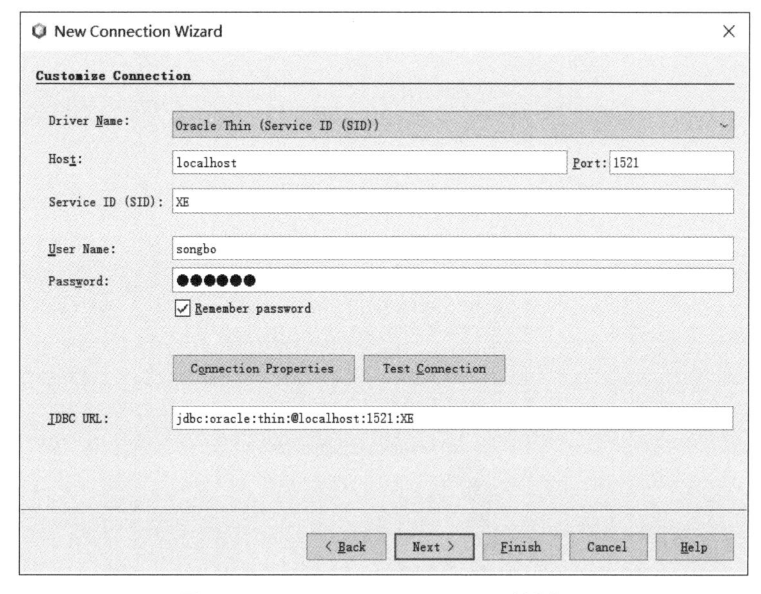

图 13-33 Customize Connection 对话窗口

（7）单击 Test Connection 按钮，如果对话窗口的底部显示 Connection Succeeded 的信息，则说明连接成功。

（8）单击 Next 按钮，将显示图 13-34，从 Select schema 下拉列表中选择 SONGBO 数据库模式。

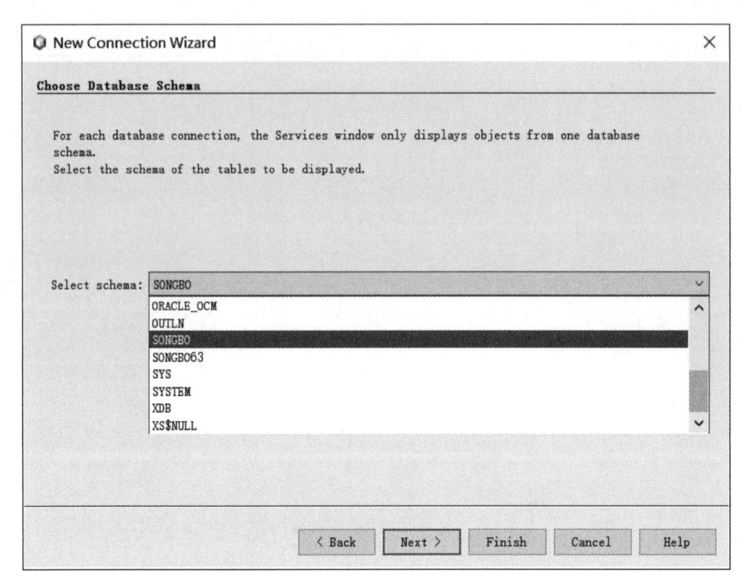

图 13-34　Choose Database Schema 对话窗口

在 NetBeans IDE 中设置好连接 Oracle DB 11g XE 之后，就可以进行各种数据库对象的操作了。如图 13-35 所示，展开创建的 jdbc：oracle：thin：@localhost…节点，再展

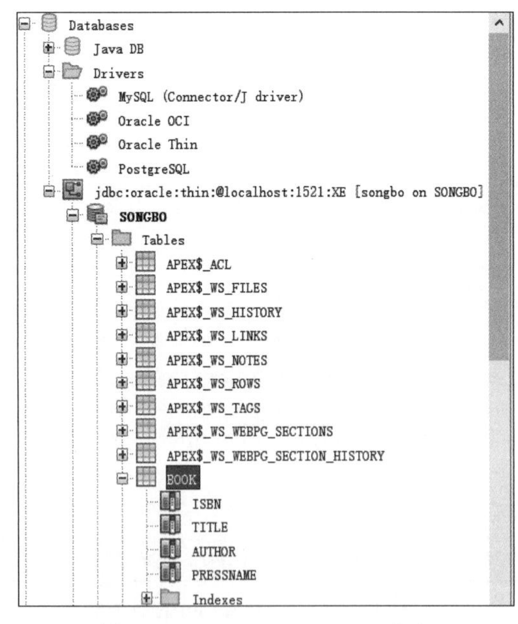

图 13-35　Oracle DB 11g XE 节点

开 SONGBO 节点，选择 BOOK 数据表节点右击，如图 13-36 所示，从弹出的快捷菜单中选择 View Data 命令，在代码窗口将会显示数据表 BOOK 中的数据，如图 13-37 所示。

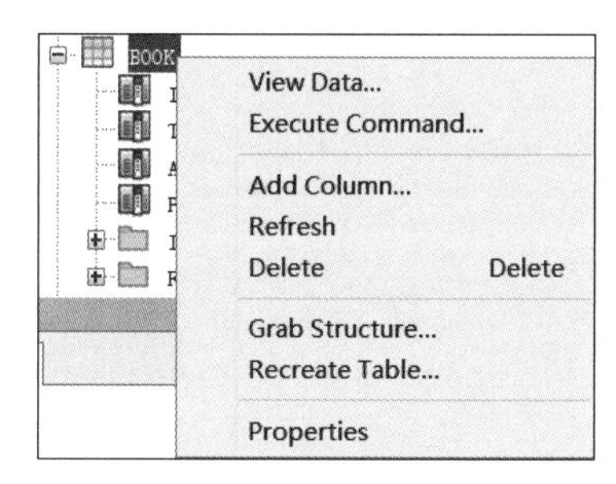

图 13-36　右击 BOOK 弹出的快捷菜单

SELECT * FROM SONGBO.BOOK···　×

Max. rows: 100　Fetched Rows: 4

#	ISBN	TITLE	AUTHOR	PRESSNAME
1	1-302-0101-X/TP	Web应用高级教程	GregBarish	清华大学出版社
2	3-4032-0306-X/TP	Java应用开发教程	宋波	电子工业出版社
3	5-503-0506-X/XL	Java应用设计	宋波	人民邮电出版社
4	4-402-5011-T/XT	Oracle 9i数据库高级管理	飞思科技	电子工业出版社

Output - SQL 3 execution　×

[1:1] Executed successfully in 0.109 s.
Fetching resultset took 0 s.

图 13-37　数据表 BOOK 中的数据

13.6　本章小结

本章介绍了 NetBeans IDE 的一些基础知识，包括 NetBeans 12.5 的新特性、下载和安装方法、IDE 各个主要部分的简介、用 IDE 开发 Java Application 的方法等。NetBeans 是功能非常强大的 Java 开发工具。本章的介绍只是一个简单的概述，如果想进一步学习，可以参阅 NetBeans 的帮助文档。

第14章 JavaFX GUI 程序设计

Java 语言最初的 GUI(Graphics User Interface)框架是 AWT,后来又开发了 Swing——提供了创建 GUI 的一种更可行的方法。为了更好地满足现代 GUI 的需求以及 GUI 设计的改进,Java 语言提出了下一代的 GUI 框架——JavaFX。本章将简要地介绍这个功能强大的新框架,以及基于 NetBeans IDE 开发 JavaFX 应用程序的基本原理与方法。

14.1 JavaFX 的基本概念

与所有成功的计算机编程语言一样,Java 语言也在不断地演化和改进。这种演化过程最重要的表现之一就是 GUI 框架。Java Swing 提供了创建 GUI 的一种良好方法,并取得了巨大的成功,一直是 Java 语言中主要采用的 GUI 框架。如今,消费类应用程序,特别是移动应用变得越来越重要。而这类应用程序要求 GUI 具有令人振奋的视觉效果。为了更好地处理这类 GUI,于是 JavaFX 诞生了。

JavaFX 是 Java 语言的下一代客户端平台和 GUI 框架。JavaFX 提供了一个强大的、流线化且灵活的框架,简化了现代的、视觉效果出色的 GUI 的创建。JavaFX 的诞生分为两个阶段。最初的 JavaFX 基于一种称为 JavaFX Script 的脚本语言,目前 JavaFX Script 已经被弃用。从 JavaFX 2.0 开始,JavaFX 开始完全用 Java 语言编写,并提供了一个 API。从 JDK 7 Update 4 开始,JavaFX 与 Java 捆绑在一起,并与 JDK 的版本号一致。JavaFX 的提出是为了取代 Swing。但是现在仍然存在大量的 Swing 遗留代码,并且熟悉 Swing 编程的程序员有很多。所以,JavaFX 被定义为未来的平台。预计未来几年,JavaFX 将会取代 Swing 应用到新的项目中,一些基于 Swing 的应用程序也会迁移到 JavaFX 平台。

1. JavaFX 包

JavaFX 组件是轻量级的,并以一种易于管理、直接的方式处理事件。JavaFX 的元素包含在以 javafx 为前缀开头的包中。从 JDK 9 开始,JavaFX

包都组织到模块中，例如，javafx、base、javafx.graphics和javafx.controls等。

2. Stage与Scene

JavaFX使用的核心比喻是舞台，正如现实中的舞台表演。舞台是有场景的，也就是说，舞台定义了一个空间，场景定义了在该空间发生了什么。用专业术语讲，舞台是场景的容器，场景是组成场景的元素的容器。因此，所有JavaFX程序都至少有一个舞台和场景。这些元素封装在Stage和Scene这两个类中。Stage是一个顶级容器，所有的JavaFX程序都能够自动地访问一个Stage，通常称之为主舞台（primary stage）。当JavaFX程序启动时，JRE将会提供主舞台，尽管也可以创建其他舞台，但是对许多程序而言，主舞台是唯一需要的舞台。

简言之，Scene是组成场景的元素的容器。这些元素包括控件（例如，按钮、标签和复选框）、文本和图形。为了创建场景，需要把这些元素添加到Scene容器的实例对象中。

3. 节点与场景图

场景中的单独元素叫作节点（node）。例如，命令按钮就是一个节点。节点可以由一组节点组成。节点也可以有子节点。具有子节点的节点叫作父节点（parent node）或分支节点（branch node）。没有子节点的节点叫作终端节点或叶子（leave）。场景中所有节点的集合创建出场景图（scene graph），场景图构成了树（tree）。场景图中有一种称为根节点（root node）的顶级节点，是场景图中唯一没有父节点的节点。也就是说，除父节点外，其他所有节点都有父节点，而且所有节点或直接或间接地派生自根节点。所有节点的基类是Node。有一些类直接或间接地派生自Node类，包括Parent、Group、Region和Control等。

4. 布局

JavaFX提供的布局窗格，用于管理在场景中放置元素的过程。例如，FlowPane类提供了流式布局，GridPane类提供了支持基于网格的行/列布局。布局窗格类包含在javafx.scene.layout包中。

5. Application类和生命周期方法

JavaFX程序必须是javafx.application包中的Application类的子类。因此，用户应用程序类将扩展Application。Application类定义了3个可被重写的生命周期方法，分别是init()、start()和stop()方法。

- void init()：当程序开始执行时，将调用该方法，用于执行各种初始化工作。但是，它不能用于创建舞台或构建场景。如果不需要初始化，就不需要重写这个方法，因为系统会默认提供一个空版本的init()方法。
- abstract void start(Stage primaryStage)：该方法在init()方法之后调用，是程序开始执行的地方，可以用来构造和设置场景。它接受一个Stage对象的引用作为参数。这是由运行时系统提供的舞台（主舞台），它是一个抽象方法，程序必须重写这个方法。

- void stop()：当程序终止时，将调用 stop()方法。该方法可以执行清理和关闭工作。如果不需要执行这些操作，可以使用默认的空版本。
- public static void launch(String … args)：为了启动一个独立的 JavaFX 程序，必须调用该方法。其中 args 是一个指定了命令行实参的字符串列表，可以为空。调用 launch()方法将开始构造程序，之后调用 init()和 start()方法。直到程序终止，该方法才会返回。

14.2　JavaFX 程序框架

所有的 JavaFX 程序都具有相同的基本框架。下面的实例演示了如何启动程序，以及生命周期方法何时被调用。

启动 NetBeans IDE 12.5，然后选择 File→New Project 命令，将显示图 14-1。在 Categories 区域选择 Java with Ant→JavaFX 命令，在 Projects 区域选择 JavaFX Application 命令，然后单击 Next 按钮，将显示图 14-2。见图 14-2 主要定义 JavaFX 应用的名字与保存路径。

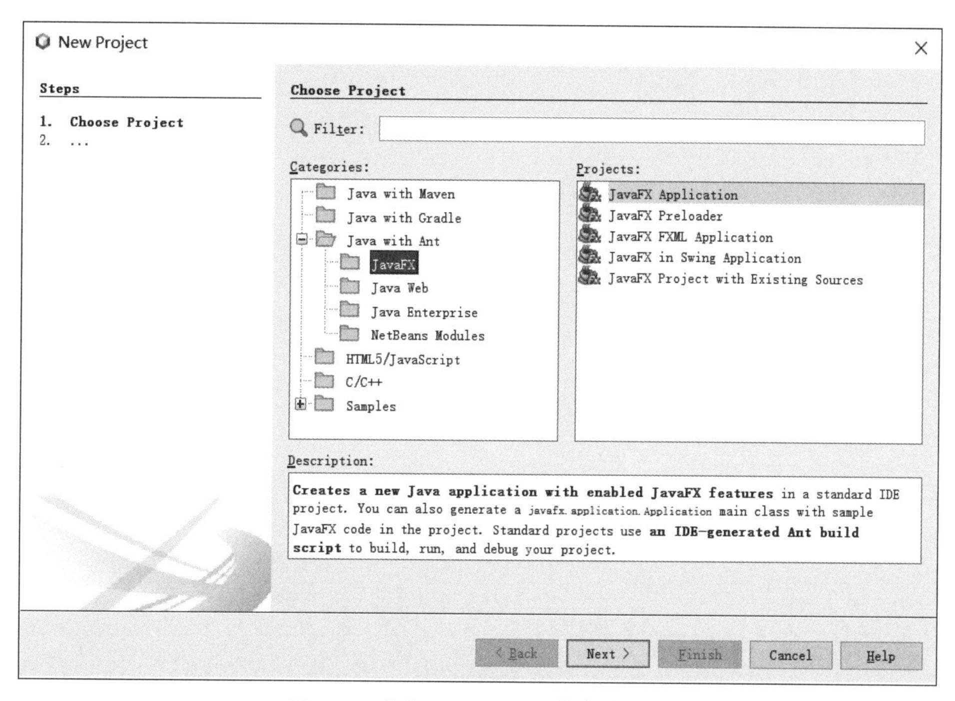

图 14-1　执行 New Project 命令的结果

单击 Finish 按钮，完成 JavaFX 应用的向导定义，同时将在代码窗口、工程窗口，以及浏览器结构窗口生成对应的 JavaFX 应用相关信息，如图 14-3 所示。

在代码窗口中将 IDE 生成的源代码修改成例 14-1 所示的代码，然后选择 Run→Run Project(HelloJavaFX.java)命令执行程序，执行结果如图 14-4 所示。

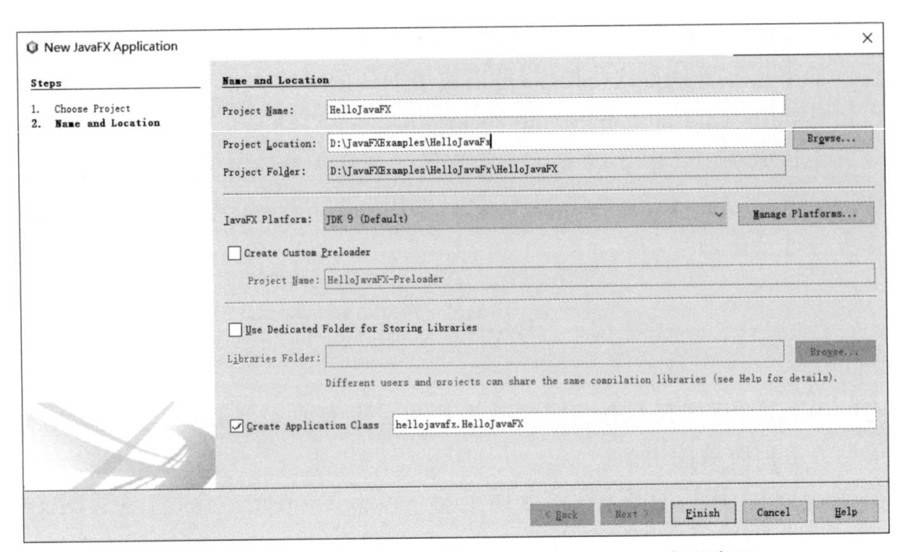

图 14-2 JavaFX Application 的 Name and Location 定义窗口

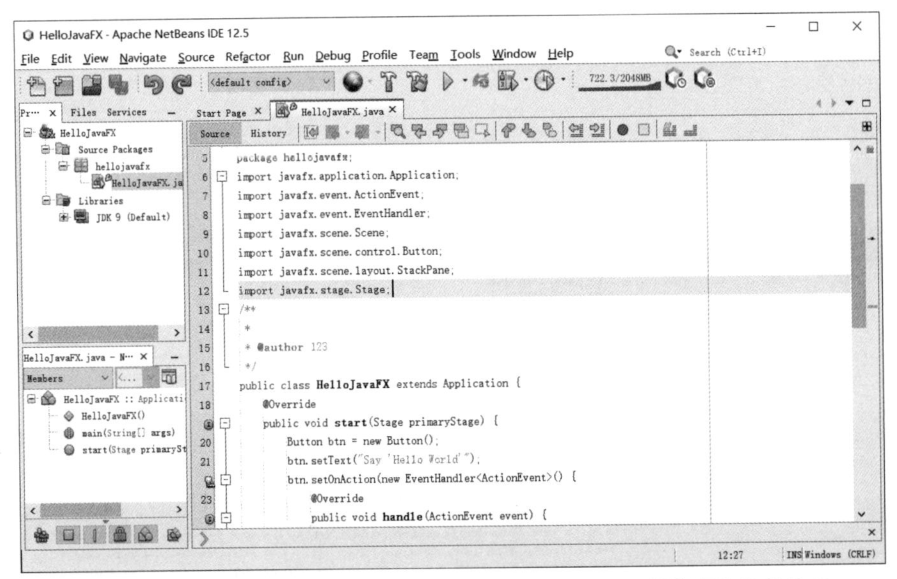

图 14-3 NetBeans IDE 生成的 JavaFX 应用的代码、工程、浏览器结构等信息

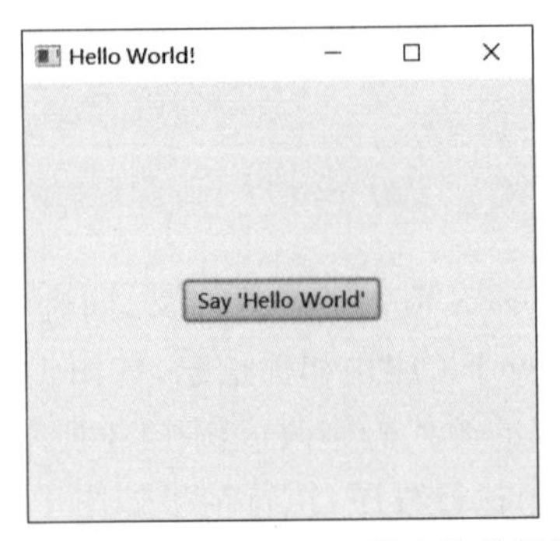

图 14-4 HelloJavaFX.java 程序的执行结果

【例 14-1】 HelloJavaFX.java 实例程序。

```
1.   package hellojavafx;
2.   import javafx.application.Application;
3.   import javafx.event.ActionEvent;
4.   import javafx.event.EventHandler;
5.   import javafx.scene.Scene;
6.   import javafx.scene.control.Button;
7.   importjavafx.scene.layout.StackPane;
8.   import javafx.stage.Stage;
9.   /**
10.   * @author SongBo
11.   */
12.  public class HelloJavaFX extends Application {
13.      @Override
14.      public void start(Stage primaryStage) {
15.        Button btn =new Button();
16.        btn.setText("Say 'Hello JavaFX World!'");
17.        btn.setOnAction(new EventHandler<ActionEvent>() {
18.        @Override
19.        public void handle(ActionEvent event) {
20.          System.out.println("Hello JavaFX World!");
21.        }
22.      });
23.      StackPane root =new StackPane();              //创建根节点
24.      root.getChildren().add(btn);
25.      Scene scene =new Scene(root, 300, 250);       //创建场景
26.      primaryStage.setTitle("Hello JavaFX World!");
27.      primaryStage.setScene(scene);                 //设置舞台场景
28.      primaryStage.show();                          //显示场景
29.    }
30.    /**
31.     * @param args the command line arguments
32.     */
33.    public static void main(String[ ] args) {
34.      launch(args);
35.    }
36.  }
```

【执行结果】

单击“Say 'Hello JavaFX World!'”按钮，将在 IDE 的程序输出窗口显示执行结果信息：

```
Hello JavaFX World!
```

【分析讨论】

- 一般地，在JavaFX程序中，生命周期方法不会像System.out输出任何信息，这里只是为了演示。
- 只有JavaFX程序必须执行特殊的启动和关闭操作时，才需要重写init()和stop()方法。否则，可以使用Application类为这些方法提供默认的实现。
- 该程序导入了7个包，其中比较重要的有4个包：javafx.application包——包含了Application类；javafx.scene包——包含了Scene类；javafx.stage包——包含了Stage类；javafxsence.layout包——提供了StackPane布局窗格。
- 第12句创建了程序类HelloJavaFX，它扩展了Application类。所有的JavaFX程序都必须派生自Application类。
- 程序启动后，JavaFX运行时系统首先调用init()方法。当然，如果不需要初始化，就没必要重写init()方法。注意，init()方法不能用于创建GUI的舞台和场景部分，它们是由start()方法构造和显示的。
- 当init()方法完成后，start()方法开始执行。在这里创建最初的场景，并将其设置给主舞台。
  - 首先，start()方法有一个Stage类型的形式参数。调用start()方法时，这个形式参数将接受对程序主舞台的引用，程序的场景将被设置给这个舞台。
  - 然后，第16句创建一个按钮对象btn，并设置这个按钮的标题。
  - 接下来，第23句为场景创建根节点。根节点是场景图中唯一没有父节点的节点。
- 第24句把按钮添加到根节点中；第25句用根节点构造一个场景(Scene)实例对象，并指定了宽度和高度；然后第26句设置场景的标题。第27句把场景设置为舞台的场景，第28句把场景在舞台上显示出来。也就是说，show()方法显示了舞台创建的按钮和场景。
- 当关闭程序时，JavaFX会调用stop()方法将窗口从屏幕上移除。另外，如果程序不需要处理任何关闭动作，就不必重写stop()方法，因为它有系统的默认实现。

14.3 JavaFX控件Label

JavaFX提供了一组丰富的控件，标签(Label)是最简单的控件。标签是JavaFX的Label类的实例对象，包含在javafx.secne.control包中，继承了Labeled和Control等几个类。Labeled类定义了带标签元素(包含文本的元素)共有的一些特性，Control类定义了与所有控件相关的特性。Label的构造方法如下。

Label(String str)——str是要显示的字符串。

- 创建标签后，必须把它添加到场景的内容中，即把该控件添加到场景图中。
  - 首先，要对场景图的根节点调用getChildren()方法，该方法返回一个ObservableList<Node>形式的子节点列表。ObservableList在javafx.collections包中定义，并继承了java.util.List，它是Java语言的Collections

Framework 的一部分。只对 getChildren()返回的子节点列表调用 add()方法，并传入所添加节点(指标签)的引用即可。

【例 14-2】 创建一个显示标签的 JavaFX 程序。

```
1.   package javafxlabeldemo;
2.   import javafx.application.*;
3.   import javafx.scene.*;
4.   import javafx.stage.*;
5.   import javafx.scene.layout.*;
6.   import javafx.scene.control.*;
7.   public class JavaFXLabelDemo extends Application {
8.     public static void main(String[] args) {
9.       //通过调用 launch()方法启动程序
10.      launch(args);
11.    }
12.    //重写 start()方法
13.    public void start(Stage myStage) {
14.      //设置舞台的标题
15.      myStage.setTitle("Use a JavaFX label.");
16.      //使用 FlowPane 作为根节点的布局
17.      FlowPane rootNode =new FlowPane();
18.      //创建场景
19.      Scene myScene =new Scene(rootNode, 300, 200);
20.      //设置舞台的场景
21.      myStage.setScene(myScene);
22.      //创建标签
23.      Label myLabel =new Label("JavaFXis a powerful GUI");
24.      //把标签添加到根节点(舞台)
25.      rootNode.getChildren().add(myLabel);
26.      //在舞台上显示这个场景
27.      myStage.show();
28.    }
29.  }
```

【执行结果】 (见图 14-5)

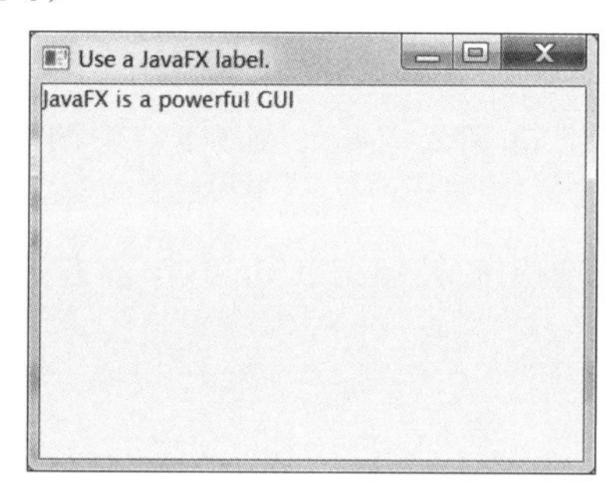

图 14-5 程序执行结果

【分析讨论】

- 需要注意的是第25句，其功能是把标签添加到rootNode的子节点列表中。
- ObservableList类也提供了addAll()方法，它可以在一次调用中把两个或多个子节点添加到场景中。
- 如果要从场景中删除节点，可以使用remove()方法。例如：
  - rootNode.getChildren().remove(myLabel)；
  - 上述代码从场景中删除了myLabel。

14.4 JavaFX控件Button

在JavaFX程序中，事件处理十分重要，因为多数GUI控件都会产生事件，然后由程序处理这些事件。按钮事件是最常处理的事件类型之一。本节将介绍按钮及其事件处理。

1. 事件处理基础

JavaFX事件的基类是javafx.event包中的Event类。Event类继承了java.util.EventObject，JavaFX事件与其他的Java事件共享相同的基本功能。Event类有几个子类，这里使用的是ActionEvent类，它处理按钮生成的动作事件。JavaFX为事件处理使用了委托事件模型方法。

- 为处理事件，首先必须注册一个处理程序，作为该事件的监听器。
- 当事件发生时将调用监听器。监听器必须响应该事件，然后返回。
- 事件是通过实现EventHandler接口处理的，该接口包含在javafx.event包中，是一个泛型接口，其语法形式如下。

```
Interface EventHandler<T extends Event>
```

  T指定了处理程序将要处理的事件类型。该接口定义了方法handler()，接受事件对象作为形式参数，如下所示。

```
void handler(T eventObj)
```

  - eventObj是产生的事件。事件处理程序通过匿名内部类或lambda表达式实现。但是，也可以通过使用独立的类实现(例如，事件处理程序需要处理来自多个事件源的事件)。

2. 按钮控件

在JavaFX中，命令按钮由javafx.scene.control包中的Button类提供。Button类继承了很多基类——ButtonBase、Labeled、Region、Control、Parent和Node。按钮可以包含文件、图形或两者兼有。本节使用的按钮Button的构造方法如下。

```
Button(String str)
```

其中，str是按钮中显示的信息。单击按钮，将产生ActionEvent事件。ActionEvent包含在javafx.event包中。可以通过调用getOnAction()方法，为该事件注册监听器。该方法的语法形式如下。

```
Final void setOnAction(EventHandler<ActionEvent>handler)
```

- handler 是事件处理程序。事件处理程序通过匿名内部类或 lambda 表达式实现。
- setOnAction()方法用于设置属性 onAction,该属性存储了对处理程序的引用。
- 事件处理程序将尽快响应事件,然后返回。如果处理程序花费了太多的时间,将会降低程序速度。对于耗时的操作,提倡使用独立的执行线程。

【例 14-3】 下面的程序使用了两个按钮和一个标签。这两个按钮的名称分别为 Run 和 Exit。每次单击一个按钮时,标签就会显示被按下了哪个按钮。

```
1.   package javafxeventdemo;
2.   import javafx.application.*;
3.   import javafx.scene.*;
4.   import javafx.stage.*;
5.   import javafx.scene.layout.*;
6.   import javafx.scene.control.*;
7.   import javafx.event.*;
8.   import javafx.geometry.*;
9.   public class JavaFXEventDemo extends Application {
10.    Label response;
11.    public static void main(String[ ] args) {
12.        //通过调用 launch()方法启动 JavaFX 应用
13.          launch(args);
14.    }
15.    //重写 start()方法
16.    public void start(Stage myStage) {
17.        //设置舞台标题
18.        myStage.setTitle("Use Platform.exit().");
19.        //使用 FlowPane 布局
20.        FlowPane rootNode =new FlowPane(10, 10);
21.        //设置根节点居中对齐
22.        rootNode.setAlignment(Pos.CENTER);
23.        //创建场景
24.        Scene myScene =new Scene(rootNode, 300, 100);
25.        //在舞台中设置场景
26.        myStage.setScene(myScene);
27.        //创建标签
28.        response =new Label("Push a Button");
29.        //创建按钮
30.        Button btnRun =new Button("Run");
31.        Button btnExit =new Button("Exit");
32.        //处理按钮 Run 事件
33.        btnRun.setOnAction((ae) ->response.setText("You pressed Run."));
```

```
34.         //处理按钮 Exit 事件
35.         btnExit.setOnAction((ae) ->Platform.exit());
36.         //在场景中添加标签和按钮
37.         rootNode.getChildren().addAll(btnRun, btnExit, response);
38.         //显示舞台的场景
39.         myStage.show();
40.     }
41. }
```

【执行结果】（见图 14-6）

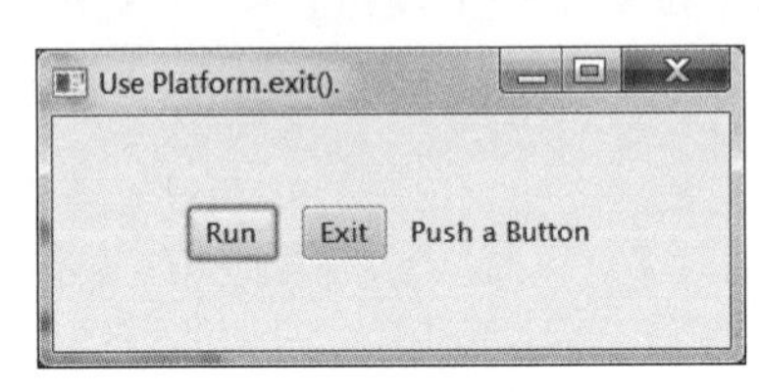

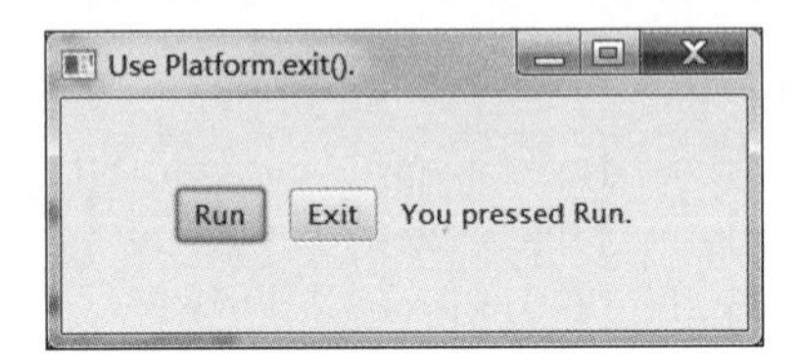

图 14-6　程序执行结果

【分析讨论】

- 第 30、31 句创建了两个基于文本的按钮。其中，第一个按钮显示字符串 Run，第 2 个按钮显示字符串 Exit。
- 第 33、35 句分别设置动作事件处理程序。
- 按钮响应 ActionEvent 事件，为注册这些事件的处理程序，对按钮调用了 setOnAction()方法。此时，该方法的参数类型将提供 lambda 表达式的目标上下文。第 33 句的事件处理方法设置 response 标签的文本，以反映 Run 按钮被单击。这里是通过对标签调用 setText()方法实现的。Exit 按钮的事件处理方式与此相同。
- 设置好事件处理程序后，调用 addAll()方法将 response 标签以及 btnRun 和 btnExit 按钮添加到场景中。addAll()方法将调用父节点添加节点列表。
- 第 20 句用于在窗口中显示控件的方式。出于画面美观的角度，FlowPane 构造方法传递了两个值，指定了场景中元素周围的水平和垂直间隙。第 22 句用于设置 FlowPane 中元素的堆砌方式，即元素居中对齐。Pos 是一个指定对齐常量的枚举类型，包含在 javafx.geometry 包中。

14.5　其他 3 个 JavaFX 控件

JavaFX 定义了一组丰富的控件，它们包含在 javafx.scene.control 包中。本节将介绍复选框(CheckBox)、列表(ListView)和文本框(TextField)。

1. CheckBox

在 JavaFX 中，CheckBox 类封装了复选框的功能，它的父类是 ButtonBase。复选框控件支持 3 种状态：选中、未选中，以及不确定(indeterminate)——也称未定义

(undefined),用于表示复选框的状态尚未被设置,或者表示对于特定的情形不重要。CheckBox 的构造方法如下。

```
CheckBox(String str)
```

用该构造方法创建的复选框用 str 指定的文本作为标签。当选中复选框时,将会产生动作事件。

【例 14-4】 复选框的实例。

```
1.   package CheckBoxDemo;
2.   import javafx.application.*;
3.   import javafx.scene.*;
4.   import javafx.stage.*;
5.   import javafx.scene.layout.*;
6.   import javafx.scene.control.*;
7.   import javafx.event.*;
8.   import javafx.geometry.*;
9.   public class CheckBoxDemo extends Application {
10.    CheckBox cbSmartphone;
11.    CheckBox cbTablet;
12.    CheckBox cbNotebook;
13.    CheckBox cbDesktop;
14.    Label response;
15.    Label selected;
16.    String computers;
17.    public static void main(String[ ] args) {
18.      //通过调用 launch()方法启动 JavaFX 应用
19.      launch(args);
20.    }
21.    //重写 start()方法
22.    public void start(Stage myStage) {
23.      //设定舞台标题
24.      myStage.setTitle("Demonstrate Check Boxes");
25.      //设定根节点 FlowPane 布局
26.      FlowPane rootNode =new FlowPane(Orientation.VERTICAL, 10, 10);
27.      //指定场景中的元素居中对齐
28.      rootNode.setAlignment(Pos.CENTER);
29.      //创建场景
30.      Scene myScene =new Scene(rootNode, 230, 200);
31.      //在舞台中设定场景
32.      myStage.setScene(myScene);
33.      Labelheading =new Label("你喜欢哪一种移动手机?");
34.      //创建一个标签,以报告复选框的变化
35.      response =new Label("");
36.      //创建一个标签,以报告所有被选中的复选框
```

```
37.     selected =new Label("");
38.     //创建复选框对象
39.     cbSmartphone =new CheckBox("华为");
40.     cbTablet =new CheckBox("小米");
41.     cbNotebook =new CheckBox("中兴");
42.     cbDesktop =new CheckBox("联想");
43.     //处理复选框事件
44.     cbSmartphone.setOnAction(new EventHandler<ActionEvent>() {
45.       public void handle(ActionEvent ae) {
46.         if(cbSmartphone.isSelected())
47.           response.setText("华为 was just selected.");
48.         else
49.           response.setText("华为 was just cleared.");
50.         showAll();
51.       }
52.     });
53.     cbTablet.setOnAction(new EventHandler<ActionEvent>() {
54.       public void handle(ActionEvent ae) {
55.         if(cbTablet.isSelected())
56.           response.setText("小米 was just selected.");
57.         else
58.           response.setText("小米 was just cleared.");
59.         showAll();
60.       }
61.     });
62.     cbNotebook.setOnAction(new EventHandler<ActionEvent>() {
63.       public void handle(ActionEvent ae) {
64.         if(cbNotebook.isSelected())
65.           response.setText("中兴 was just selected.");
66.         else
67.           response.setText("中兴 was just cleared.");
68.         showAll();
69.       }
70.     });
71.     cbDesktop.setOnAction(new EventHandler<ActionEvent>() {
72.       public void handle(ActionEvent ae) {
73.         if(cbDesktop.isSelected())
74.           response.setText("联想 was just selected.");
75.         else
76.           response.setText("联想 was just cleared.");
77.         showAll();
78.       }
79.     });
80.     //将控制添加到场景图中
```

```
81.       rootNode.getChildren().addAll(heading, cbSmartphone, cbTablet,
82.                                    cbNotebook, cbDesktop, response, selected);
83.       //显示舞台及它的场景
84.       myStage.show();
85.       showAll();
86.     }
87.     //更新和显示选择项
88.     void showAll() {
89.       computers ="";
90.       if(cbSmartphone.isSelected()) computers ="华为 ";
91.       if(cbTablet.isSelected()) computers +="小米 ";
92.       if(cbNotebook.isSelected()) computers +="中兴 ";
93.       if(cbDesktop.isSelected()) computers +="联想";
94.       selected.setText("移动电话 selected: " +computers);
95.     }
96.   }
```

【执行结果】 （见图 14-7）

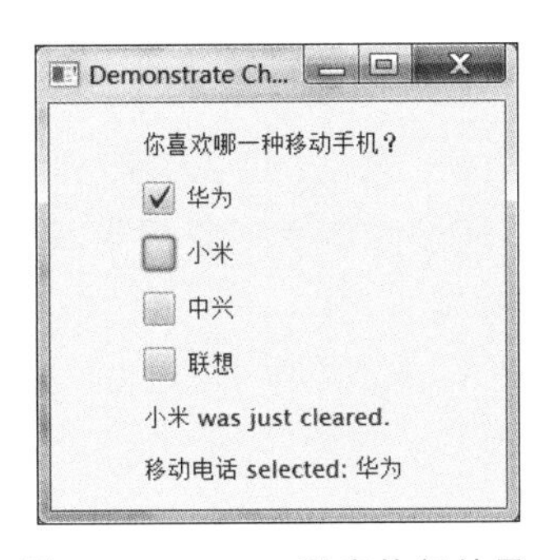

图 14-7 JavaFX 程序执行结果

【分析讨论】

- 该程序演示了复选框的使用。程序显示的 4 个复选框表示移动手机的 4 种不同类型。每次修改复选框时，将产生 ActionEvent。这些事件的处理程序首先报告复选框是被选中还是被清除。为此，它们对事件源调用 isSelected()方法。如果被选中，则返回 true；如果被清除，则返回 false。接下来，程序调用 showAll()方法，显示所有已经被选中的复选框。
- 默认情形下，FlowPane 的布局是水平流式。程序中通过 Orientation.vertical 值作为第一个实际参数传递给 FlowPane 的构造方法来创建垂直的流式布局。

2. ListView

ListView 可以显示一个选项列表，用户可以从中选择一个或多个选项。当列表中选项的数量超出控件空间中可以显示的数量时，可以自动添加滚动条。ListView 是一个泛型类，其声明如下。

```
class ListView<T>
```

- T用于指定列表视图中存储的选项的类型。
- 一般地，ListView的构造方法的定义如下。

```
ListView(ObservableList<T> list)
```

  - List指定了将显示的选项列表，是一个ObservableList类型的对象。默认地，ListView只允许一次在列表中选择一项。
  - 创建在ListView中使用的ObservableList，可以使用FXCollection类（包含在javafx.collections包中）定义的静态方法observableArrayList()。

```
static <E> ObservableList<E> observableArrayList(E ... elements)
```

  - E指定了元素类型，元素通过elements传递。

如果希望自身设置选择的高度和宽度，可以调用如下两个方法。

```
final void setPrefHeight(double height)
final void setPrefwidth(double width)
```

还有一种同时设置高度和宽度的方法：

```
void setPrefSize(double width, double height)
```

使用ListView有两种基本方法：首先，可以忽略列表产生的事件，而在程序需要的时候获得列表中的选中项；其次，通过注册变化监听器，监视列表中的变化，每当用户改变列表中的选中项时，就可以做出响应。

变化监听器包含在javafx.beans.value包中的ChangeListener接口中，该接口定义了changed()方法。

```
void changed(ObservableValue<? extends T> changed, T oldVal, T newVal)
```

- changed是ObservableValue<T>的实例，而ObservableValue<T>封装了可以观察的对象。
- oldVal和newVal分别传递前一个值和新值。newVal保存的是已被选中的列表选项的引用。

为了监听变化的事件，必须获得ListView使用模式，可以通过调用getSelectionModel()方法实现。

```
final MultipleSelectionModel<T> getSelectionModel()
```

- 该方法返回对模式的引用。
- 该方法继承了SelectionModel类，定义了多项选择使用的模式。
- 只有打开多项选择模式后，ListView才允许进行多项选择。

使用方法getSelectionModel()返回的模式，将获得对选中项属性的引用，该属性定义了选中列表中的元素将发生什么。这是通过方法selectedItemProperty()实现的。

```
final ReadOnlyObjectProperty<T> selectedItemProperty()
```

对返回的属性调用 addListener()方法，将变化监听器添加给这个属性。

```
void addListener(ChangeListener<? super T>listener)
```

- 该方法用于指定属性的类型。

【例 14-5】　创建一个显示多种计算机类型的列表视图，允许用户做出选择。用户选择一种类型后，即显示所选的项。

```
1.   package ListViewDemo;
2.   import javafx.application.*;
3.   import javafx.scene.*;
4.   import javafx.stage.*;
5.   import javafx.scene.layout.*;
6.   import javafx.scene.control.*;
7.   import javafx.geometry.*;
8.   import javafx.beans.value.*;
9.   import javafx.collections.*;
10.  public class ListViewDemo extends Application {
11.      Label response;
12.      public static void main(String[ ] args) {
13.        //通过调用 launch()方法启动 JavaFX 应用
14.        launch(args);
15.      }
16.      //重写 start()方法
17.      public void start(Stage myStage) {
18.        //设置舞台的标题
19.        myStage.setTitle("ListView Demo");
20.        //使用 FlowPane 布局
21.        //指定场景中元素周围的水平和垂直间隙
22.        FlowPane rootNode =new FlowPane(10, 10);
23.        //指定元素居中对齐
24.        rootNode.setAlignment(Pos.CENTER);
25.        //创建一个场景
26.        Scene myScene =new Scene(rootNode, 200, 120);
27.        //在舞台中设置场景
28.        myStage.setScene(myScene);
29.        //创建一个标签
30.        response =new Label("Select Computer Type");
31.        //创建一个字符串列表，并用 ObservableList 初始化 ListView
32.        ObservableList<String>computerTypes=FXCollections.observable_
           ArrayList("Smartphone", "Tablet", "Notebook", "Desktop" );
33.        //创建一个列表视图
34.        ListView<String>lvComputers =new ListView<String>(computerTypes);
35.        //设置 lvComputers 控件的首选宽度和高度
36.        lvComputers.setPrefSize(100, 70);
```

```
37.         //获得 lvComputers 控件的选择模式
38.         MultipleSelectionModel<String> lvSelModel = lvComputers.
            getSelectionModel();
39.         //ListView 使用 MultipleSelectionModel，并调用 selectedItemProperty()方
              法注册变化监听器
40.         lvSelModel.selectedItemProperty().addListener(new ChangeListener
            <String>() {
41.           public void changed(ObservableValue<? extends String> changed,
              String oldVal, String newVal) {
42.             //显示被选择的项
43.             response.setText("Computer selected is " + newVal);
44.           }
45.         });
46.         //在场景中添加标签与列表视图
47.         rootNode.getChildren().addAll(lvComputers, response);
48.         //在舞台中显示这个场景
49.         myStage.show();
50.     }
51. }
```

【执行结果】（见图14-8）

图14-8 JavaFX程序执行结果

【分析讨论】

- 当ListView中的内容超过控件大小时，就会自动添加一个滚动条。
- 第32句创建一个字符串列表，并用ObservableList初始化ListView。之后，第36句设置了控件的宽度和高度。
- 第34句创建一个ListView对象，第36句设置这个ListView控件的宽度与高度。
- 第38句获得lvComputers控件的选择模式。第40句的ListView使用MultipleSelectionModel模式，并调用selectedItemProperty()方法注册变化监听器。第43句显示被选择的项。第47句在场景中添加标签与列表视图。第49句在舞台中显示这个场景。

3. TextField

当用户需要输入字符串时，JavaFX提供了TextField控件，用于输入一行文本。例如，获得名称、ID字符串、地址等。TextField继承了TextInputControl。TextField定义了两个构造方法：一个是模仿的构造方法，用于创建一个具有默认大小的空文本框；第二

个构造方法可以指定文本框的初始内容。当需要指定文本框大小的时候，可以调用下列的方法实现。

```
final void setColumnCount(int columns)
```

columns 的值用来确定文本框的大小。

setText()方法可以设置文本框中的文本，getText()方法可以获取当前文本。当用户需要在文本框中显示一条提示消息时，可以调用如下的方法。

```
final void setPromptText(String str)
```

str 是在文本框中显示的提示信息，这个字符串将用低颜色强度(灰色色调)显示。

【例 14-6】 创建一个需要输入搜索字符串的文本框，当用户在文本框中具有输入焦点时按 Enter 键，或者单击 Get Name 按钮，就会获取并显示该字符串。

```
1.   package textfielddemo;
2.   import javafx.application.*;
3.   import javafx.scene.*;
4.   import javafx.stage.*;
5.   import javafx.scene.layout.*;
6.   import javafx.scene.control.*;
7.   import javafx.event.*;
8.   import javafx.geometry.*;
9.   public class TextFieldDemo extends Application {
10.      TextField tf;
11.      Label response;
12.      public static void main(String[] args) {
13.        //通过调用 launch()方法启动 JavaFX 应用
14.        launch(args);
15.      }
16.      //重写 start()方法
17.      public void start(Stage myStage) {
18.        //设置舞台标题
19.        myStage.setTitle("Demonstrate a TextField");
20.        //使用 FlowPane 布局
21.        //设置场景中元素周围的水平和垂直间隙
22.        FlowPane rootNode =new FlowPane(10, 10);
23.        //设置根节点居中对齐
24.        rootNode.setAlignment(Pos.CENTER);
25.        //创建一个场景
26.        Scene myScene =new Scene(rootNode, 230, 140);
27.        //在舞台中设置场景
28.        myStage.setScene(myScene);
29.        //创建一个标签
30.        response =new Label("Enter Name: ");
```

```
31.         //创建一个按钮
32.         Button btnGetText =new Button("Get Name");
33.         //创建文本框
34.         tf =new TextField();
35.         //设置文本框的提示信息
36.         tf.setPromptText("Enter a name.");
37.         //设置文本框的宽度
38.         tf.setPrefColumnCount(15);
39.         //使用 lambda 表达式处理文本框的动作事件
40.         tf.setOnAction( (ae) ->response.setText("Enter pressed. Name is: " +
            tf.getText()));
41.         //当按下按钮时,使用 lambda 表达式得到文本框中的文本
42.         btnGetText.setOnAction((ae) ->response.setText("Button pressed.
            Name is: " +tf.getText()));
43.         //使用分隔符可以更好地组织布局
44.         Separator separator =new Separator();
45.         separator.setPrefWidth(180);
46.         //将控件添加到场景图中
47.         rootNode.getChildren().addAll(tf, btnGetText,separator, response);
48.         //显示舞台及它的场景
49.         myStage.show();
50.     }
51. }
```

【执行结果】（见图14-9）

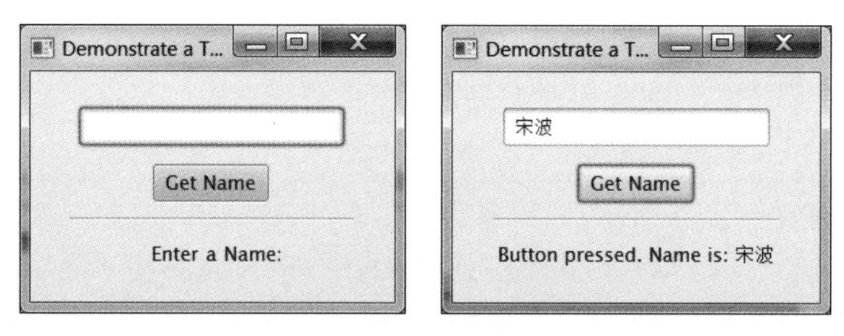

图14-9 程序的执行结果

【分析讨论】

注意：本示例将Lambda表达式作为事件处理程序。每个处理程序由单个方法调用组成，这就使得事件处理程序成为Lambda表达式的完美实现。

14.6 Image与ImageView控件

javaFX的控件中允许包含图片，例如，在标签或按钮中。此外，还可以在场景中直接嵌入独立的图片。JavaFX对图片支持的基础是Image和ImageView两个类。Image封装了图片，而ImageView则管理图片的显示。这两个类包含在javafx.scene.image包中。

Image 类从 InputStream、URL 或图片文件的路径中加载图片。Image 类的构造方法如下。

```
Image(String url)
```

url 用于指定 URL 或图片文件的路径;如果参数的格式不正确,则认为该参数指向一个路径;否则,从 URL 位置加载图片。

注意:Image 没有继承 Node,所以它不能作为场景图的一部分。

ImageView 的构造方法如下。

```
ImageView(Image image)
```

【例 14-7】 加载一幅沙漏图片(hourglass.png 包含在本地目录中),使用 ImageView 将该图片显示出来。

```
1.  package imagedemo;
2.  import javafx.application.Application;
3.  importjavafx.event.ActionEvent;
4.  import javafx.event.EventHandler;
5.  import javafx.scene.Scene;
6.  import javafx.scene.control.Button;
7.  import javafx.scene.layout.StackPane;
8.  import javafx.stage.Stage;
9.  import javafx.application.*;
10. import javafx.scene.*;
11. import javafx.stage.*;
12. import javafx.scene.layout.*;
13. import javafx.geometry.*;
14. import javafx.scene.image.*;
15. public class ImageDemo extends Application {
16.   public static void main(String[ ] args) {
17.   //通过调用 launch()方法启动 JavaFX 应用
18.     launch(args);
19.   }
20.   //重写 start()方法
21.   public void start(Stage myStage) {
22.     //设置舞台的标题
23.     myStage.setTitle("Display an Image");
24.     //使用 FlowPane 布局
25.     FlowPane rootNode =new FlowPane();
26.     //居中对齐
27.     rootNode.setAlignment(Pos.CENTER);
28.     //创建一个场景
29.     Scene myScene =new Scene(rootNode, 300, 200);
```

```
30.         //在舞台中设置场景
31.         myStage.setScene(myScene);
32.         //创建一个 Image
33.         Image hourglass =new Image("HourGlass.png");
34.         //使用这个 Image 创建一个 ImageView
35.         ImageView hourglassIV =new ImageView(hourglass);
36.         //把 Image 添加到场景中
37.         rootNode.getChildren().add(hourglassIV);
38.         //在舞台中显示这个场景
39.         myStage.show();
40.     }
41. }
```

【执行结果】（见图 14-10）

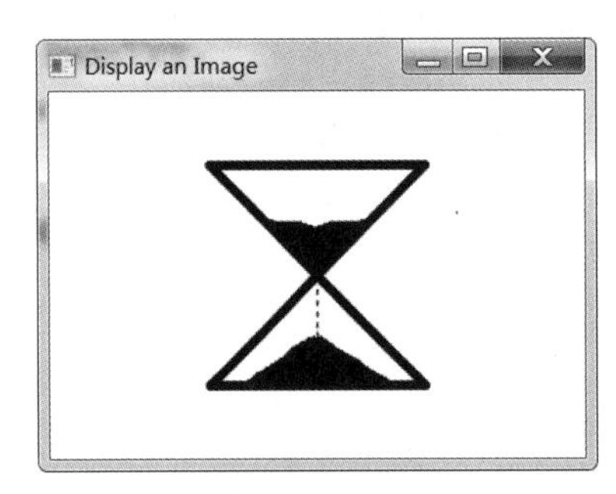

图 14-10　程序的执行结果

【分析讨论】

特别注意，第 33 句创建了一个 Image。但是，图片不能添加到场景中，必须先嵌入一个 ImageView 中(第 35 句)。

14.7　TreeView 控件

在 JavaFX 中，TreeView 以树状形式显示数据的分层视图。这里，分层是指一些条目是其他条目的子项。例如，树用于显示文件系统的情形下，单独的文件从属于包含它们的目录。在 TreeView 中，用户可以根据需要展开或收缩树枝，这样就可以以一种紧凑但可展开的形式显示分层数据。TreeView 实现了一种概念上简单的基于树的数据结构。树从根节点开始，根节点指出树的起点。根节点下有一个或多个子节点。子节点分为叶子结点(终端节点——不包含子节点)和树枝节点(构成了子树的根节点，子树是包含在更大的树结构中的树)。从根节点到某个特定节点的节点序列称为路径。当树的大小超出视图的尺寸时，TreeView 将会自动提供滚动条。根据需要自动添加滚动条，能够节省很多空间。TreeView 是泛型类，其声明如下。

```
class TreeView<T>
```

T 指定树中条目保存的值的类型，一般为 String 类型。

TreeView 的构造方法定义如下。

```
TreeView(TreeItem<T> rootNode)
```

- rootNode——子树的根节点。因为所有的节点都派生自根节点，所以根节点是唯一需要传递给 TreeView 的节点。
- TreeItem——构成树的条目是 TreeItem 类型的对象。TreeItem 没有继承 Node，故 TreeItem 对象不是通用对象。它可以用在 TreeView 中，但不能作为独立控件使用。
- TreeItem 类的声明如下：class TreeItem＜T＞，其中 T 指定了 TreeItem 保存的值的类型。

使用 TreeView 的方法如下。

(1) 构造要显示的树。首先，创建根节点；然后，向根节点添加其他节点，这是通过对 getChildren()方法返回的列表调用 add()或 addAll()方法实现的。所添加的节点可以是叶子节点或子树。

(2) 构造完树以后，将其根节点传递给 TreeView 的构造方法来创建 TreeView 对象。

(3) 处理 TreeView 中选择的事件。首先，调用 getSelectionModel()方法获得选择模式；然后，调用 selectItemProperty()方法获得选中的属性；最后，通过对该方法的返回值调用 addListener()方法添加变化监听器。每次做出选择时，就将对新选项的引用作为新值传递给 changed()方法。

(4) 通过调用 getValue()方法，可以获得 TreeItem 的值。还可以前向或后向沿着某个条目的树路径前进。

(5) 通过调用 getParent()方法可以得到某个父节点。调用 getChildren()方法可以得到某个节点的子节点。

【例 14-8】 创建一棵树，显示一个食物层次。树中存储 String 类型的条目。根节点的标签是 Food。根节点有 3 个直接子节点：水果、蔬菜、坚果。水果节点包含 3 个子节点，分别是苹果、梨和橘子。苹果节点下有 3 个叶子结点：富士、国光和红玉。蔬菜节点下有 4 个叶子节点：玉米、豌豆、西兰花和豆颈。坚果节点下有 3 个叶子节点：核桃、花生和山核桃。每次做出选择后，会显示所选项的名称及路径。

```
1.  package treeviewdemo;
2.  import javafx.application.*;
3.  import javafx.scene.*;
4.  import javafx.stage.*;
5.  import javafx.scene.layout.*;
6.  import javafx.scene.control.*;
7.  import javafx.event.*;
```

```
8.   import javafx.beans.value.*;
9.   import javafx.geometry.*;
10.  public class TreeViewDemo extendsApplication {
11.  Label response;
12.  public static void main(String[ ] args) {
13.      //通过调用 launch()方法启动 JavaFX 应用
14.      launch(args);
15.  }
16.  //重写 start()方法
17.  public void start(Stage myStage) {
18.      //设置舞台的标题
19.      myStage.setTitle("Demonstrate a TreeView");
20.      //使用 FlowPane 布局
21.      //指定场景中元素周围的水平和垂直间隙
22.      FlowPane rootNode =new FlowPane(10, 10);
23.      //居中对齐
24.      rootNode.setAlignment(Pos.CENTER);
25.      //创建一个场景
26.      Scene myScene =new Scene(rootNode, 310, 460);
27.      //在舞台中设置场景
28.      myStage.setScene(myScene);
29.      //创建一个标签提示用户的选择项
30.      response =new Label("No Selection");
31.      //创建树的根节点
32.      TreeItem<String>tiRoot =new TreeItem<String>("Food");
33.      //创建水果子节点
34.      TreeItem<String>tiFruit =new TreeItem<String>("水果");
35.      //构造苹果子树
36.      TreeItem<String>tiApples =new TreeItem<String>("苹果");
37.      //将不同品种的苹果添加到苹果子树节点
38.      tiApples.getChildren().add(new TreeItem<String>("富士"));
39.      tiApples.getChildren().add(new TreeItem<String>("国光"));
40.      tiApples.getChildren().add(new TreeItem<String>("红玉"));
41.      //将不同的水果添加到水果子树节点
42.      tiFruit.getChildren().add(tiApples);
43.      tiFruit.getChildren().add(new TreeItem<String>("梨"));
44.      tiFruit.getChildren().add(new TreeItem<String>("橘子"));
45.      //最后,将水果子节点添加到根节点
46.      tiRoot.getChildren().add(tiFruit);
47.      //现在,用同样的方法构造蔬菜子树
48.      TreeItem<String>tiVegetables =new TreeItem<String>("蔬菜");
49.      tiVegetables.getChildren().add(new TreeItem<String>("玉米"));
50.      tiVegetables.getChildren().add(new TreeItem<String>("豌豆"));
```

```
51.       tiVegetables.getChildren().add(new TreeItem<String>("西兰花"));
52.       tiVegetables.getChildren().add(new TreeItem<String>("豆颈"));
53.       tiRoot.getChildren().add(tiVegetables);
54.       //构造坚果子树节点
55.       TreeItem<String>tiNuts =new TreeItem<String>("坚果");
56.       tiNuts.getChildren().add(new TreeItem<String>("核桃));
57.       tiNuts.getChildren().add(new TreeItem<String>("花生"));
58.       tiNuts.getChildren().add(new TreeItem<String>("山核桃"));
59.       tiRoot.getChildren().add(tiNuts);
60.       //用创建的树创建 TreeView
61.       TreeView<String>tvFood =new TreeView<String>(tiRoot);
62.       //设置 TreeView 的选择模式
63.       MultipleSelectionModel<TreeItem<String>>tvSelModel =tvFood.
          getSelectionModel();
64.       //用变化监听器响应用户选择的一条 TreeView
65.       tvSelModel.selectedItemProperty().addListener(new ChangeListener
          <TreeItem<String>>() {
66.       public void changed(ObservableValue<? extends TreeItem<String>>
67.                 changed, TreeItem<String>oldVal, TreeItem<String>newVal) {
68.           //显示用户的选择以及子树路径
69.           if(newVal !=null) {
70.             //构造入口路径与选择的条目
71.             String path =newVal.getValue();
72.             TreeItem<String>tmp =newVal.getParent();
73.             while(tmp !=null) {
74.               path =tmp.getValue() +" ->" +path;
75.               tmp =tmp.getParent();
76.             }
77.             //显示用户选择的条目以及路径
78.             response.setText("Selection is " +newVal.getValue() +
                "\nComplete path is " +path);
79.         }
80.       }});
81.         //将树根节点添加到场景中
82.         rootNode.getChildren().addAll(tvFood, response);
83.         //在舞台中显示场景
84.         myStage.show();
85.     }
86.   }
```

【执行结果】（见图14-11）

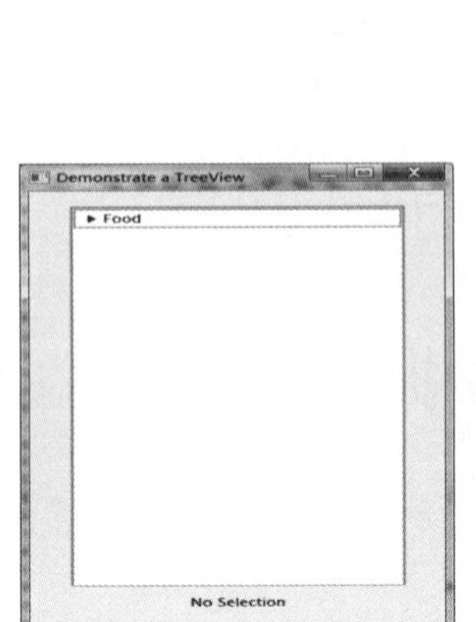

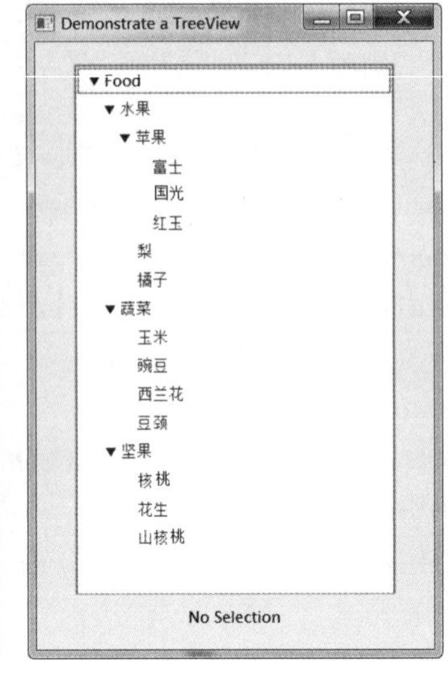

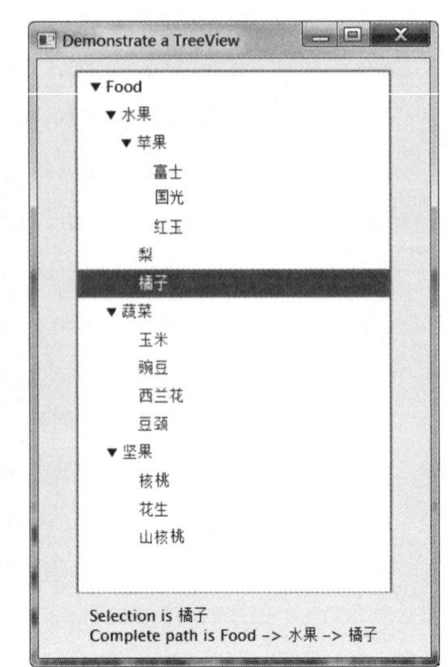

图14-11　程序的执行结果

【分析讨论】

- 首先，第32句创建了树的根节点；其次，创建了根节点之下的节点，这些节点构成子树的根节点。其中一个表示水果（第34句），一个表示蔬菜（第48句），一个表示坚果（第55句）。
- 然后，为这些子树添加叶子节点。其中，水果子树还包含一棵子树，它包含不同品牌的苹果（第38～40句）。这里的关键知识点是，树中的每个树枝要么走向一棵叶子节点，要么走向一个子树的根节点。
- 构造了所有的节点之后，通过对根节点调用add()方法，就将每棵子树的根节点添加到了树的根节点（第38～40句，第42～44句，第49～53句，第56～59句）。
- 在变化事件处理监听程序中，从根节点到选定节点的路径是通过第71～75句实现的。首先，获取选中节点的值（一个字符串，即节点的名称）；然后，创建一个TreeItem<String>类型的变量，并将其初始化为引用新选中节点的父节点。如果新选中的节点没有父节点，那么其值为NULL；否则，进入循环，将每个父节点的值添加到path中。这个过程不断循环进行，直到找到树的根节点。

14.8　JavaFX菜单

菜单是GUI的重要组成部分，可以让用户访问到程序的核心功能。所以，JavaFX为菜单提供了广泛的支持。

1. 基础知识

JavaFX的菜单系统由javafx.scene.control包中一系列相关的类提供支持，如表14-1所示。

表 14-1　JavaFX 的核心菜单类

类	主要功能
CheckMenuItem	复选菜单项
ContextMenu	弹出菜单
Menu	标准菜单，由一个或多个 menuItem 组成
MenuBar	保存程序的顶级菜单的对象
MenuItem	填充菜单的对象
RadioMenuItem	单选菜单项
SeparatorMenuItem	菜单项之间的可视分隔符

- 如果要创建程序的顶级菜单，首先要创建一个 MenuBar 实例，即这个类是菜单的容器。在 MenuBar 实例中，将添加 Menu 实例。每个 Menu 对象定义了一个菜单。也就是说，每个 Menu 对象包含了一个或多个可以选择的菜单项。Menu 显示的菜单项是 MenuItem 类型的对象。因此，MenuItem 定义了用户可以选择的选项。
- 除了标准菜单项，还可以在菜单中包含复选菜单项和单选菜单项。它们的操作与复选框和单选按钮控件类似。复选菜单项用 CheckMenuItem 类创建，单选菜单选用 RadioMenuItem 类创建。这两个类扩展了 MenuItem 类。
- SeparatormenuItem 类用于在菜单中创建一条分隔线。它继承了 CustomMenuItem 类，后者使得在菜单中嵌入其他类型的控件变得很容易。CustomMenuItem 类扩展了 MenuItem 类。
- 注意，MenuItem 类没有继承 Node 类。因此，MenuItem 类的实例只能用在菜单中，而不能以其他方式加入场景图中。但是，MenuBar 类继承了 Node 类，所以可以把菜单栏添加到场景图中。MenuItem 是 Menu 的超类，所以它可以创建子菜单，也就是菜单中的菜单。要创建子菜单，首先要创建一个 Menu 对象，并用 MenuItem 填充它，然后把它添加到另一个 Menu 对象中。
- 选择菜单项后，会生成动作事件。与所选项关联的文本称为这次选择的名称，所以不需要通过检查名称确定哪个菜单项被选择。
- 也可以创建独立的上下文菜单，它们在激活时会被弹出。首先，创建一个 ContextMenu 类的对象，然后向该对象添加 MenuItem。如果为某个控件定义了上下文菜单，那么激活该菜单的方式通常是在该控件上右击。ContextMenu 类继承了 PopupControl 类。
- 工具栏是与菜单相关的一种特性。工具栏由 ToolBar 类支持。该类创建独立的组件，通常用于快速访问程序的菜单中包含的功能。

2. MenuBar、Menu 和 MenuItem

为程序创建菜单，最少用到 MenuBar、Menu 和 MenuItem 这 3 个类。上下文菜单也会用到 MenuItem。因此，这 3 个类是菜单系统的基础。

1) MenuBar

Menubar 是菜单的容器，它是为程序提供主菜单的控件。MenuBar 类继承了 Node 类，因此，可以把它添加到场景图中。MenuBar 有两个构造方法：第一个是默认的构造方法，需要在使用之前在其中填充菜单；第二个构造方法允许指定初始的菜单栏列表。一般地，程序有且只有一个菜单栏。MenuBar 定义的方法中，getMenus()方法经常被使用，它返回一个由菜单栏管理的菜单列表。创建的菜单将被添加到这个列表中。

```
final ObservableList<Menu>getMenus()
```

调用 add()方法可以把 Menu 实例添加到这个菜单列表中。也可以用 addAll()方法，在一次调用中添加两个或多个 Menu 实例。所添加的菜单将按照添加顺序从左到右排列在菜单中。如果要在特定位置添加一个菜单，可以使用如下的 add()方法。

```
Voidadd(int idx, Menu menu)
```

menu 将被添加到由 idx 指定的索引位置，索引从 0 开始，0 对应最左边的菜单。

当要删除不再需要的菜单时，可以通过对 getMenus()方法返回的 ObservableList 调用 remove()方法实现。该方法的两种定义形式如下。

```
void remove(Menu menu)
void remove(int idx)
```

menu 是对要删除的菜单的引用，idx 是要删除的菜单的索引，索引从 0 开始。如果找到并删除了菜单项，第一种形式返回 true，第二种形式返回对所删除元素的引用。

2) Menu

Menu 封装了菜单，菜单项用 MenuItem 填充。而 Menu 派生自 MenuItem，这意味着一个 Menu 实例可以是另一个 Menu 实例中的选项，从而能够创建菜单的子菜单。Menu 定义了以下 4 个构造方法。

- Menu(String name)——该构造方法创建的菜单具有 name 指定的名称。
- Menu(String name,Node image)——image 指定了要显示的图片。
- Menu(String name,Node inage,MenuItem … menuItems)——允许指定最初的添加菜单项列表。
- Menu()——可以用默认的构造方法创建未命名的菜单。然后，创建菜单后再调用 setText()方法添加名称，调用 setGraphic()方法添加图片。

每个菜单都维护一个由它包含的菜单项组成的列表。要在菜单中添加菜单项，需要把菜单添加到这个列表中。可以在 Menu 的构造方法中指定它们，或者把它们添加到列表中。为此，首先调用 getItems()方法。

```
final ObservableList<MenuItem>getItems()
```

该方法返回当前与菜单相关联的菜单项列表。然后，调用 add()或 addAll()方法把菜单项添加到这个列表中。另外，也可以调用 remove()方法从中删除菜单项，调用 size()方法获取列表的大小。此外，可以在菜单项列表中添加一条菜单分隔线，该分隔线是

SeparatorMenuItem 类型的对象。分隔线允许相关的菜单项分组，从而有助于组织菜单。分隔线也可以帮助突出显示重要的菜单项。

3）MenuItem

MenuItem 封装了菜单中的元素。该元素可以是链接到某个程序动作的选项，也可以用于显示子菜单。MenuItem 定义了以下 3 个构造方法。

- MenuItem()——创建一个空菜单项。
- MenuItem(String name)——用指定的名称创建菜单项。
- MenuItem(String name,Node image)——用包含的图片创建菜单项。

MenuItem 被选中时，将产生动作事件。通过调用 setOnAction()方法，可以为这种事件注册事件处理程序。

```
final void srtOnAction(EventHandler<ActionEvent>handle)
```

MenuItem 提供的 setDisable()方法，可以用来启用或禁用菜单项。

```
final void setDisable(boolean disable)
```

如果 disable 为 true，则禁用菜单项；如果 disable 为 false，则启用菜单项。

3. 创建主菜单

一般地，主菜单是由菜单栏定义的菜单，也是定义了程序的全部功能的菜单。创建主菜单需要如下 4 个步骤。

(1) 创建用于保存菜单的 MenuBar 实例。

(2) 构造将包含在菜单栏中的每个菜单，首先创建一个 Menu 对象，然后向该对象添加 MneuItem。

(3) 把菜单栏添加到场景图中。

(4) 对于每个菜单项，添加动作事件处理程序，以响应选中菜单项时生成的动作事件。

【例 14-9】 创建一个菜单栏，其中包含 3 个菜单：第一个是标准的 File 菜单，它包含 Open、Close、Save 和 Exit 选项；第二个是 Options 菜单，它包含 Colors 和 Priority 两个子菜单以及 Rest 菜单项；第三个菜单称为 Help，它只有 About 一个选项。选中一个菜单项时，将在一个标签中显示所选项的名称。

```
1.   import javafx.application.*;
2.   import javafx.scene.*;
3.   import javafx.stage.*;
4.   import javafx.scene.layout.*;
5.   import javafx.scene.control.*;
6.   import javafx.event.*;
7.   import javafx.geometry.*;
8.   public class MenuDemo extends Application {
9.     Label response;
10.    public static void main(String[ ] args) {
```

```
11.        //通过调用 launch()方法启动 JavaFX 应用
12.        launch(args);
13.     }
14.     //重写 start()方法
15.     public void start(Stage myStage) {
16.        //设置舞台的标题
17.        myStage.setTitle("Demonstrate Menus");
18.        //定义根节点
19.        BorderPane rootNode =new BorderPane();
20.        //创建一个场景
21.        Scene myScene =new Scene(rootNode, 300, 300);
22.        //在舞台中设置场景
23.        myStage.setScene(myScene);
24.        //定义一个标签响应用户的选择
25.        response =new Label("Menu Demo");
26.        //创建 MenuBar 对象
27.        MenuBar mb =new MenuBar();
28.        //创建 File 菜单
29.        Menu fileMenu =new Menu("File");
30.        MenuItem open =new MenuItem("Open");
31.        MenuItem close =new MenuItem("Close");
32.        MenuItem save =new MenuItem("Save");
33.        MenuItem exit =new MenuItem("Exit");
34.        fileMenu.getItems().addAll(open, close, save, new SeparatorMenuItem(),
           exit);
35.        //将 File 菜单添加到 MenuBar 中
36.        mb.getMenus().add(fileMenu);
37.        //创建 Options 菜单
38.        Menu optionsMenu =new Menu("Options");
39.        //创建 Colors 子菜单
40.        Menu colorsMenu =new Menu("Colors");
41.        MenuItem red =new MenuItem("Red");
42.        MenuItem green =new MenuItem("Green");
43.        MenuItem blue =new MenuItem("Blue");
44.        colorsMenu.getItems().addAll(red, green, blue);
45.        optionsMenu.getItems().add(colorsMenu);
46.        //创建 Priority 子菜单
47.        Menu priorityMenu =new Menu("Priority");
48.        MenuItem high =new MenuItem("High");
49.        MenuItem low =new MenuItem("Low");
50.        priorityMenu.getItems().addAll(high, low);
51.        optionsMenu.getItems().add(priorityMenu);
52.        //添加分隔符
```

```
53.       optionsMenu.getItems().add(new SeparatorMenuItem());
54.       //创建 Reset 菜单项
55.       MenuItem reset =new MenuItem("Reset");
56.       optionsMenu.getItems().add(reset);
57.       //将 Options 菜单添加到 MenuBar
58.       mb.getMenus().add(optionsMenu);
59.       //创建 Help 菜单
60.       Menu helpMenu =new Menu("Help");
61.       MenuItem about =new MenuItem("About");
62.       helpMenu.getItems().add(about);
63.       //将 Help 菜单添加到 MenuBar 中
64.       mb.getMenus().add(helpMenu);
65.       //定义动作事件处理程序,以响应选中菜单项时生成的动作事件
66.       EventHandler<ActionEvent>MEHandler =new EventHandler<ActionEvent>() {
67.         public void handle(ActionEvent ae) {
68.           String name =((MenuItem)ae.getTarget()).getText();
69.           //如果选择 Exit,则退出程序
70.           if(name.equals("Exit"))  Platform.exit();
71.           response.setText( name +" selected");
72.         }
73.     };
74.     //针对每个菜单项注册动作事件处理程序
75.     open.setOnAction(MEHandler);
76.     close.setOnAction(MEHandler);
77.     save.setOnAction(MEHandler);
78.     exit.setOnAction(MEHandler);
79.     red.setOnAction(MEHandler);
80.     green.setOnAction(MEHandler);
81.     blue.setOnAction(MEHandler);
82.     high.setOnAction(MEHandler);
83.     low.setOnAction(MEHandler);
84.     reset.setOnAction(MEHandler);
85.     about.setOnAction(MEHandler);
86.     //将 MenuBar 添加到窗口的顶部
87.     //响应用户选择的标签显示在窗口的中间
88.     rootNode.setTop(mb);
89.     rootNode.setCenter(response);
90.     //在窗口中显示舞台及它的场景
91.     myStage.show();
92.     }
93.   }
```

【执行结果】（见图14-12）

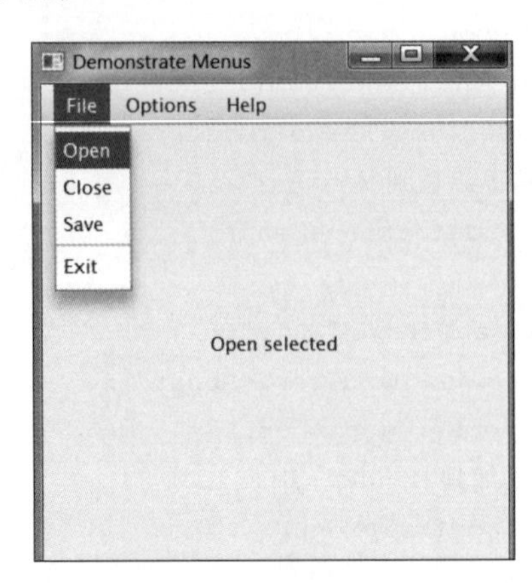

图14-12 程序的执行结果

【分析讨论】

- 第19句创建的根节点对象类型是BorderPane，它定义了一个包含5个区域的窗口，这5个区域分别是顶部、底部、左侧、右侧和中央。
- 第27句用来构造菜单栏，此时菜单栏是空的。第29～33句用来创建File菜单及其菜单项。第34句将各个菜单项添加到File菜单中。第36句将File菜单添加到菜单栏中。此时，菜单栏中将包含File菜单，File菜单将包含Open、Close、Save和Exit 4个选项。
- 第38句将创建Options菜单，它包含Colors和Priority两个子菜单，还包含Reset菜单项。第40～44句用来构造Colors子菜单及其菜单项，第45句将它们添加到Options菜单中。第47句用来创建Priority子菜单，第48～49句创建了两个菜单项High和Low。第50句将它们添加到Priority子菜单中。第51句将Priority子菜单添加到Options菜单中。第53句在各个菜单项之间设置分隔符。第55句创建Reset菜单项。第56句将其添加到Options子菜单中。第58句将Options菜单添加到MenuBar。
- 第60句创建Help菜单。第61句创建菜单项About。第62句将其添加到Help菜单中。第64句将Help菜单添加到MenuBar中。
- 第66～73句定义动作事件处理程序，以响应选中菜单项时生成的动作事件。在handle()方法中，通过调用getTarget()方法获得事件的目标。该方法的返回类型是MenuItem，其名称通过调用getText()方法返回。然后，这个字符串被赋值给name。如果name包含字符串"Exit"，就调用Platform.exit()方法终止程序；否则，在response标签中显示获得的名称。
- 第75～85句将MEHandler注册为每个菜单项的动作事件处理程序。第88句将菜单栏添加到根节点。

14.9 效果与变换

JavaFX的一个主要优势在于通过使用效果/变换，改变控件的精确外观的能力。通过这个功能，可以让GUI具有用户所期望的复杂的现代外观。

1. 效果

效果由javafx.scene.effect包中的Effect类以及其子类支持。使用效果可以自定义场景图中节点的外观，如表14-2所示。

表14-2 JavaFX内置的效果

类	主要功能
Bloom	增加节点中较亮部分的亮度
BoxBlur	让节点变得模糊
DropShadow	在节点后面显示阴影
Glow	生成发光效果
InnerShadow	在节点内显示阴影
Lighting	创建光源的阴影效果
Reflection	显示倒影

2. 变换

变换由javafx.scene.transform包中的抽象类Transform支持。它有4个子类，分别是Rotate、Scale、Shear和Translate。在节点上，可以执行多种变换。例如，可以旋转并缩放节点。Note类支持变换。

【例14-10】 程序创建了4个按钮，分别为Rotate、Glow、Shadow和Scale。每按下一个按钮时，就对按钮应用对应的效果或变换。

```
1.  import javafx.application.*;
2.  import javafx.scene.*;
3.  import javafx.stage.*;
4.  import javafx.scene.layout.*;
5.  import javafx.scene.control.*;
6.  import javafx.event.*;
7.  import javafx.geometry.*;
8.  import javafx.scene.transform.*;
9.  import javafx.scene.effect.*;
10. import javafx.scene.paint.*;
11. public class EffectsAndTransformsDemo extends Application {
12.     double angle =0.0;
13.     double glowVal =0.0;
14.     boolean shadow =false;
```

```
15.     double scaleFactor =1.0;
16.     //定义一个基本的效果
17.     Glow glow =new Glow(0.0);
18.     InnerShadow innerShadow =new InnerShadow(10.0, Color.RED);
19.     Rotate rotate =new Rotate();
20.     Scale scale =new Scale(scaleFactor, scaleFactor);
21.     //创建 4 个按钮
22.     Button btnRotate =new Button("Rotate");
23.     Button btnGlow =new Button("Glow");
24.     Button btnShadow =new Button("Shadow off");
25.     Button btnScale =new Button("Scale");
26.     public static void main(String[ ] args) {
27.       //通过调用 launch()方法启动 JavaFX 应用
28.       launch(args);
29.     }
30.     //重写 start()方法
31.     public void start(Stage myStage) {
32.       //设置舞台的标题
33.       myStage.setTitle("Effects and Transforms Demo");
34.       //使用 FlowPane 布局定义根节点,并指定场景中元素周围的水平和垂直间隙
35.       FlowPane rootNode =new FlowPane(10, 10);
36.       //Center the controls in the scene.
37.       rootNode.setAlignment(Pos.CENTER);
38.       //创建一个场景
39.       Scene myScene =new Scene(rootNode, 300, 100);
40.       //在舞台中设置场景
41.       myStage.setScene(myScene);
42.       //设置发光效果
43.       btnGlow.setEffect(glow);
44.       //将 Rotate 按钮添加到变换列表中
45.       btnRotate.getTransforms().add(rotate);
46.       //将 Scale 按钮添加到变换列表中
47.       btnScale.getTransforms().add(scale);
48.       //处理 Rotate 按钮的动作响应事件
49.       btnRotate.setOnAction(new EventHandler<ActionEvent>() {
50.         public void handle(ActionEvent ae) {
51.           //每当按钮被单击时,它将旋转 30°
52.           //指定旋转的中心点
53.           angle +=30.0;
54.           rotate.setAngle(angle);
55.           rotate.setPivotX(btnRotate.getWidth()/2);
56.           rotate.setPivotY(btnRotate.getHeight()/2);
57.     }
```

```
58.         });
59.         //定义 Scale 按钮的事件处理程序
60.         btnScale.setOnAction(new EventHandler<ActionEvent>() {
61.           public void handle(ActionEvent ae) {
62.             //每当按钮被单击时,它的大小将发生变换
63.             scaleFactor +=0.1;
64.             if(scaleFactor >1.0)  scaleFactor =0.4;
65.             scale.setX(scaleFactor);
66.             scale.setY(scaleFactor);
67.           }
68.         });
69.         //定义 Glow 按钮的事件处理程序
70.         btnGlow.setOnAction(new EventHandler<ActionEvent>() {
71.             public void handle(ActionEvent ae) {
72.             //每当按钮被点击时, 它的颜色将逐渐变浅
73.             glowVal +=0.1;
74.             if(glowVal >1.0) glowVal =0.0;
75.             //定义 glow 的新值
76.             glow.setLevel(glowVal);
77.           }
78.         });
79.         //定义 Shadow 按钮的动作事件响应程序
80.         btnShadow.setOnAction(new EventHandler<ActionEvent>() {
81.         public void handle(ActionEvent ae) {
82.           //每当按钮被单击时,它的颜色将逐渐变深
83.           shadow =!shadow;
84.           if(shadow) {
85.             btnShadow.setEffect(innerShadow);
86.             btnShadow.setText("Shadow on");
87.           } else {
88.             btnShadow.setEffect(null);
89.             btnShadow.setText("Shadow off");
90.           }
91.         }
92.       });
93.       //将标签与按钮添加到场景图中
94.       rootNode.getChildren().addAll(btnRotate, btnScale, btnGlow, btnShadow);
95.       //显示舞台和场景
96.       myStage.show();
97.       }
98.   }
```

【执行结果】（见图 14-13）

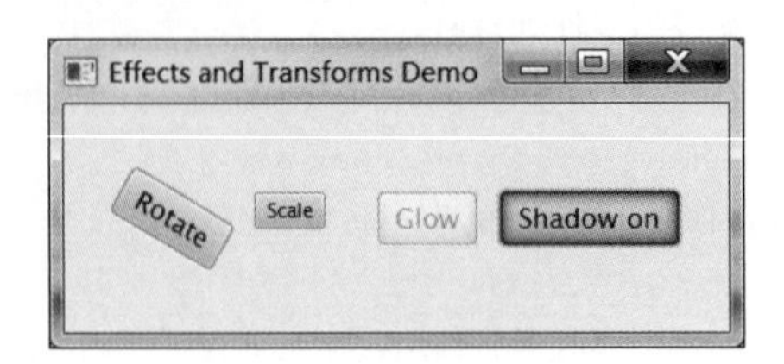

图 14-13 程序的执行结果

【分析讨论】

- 第 17～18 句定义了一个基本的效果。其中，Glow 生成的效果是节点具有发光的外观，其构造方法如下。
  - Glow(double glowLevel)——glowLevel 用于指定光的亮度，取值范围在 0.0～1.0。创建 Glow 实例后，可以调用 setLevel()方法改变发光的级别。
    - final setLevel(doubleglowLevel)——glowLevel 用于指定光的亮度，取值范围为 0.0～1.0。
- InnerShadow 生成的效果是节点内具有阴影，其构造方法如下。
  - InnerShadow(double radius，Color shadowColor)——radius 用于指定节点内阴影的半径，即指定阴影的大小。shadowColor 用于指定阴影的颜色。Color 类型是 JavaFX 类型 javafx.scene.paint.Color。该类型定义了 Color.GREEN、ColorRED 和 Color.BLUE 等多个常量。
- 第 19～20 句定义两个基本的变换。第 22～25 句定义了 4 个按钮。第 45 句将 Rotate 按钮添加到变换列表中。要向节点添加变换，可以把变换添加到节点维护的变换列表中。通过调用 Node 定义的 getTransform()方法，可以获得该变换列表，如下所示。
  - final ObservableList<Transform> getTransform()——该方法返回对变换列表的引用。要添加变换，只要调用 add()方法把它添加到这个列表中即可。调用 clear()方法可以清除该列表。调用 remove()方法可以从列表中删除特定的元素。
- 为了演示变换，这里使用了 Rotate 类和 Scale 类。Rotate 绕着指定的点旋转节点。Rotate 类的构造方法如下。
  - Rotate(double angle，double x，double y)——angle 用于指定旋转的角度。选中的中心点称为轴点，由 x 和 y 指定。
- 创建完 Rotate 对象之后(第 19 句)才设置这 3 个值。设置这 3 个值用到如下所示的 3 个方法(第 54～56 句)：
  - final void setAngle(double angle)；
  - final voidsetPivotX(double x)；
  - final void setPivotY(double y)；
  - 其中，angle 用于指定旋转的角度，x 和 y 用于指定旋转中心点。

- Scale 根据缩放因子缩放节点。Scale 类的构造方法如下。
  - Scale(double widthFactor,double heightFactor)——widthFactor 用于指定对节点宽度应用缩放因子,heightFactor 用于指定对节点高度应用缩放因子。
- 创建完 Scale 实例之后(第 20 句),可以使用如下所示的两个方法改变这两个因子(第 63～66 句):
  - final void setX(double widthFactor);
  - final void setY(double heightFactor);
  - widthFactor 用于指定对节点的宽度应用缩放因子,heightFactor 用于指定对节点的高度应用缩放因子。

14.10 JavaFX 综合案例

本节将介绍一个基于 JavaFX 的案例实现——用户登录界面的实现。这个案例给出了实现的源代码,在 NetBeans IDE 中编译、运行的结果,并对源代码实现所涉及的 API 与基本原理进行了分析与讨论。

用户登录界面的实现的源代码如下。

```
1.  package login;
2.  import javafx.application.Application;
3.  import javafx.event.ActionEvent;
4.  import javafx.event.EventHandler;
5.  import static javafx.geometry.HPos.RIGHT;
6.  import javafx.geometry.Insets;
7.  import javafx.geometry.Pos;
8.  import javafx.scene.Scene;
9.  import javafx.scene.control.Button;
10. import javafx.scene.control.Label;
11. import javafx.scene.control.PasswordField;
12. import javafx.scene.control.TextField;
13. import javafx.scene.layout.GridPane;
14. import javafx.scene.layout.HBox;
15. import javafx.scene.paint.Color;
16. import javafx.scene.text.Font;
17. import javafx.scene.text.FontWeight;
18. import javafx.scene.text.Text;
19. import javafx.stage.Stage;
20. public class Login extends Application {
21.     @Override
22.     public void start(Stage primaryStage) {
23.         primaryStage.setTitle("JavaFX Welcome");
```

```
24.         GridPane grid =new GridPane();
25.         grid.setAlignment(Pos.CENTER);
26.         grid.setHgap(10);
27.         grid.setVgap(10);
28.         grid.setPadding(new Insets(25, 25, 25, 25));
29.         Text scenetitle =new Text("Welcome");
30.         scenetitle.setFont(Font.font("Tahoma", FontWeight.NORMAL, 20));
31.         grid.add(scenetitle, 0, 0, 2, 1);
32.         Label userName =new Label("User Name:");
33.         grid.add(userName, 0, 1);
34.         TextField userTextField =new TextField();
35.         grid.add(userTextField, 1, 1);
36.         Label pw =new Label("Password:");
37.         grid.add(pw, 0, 2);
38.         PasswordField pwBox =new PasswordField();
39.         grid.add(pwBox, 1, 2);
40.         Button btn =new Button("Sign in");
41.         HBox hbBtn =new HBox(10);
42.         hbBtn.setAlignment(Pos.BOTTOM_RIGHT);
43.         hbBtn.getChildren().add(btn);
44.         grid.add(hbBtn, 1, 4);
45.         final Text actiontarget =new Text();
46.         grid.add(actiontarget, 0, 6);
47.         grid.setColumnSpan(actiontarget, 2);
48.         grid.setHalignment(actiontarget, RIGHT);
49.         actiontarget.setId("actiontarget");
50.         btn.setOnAction(new EventHandler<ActionEvent>() {
51.             @Override
52.             public void handle(ActionEvent e) {
53.                 actiontarget.setFill(Color.FIREBRICK);
54.                 actiontarget.setText("Sign in button pressed");
55.             }
56.         });
57.         Scene scene =new Scene(grid, 300, 275);
58.         primaryStage.setScene(scene);
59.         primaryStage.show();
60.     }
61.     public static void main(String[] args) {
62.         launch(args);
63.     }
64. }
```

【执行结果】（见图 14-14）

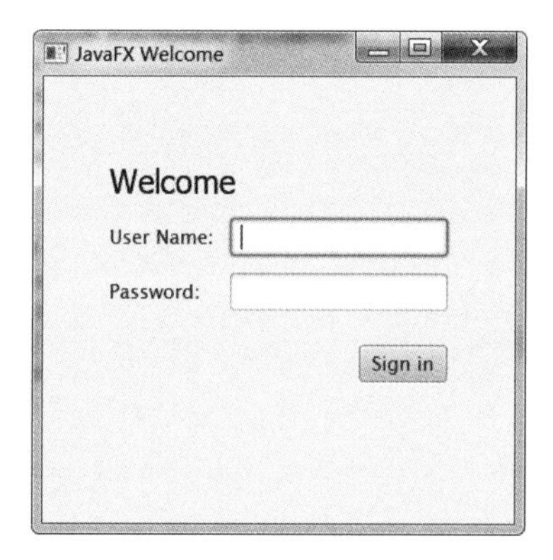

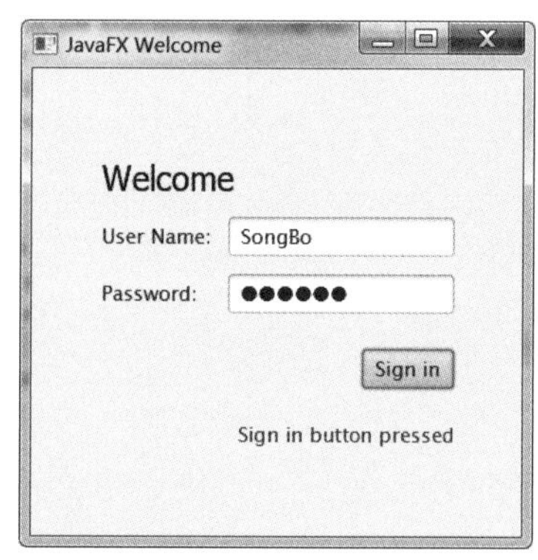

图 **14-14**　案例 **1** 的执行结果

【分析讨论】

- 第 21～60 句，重写了 JavaFX 的生命周期方法 start()。第 23 句设置了舞台的标题，第 24 句创建了一个 GridPane 对象，第 25 句设置为居中对齐，第 26～27 句设置了 grid 对象的水平与垂直间距，第 28 句设置了填充区的大小。
- 第 29 句创建了一个场景标题对象，第 30 句设置了场景标题的字体，第 31 句将场景标题添加到 GridPane 中指定的位置，第 32 句创建了一个标签对象，其值为"User Name:"，第 33 句将其添加到 GridPane 中。第 34 句创建了一个文本域对象，第 35 句将其添加到 GridPane 中。第 36 句创建了一个标签对象，其值为"Password:"，第 37 句将其添加到 GridPane 中指定的位置。第 38 句创建了一个口令域对象，第 39 句将其添加到 GridPane 中指定的位置。第 40 句创建了一个按钮对象，其值为"Sign in:"。第 41 句创建了一个 HBox 对象，第 42 句将其设置为向右对齐。第 43 句得到添加到 hbBtn 对象中的 btn，第 44 句将其添加到 GridPane 中指定的位置。
- 第 45 句创建了一个文本域对象 actiontarget，第 46 句将其添加到 GridPane 中指定的位置。第 47 句设置 GridPane 为 2 列。第 48 句设置其为右对齐。第 49 句设置 actiontarget 为当前 id。第 50～56 句为动作事件响应程序。
- 第 57 句在指定坐标位置创建一个包含 GridPane 的场景图。第 58 句设置舞台以及它的场景。第 59 句显示舞台及它的场景。第 62 句通过 launch()方法启动 JavaFX 程序。

14.11　本章小结

JavaFX 提供了一个强大的、流线化且灵活的框架，简化了视觉效果出色的 GUI 的开发。本章比较详细地对 JavaFX 进行了分析与讨论。JavaFX 的提出是为了取代 Swing，并被定位于未来的开发平台。预计未来几年，JavaFX 将会逐渐取代 Swing 并应用到新的项目中，因此，任何 Java 程序员都应该重视 JavaFX 的应用开发。

第15章 JavaFX Media 程序设计

Internet 上媒体内容的活跃度持续增长，使得视频和音频已经成为富 Internet 应用的重要组成部分。如果能够充分利用 JavaFX 的多媒体功能，就可以极大地拓宽传统媒体的使用范围。JavaFX 多媒体的功能可以通过 Java API 实现，JavaFX 场景 Media 包使得开发人员能够创建媒体应用程序，并在桌面窗口或支持的平台上的网页中提供媒体播放功能。本章将通过一个实际的案例，介绍 JavaFX Media 程序设计方面的知识。

15.1 JavaFX 支持的媒体编解码器

JavaFX 媒体功能支持的操作系统和 Java 运行时环境(JRE)与认证系统配置页面中列出的相同。有兴趣的读者可以详见以下两个网络链接的详细信息。

(1) https://docs.oracle.com/en/java/javase/17/install/overview-jdk-installation.html;

(2) https://www.oracle.com/java/technologies/javase/products-doc-jdk17certconfig.html。

JavaFX 支持以下的媒体编解码器格式。

- 音频：MP3——未压缩 PCM 的 AIFF；未压缩 PCM 的 WAV；带有高级音频的 MPEG-4 多媒体容器；编码(AAC)音频。
- 视频：VP6 视频和 MP3 音频的 FLV；带有 H.264/AVC(高级视频编码)视频压缩的 MPEG-4 多媒体容器。

FLV 容器由 JavaFX SDK 支持的平台上的媒体堆栈支持。以这种格式编码的单个电影可以在受支持的平台上无缝工作。服务器端需要标准 FLV MIME 设置才能启用媒体流。所有操作系统都支持 MPEG-4。多媒体容器也是由 JavaFX SDK 支持的。

在 Mac OS X 和 Windows 7 平台上，播放功能正常而无须额外软件。但是，Linux 操作系统和早于 Windows 7 的 Windows 版本需要安装第三方的软件包，如认证系统配置页面所述，该页面链接自 Java SE 下载页面 http://www.oracle.com/technetwork/java/javase /downloads/。AAC 和 H.264/AVC 解码具有特定的平台相关限制，如发布说明中所述 http://ww w.oracle.com/technetwork/java/javase/downloads/。

某些音频和视频压缩类型的解码依赖于特定于操作系统的媒体引擎。JavaFX 媒体框架不会尝试处理这些本机引擎支持的所有多媒体容器格式和媒体编码。相反，该框架试图在支持 JavaFX 的所有平台上提供同等且经过良好测试的功能。JavaFX 媒体堆栈支持的一些功能如下。

- 带有 MP3 和 VP6 的 FLV 容器。
- MP3 音频。
- 带有 AAC 和/或 H.264 的 MPEG-4 容器。
- HTTP，文件协议。
- 渐进式下载。
- 搜索。
- 缓冲进度。
- 播放功能(播放、暂停、停止、音量、静音、平衡、均衡器)。

15.2 HTTP 实时流媒体支持

通过添加 HTTP 实时流媒体支持，可以下载播放列表文件，并使用 JavaFX Media 播放视频或音频片段。媒体播放器现在可以根据播放列表文件中指定的网络条件切换到备用流。对于给定的流，有一个播放列表文件和一组片段，流被分解成多个片段。该流可以是 MP3 原始流，也可以是包含多路 AAC 音频和 H.264 视频的 MPEG-TS。当流是静态文件时，可以按需播放流，或者当流实际上是实时时，可以实时播放流。在这两种情况下，流可以调整其比特率，对于视频，其分辨率可以调整。

15.3 创建 Media Player

JavaFX 媒体的概念基于以下实体。

- 媒体——一种媒体资源，包含有关媒体的信息，如其来源、分辨率和元数据。
- MediaPlayer——提供播放媒体控件的关键组件。
- MediaView——一个支持动画、半透明和效果的节点对象，媒体功能的每个元素都可以通过 JavaFX API 获得。

图 15-1 显示了主流在 javafx.scene.media 包中的类。这些类相互依赖并结合使用，以创建嵌入式媒体播放器。

MediaPlayer 类提供了控制媒体播放所需要的所有属性和功能。用户可以设置自动播放模式，直接调用 play()方法，或明确指定媒体应播放的次数。音量变量和平衡变量可分别用于调整音量水平和左右设置。音量范围为 0～1.0(最大值)。平衡范围从最左边的

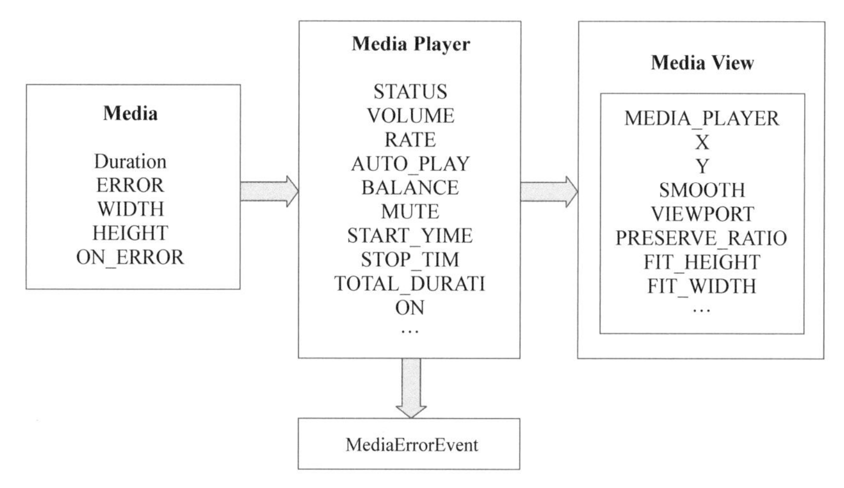

图 15-1 javafx.scene.media Package 中的类

—1.0、中间的 0 和右边的 1.0 连续。play()、stop()和 pause()方法控制媒体播放。此外，当用户执行以下操作之一时，一组方法处理特定的事件。

- 缓冲数据。
- 到达媒体的尽头。
- 暂停，因为它接收数据的速度不够快，无法继续播放。
- 遇到 MediaErrorEvent 类中定义的任何错误。

MediaView 类扩展了 Node 类，并提供了媒体播放器正在播放的媒体视图。它主要负责效果和转换。其 mediaPlayer 实例变量指定播放媒体的 mediaPlayer 对象。其他布尔属性用于应用节点类提供的特定效果，例如，使媒体播放器能够旋转。

15.4 将媒体嵌入 Web Page

本节将探讨如何通过创建一个简单的媒体面板将动画媒体内容添加到 Web Page 中。要创建媒体播放器，需要实现如图 15-2 所示的 3 个嵌套对象的结构。

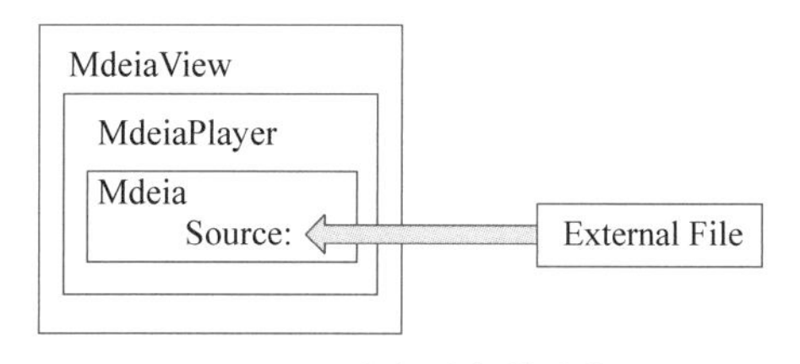

图 15-2 嵌套对象的结构

可以使用为创建 Java 应用程序而设计的任何开发工具构建 JavaFX 应用程序。本书使用的工具是 NetBeans IDE 12.5。在继续构建使用 JavaFX 媒体功能的本文档示例应用程序之前，应当具备以下知识。

(1) 从 Java SE 下载页面下载并安装 JDK 9 和 NetBeans IDE 12.5 版本。

(2) 参阅第 14 章的内容，能够创建 JavaFX 应用程序。

15.5　创建 JavaFX 应用

在 NetBeans IDE 中，按照如下方式创建与设置 JavaFX 项目。

(1) 从 File 菜单中选择 New Project 命令。

(2) 在 Categories 区域选择 Java With ANT，在 Projects 区域选择 JavaFX Application，单击 Next 按钮。

(3) 将项目命名为 EmbeddedMediaPlayer，并确保创建应用程序类字段的值为 EmbeddedMediaPlayer——嵌入式媒体播放器，最后单击 Finish 按钮，如图 15-3 所示。

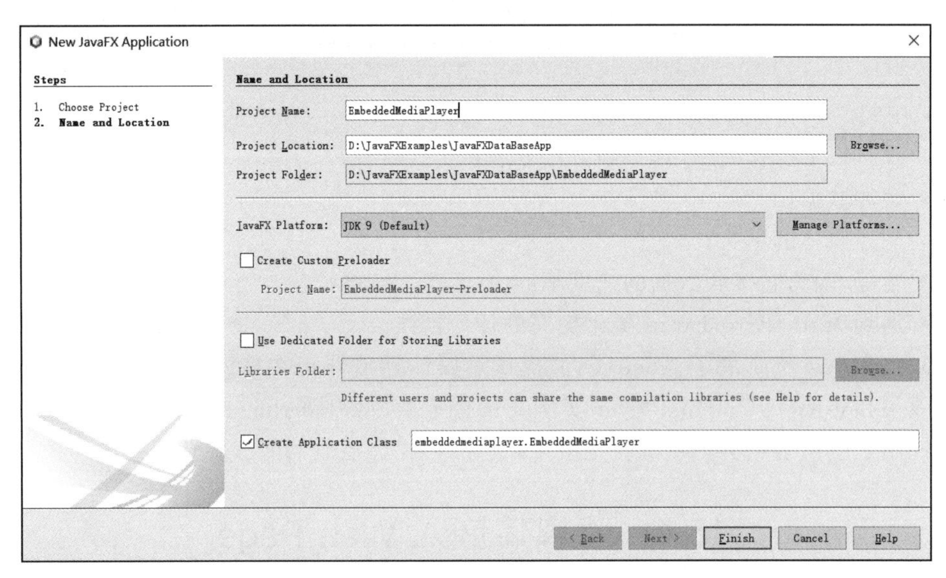

图 15-3　创建 EmbeddedMediaPlayer 项目

(4) 复制示例 Example-1 中的导入语句，并将它们粘贴到 EmbeddedMediaPlayer.java 文件中，替换 NetBeans IDE 自动生成的所有导入语句。

```
Example-1 Replace Default Import Statements
import javafx.application.Application;
import javafx.scene.Group;
import javafx.scene.Scene;
import javafx.scene.media.Media;
import javafx.scene.media.MediaPlayer;
import javafx.scene.media.MediaView;
import javafx.stage.Stage;
```

然后，在公共类 EmbeddedMediaPlayer 行之后添加如下所示的代码。

```
Example-2 Specify the Media File Source
```

```
public class EmbeddedMediaPlayer extends Application {
private static final String MEDIA _ URL = " http://flv4mp4. people. com. cn/
videofile7/pvmsvideo/2022/3/24/ SiChuan - YuanHanLing _d9ff144650e1f307f7d215
82da79d0ff_ms_hd.mp4";
```

(5) 修改 start()方法，使其看起来像 Example-3。这将创建一个具有组根节点和 540 宽乘 210 高的维度的空场景。

```
Example-3 Modify the start Method
    @Override
    public void start(Stage primaryStage) {
        primaryStage.setTitle("Embedded Media Player");
        Group root =newGroup();
        Scenescene =new Scene(root, 540, 210);
        primaryStage.setScene(scene);
        primaryStage.sizeToScene();
        primaryStage.show();
    }
```

(6) 现在，通过在 primaryStage 之前添加示例 Example-4 中的代码定义媒体和 MediaPlayer 对象。设置场景的行，将 autoPlay 变量设置为 true，以便视频可以立即启动。

```
Example-4 Add media andmediaPlayer Objects
//创建 media 对象
Mediamedia =new Media(MEDIA_URL);
MediaPlayer mediaPlayer =new MediaPlayer(media);
mediaPlayer.setAutoPlay(true);
```

(7) 定义 MediaView 对象并将媒体播放器添加到基于节点的查看器中，方法是复制示例 Example-5 中的注释和两行代码，并将其粘贴到 mediaPlayer 之后。设置自动播放(真)行。

```
Example-5 Define MediaView Object
//创建 media 视图并将 media 对象添加其中
MediaViewmediaView =new MediaView(mediaPlayer);
((Group)scene.getRoot()).getChildren().add(mediaView);
```

(8) 右击任意空白外，然后从弹出的快捷菜单中选择“格式”命令以修复后的行格式添加代码行。

(9) 在项目窗格中右击 EmbeddedMediaPlayer 项目节点，然后从弹出的快捷菜单中选择清洁和构建。

(10) 成功构建后，右击项目节点，然后从弹出的快捷菜单中选择 Run 命令运行应用程序。

15.6 控制媒体播放

本节将创建一个功能齐全的媒体播放器，其中包含控制播放的图形用户界面元素。要创建媒体播放器，需要实现3个嵌套媒体对象的结构，对图形控件进行编码，并为播放功能添加一些逻辑，如图15-4所示。

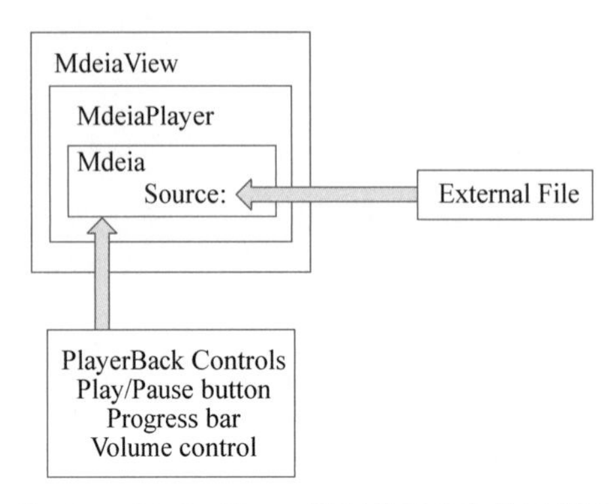

图 15-4 Media Player 控制按钮的结构示意图

添加的媒体控制面板由3个元素组成：播放按钮、进度和音量控制。

15.7 创建控件

本节将创建一个新的JavaFX文件MediaControl.java，它包含用于播放/暂停、进度和音量功能的窗格和UI控件。

(1) 在NetBeans IDE中将EmbeddedMediaPlayer作为主项目打开，创建一个新的JavaFX文件并将其添加到项目中。

① 按快捷键Ctrl+N或从IDE的主菜单中选择"文件"→"新建文件"命令。

② 选择类别JavaFX和文件类型JavaFX主类，单击"下一步"按钮。

③ 在"名称和位置"对话框中，在"类名"字段中输入MediaControl。

④ 在Package字段中，从下拉列表中选择EmbeddedMediaPlayer，然后单击Finish按钮。

(2) 在MediaControl中的Java源文件，删除包EmbeddedMediaPlayer行后的所有import语句。

(3) 将示例Example-6中所示的导入语句添加到文件顶部。

```
Example-6 Import Statements to Add
import javafx.scene.control.Label;
import javafx.scene.control.Slider;
import javafx.scene.layout.BorderPane;
import javafx.scene.layout.HBox;
import javafx.scene.layout.Pane;
```

```
import javafx.scene.media.MediaPlayer;
import javafx.scene.media.MediaView;
import javafx.util.Duration;
```

(4) 复制并粘贴示例 Example-7 中的代码行,以创建控制按钮。

```
Example-7 Add MediaControl Class Code
public class MediaControl extends BorderPane {
private MediaPlayer mp;
private MediaView mediaView;
private final boolean repeat =false;
private boolean stopRequested =false;
private boolean atEndOfMedia =false;
private Duration duration;
private Slider timeSlider;
private Label playTime;
private Slider volumeSlider;
private HBox mediaBar;
public MediaControl(final MediaPlayer mp) {
this.mp =mp;
setStyle("-fx-background-color: # bfc2c7;");
mediaView =new MediaView(mp);
PanemvPane =new Pane() {
};
mvPane.getChildren().add(mediaView);
mvPane.setStyle("-fx-background-color: black;");
setCenter(mvPane);
}
}
```

(5) 复制示例 Example-8 中的代码行,并将其粘贴到显示 setCenter(mvPane)的行之后。此代码添加了媒体工具栏和播放按钮。

```
Example-8 Add Media Toolbar and Play Button
mediaBar =new HBox();
mediaBar.setAlignment(Pos.CENTER);
mediaBar.setPadding(new Insets(5, 10, 5, 10));
BorderPane.setAlignment(mediaBar, Pos.CENTER);
final Button playButton =new Button(">");
mediaBar.getChildren().add(playButton);
setBottom(mediaBar);
}
}
```

(6) 将示例 Example-9 中所示的导入语句添加到导入语句列表的顶部。

```
Example-9 Add More Import Statements
```

```
import javafx.geometry.Insets;
import javafx.geometry.Pos;
import javafx.scene.control.Button;
```

(7) 将剩余的UI控件添加到控制窗格中。将示例Example-10中的代码行放在mediaBar之后。

```
Example-10 Add the Rest of the UI Controls
//添加间隔线
Label spacer =newLabel(" ");
mediaBar.getChildren().add(spacer);
//添加Time标签
LabeltimeLabel =new Label("Time: ");
mediaBar.getChildren().add(timeLabel);
//添加time滚动条
timeSlider =new Slider();
HBox.setHgrow(timeSlider,Priority.ALWAYS);
timeSlider.setMinWidth(50);
timeSlider.setMaxWidth(Double.MAX_VALUE);
mediaBar.getChildren().add(timeSlider);
//添加Play标签
playTime =new Label();
playTime.setPrefWidth(130);
playTime.setMinWidth(50);
mediaBar.getChildren().add(playTime);
//添加volume标签
LabelvolumeLabel =new Label("Vol: ");
mediaBar.getChildren().add(volumeLabel);
//添加Volume滚动条
volumeSlider =new Slider();
volumeSlider.setPrefWidth(70);
volumeSlider.setMaxWidth(Region.USE_PREF_SIZE);
volumeSlider.setMinWidth(30);
mediaBar.getChildren().add(volumeSlider);
```

(8) 在文件顶部添加更多的导入语句,如示例Example-11所示。

```
Example-11 Add More Import Statements
import javafx.scene.layout.Priority;
import javafx.scene.layout.Region;
```

15.8 添加逻辑功能代码

创建所有控件并将其添加到控制面板,之后添加功能逻辑以管理媒体播放并使应用程序具有交互性。

（1）为“播放”按钮添加事件处理程序和侦听器。将示例Example-12中的代码行复制并粘贴到最后一行按钮playButton＝new Button("＞")之后，以添加(播放按钮)行。

```
Example-12 Add Play Button's Event Handler and Listener
playButton.setOnAction(new EventHandler<ActionEvent>() {
    public void handle(ActionEvent e) {
        Statusstatus =mp.getStatus();
        if(status ==Status.UNKNOWN || status ==Status.HALTED) {
            return;
        }
        if(status ==Status.PAUSED
            ||status ==Status.READY
            ||status ==Status.STOPPED)
        {
            if(atEndOfMedia) {
            mp.seek(mp.getStartTime());
            atEndOfMedia =false;
        }
        mp.play();
    } else
        mp.pause();
    }
});
```

（2）从示例Example-10中添加的代码所使用的导入语句可以事先添加，以避免出错。但这一次要消除所有标记的错误，须按快捷键Ctrl＋Shift＋I或右击任意位置，从弹出的快捷菜单中选择“修复导入”命令。从“修复所有导入”对话框中选择javafx，场景媒体MediaPlayer，状态javafx，事件ActionEvent和javafx。事件从下拉菜单中选择EventHandler，之后单击OK按钮。

（3）在示例Example-10中添加代码行之后，在显示的mediaBar代码行之前添加以下代码行，此代码将处理侦听器。

```
Example-13 Add Listener Code
mp.currentTimeProperty().addListener(new InvalidationListener() {
    public void invalidated(Observable ov) {
        updateValues();
    }
});
mp.setOnPlaying(new Runnable() {
    public void run() {
        if(stopRequested) {
            mp.pause();
            stopRequested =false;
        } else {
```

```
                playButton.setText("||");
            }
        }
    });
    mp.setOnPaused(new Runnable() {
        public void run() {
        System.out.println("onPaused");
        playButton.setText(">");
    }
    });
    mp.setOnReady(new Runnable() {
        public void run() {
            duration =mp.getMedia().getDuration();
            updateValues();
        }
    });
    mp.setCycleCount(repeat ? MediaPlayer.INDEFINITE : 1);
    mp.setOnEndOfMedia(new Runnable() {
        public void run() {
        if(!repeat) {
            playButton.setText(">");
            stopRequested =true;
            atEndOfMedia =true;
        }
      }
    });
```

注意：出现的错误将通过在接下来的步骤中添加更多的代码来修复。

(4) 通过在显示timeSlider的行后添加以下代码片段，为时间滑块添加侦听器。设置MaxWidth(Double.MAX值)，并在表示mediaBar的行之前添加时间滑块。

```
Example-14 Add Listener for Time Slider
timeSlider.valueProperty().addListener(new InvalidationListener() {
  public void invalidated(Observable ov) {
    if(timeSlider.isValueChanging()) {
      mp.seek(duration.multiply(timeSlider.getValue()/100.0));
    }
  }
});
```

(5) 通过在volumeSlider行之后添加以下代码片段，为音量滑块控件添加侦听器。

```
Example-15 Add Listener for the Volume Control
volumeSlider.valueProperty().addListener(new InvalidationListener() {
  public void invalidated(Observable ov) {
    if(volumeSlider.isValueChanging()) {
```

```
            mp.setVolume(volumeSlider.getValue()/100.0);
          }
        }
      });
```

(6) 创建播放控件使用的方法 updateValues()，将其添加到 public MediaControl() 方法之后。

```
Example-16 Add UpdateValues Method
protected void updateValues() {
    if(playTime !=null && timeSlider !=null && volumeSlider !=null) {
      Platform.runLater(new Runnable() {
      public void run() {
        DurationcurrentTime =mp.getCurrentTime();
        playTime.setText(formatTime(currentTime, duration));
        timeSlider.setDisable(duration.isUnknown());
        if(!timeSlider.isDisabled() && duration.greaterThan(Duration.ZERO) &&
        !timeSlider.isValueChanging()) {
          timeSlider.setValue(currentTime.divide(duration).toMillis() * 100.0);
        }
        if(!volumeSlider.isValueChanging()) {
          volumeSlider.setValue((int)Math.round(mp.getVolume() * 100));
        }
      }
    });
  }
}
```

(7) 在 updateValues()方法之后添加私有方法 formatTime()。formatTime()方法用来计算媒体播放所用的时间并将其格式化，以显示在控件工具栏上。

```
Example-17 Add Method for Calculating Elapsed Time
private static String formatTime(Duration elapsed, Duration duration) {
    int intElapsed = (int)Math.floor(elapsed.toSeconds());
    int elapsedHours =intElapsed/(60 * 60);
    if(elapsedHours >0) {
      intElapsed -=elapsedHours * 60 * 60;
    }
    int elapsedMinutes =intElapsed/60;
    int elapsedSeconds =intElapsed -elapsedHours * 60 * 60 -elapsedMinutes * 60;
    if(duration.greaterThan(Duration.ZERO)) {
      int intDuration = (int)Math.floor(duration.toSeconds());
      int durationHours =intDuration/(60 * 60);
      if(durationHours >0) {
        intDuration -=durationHours * 60 * 60;
      }
```

```
        int durationMinutes =intDuration/60;
        int durationSeconds =intDuration -durationHours * 60 * 60
        -durationMinutes * 60;
        if(durationHours >0) {
          return String.format("%d:%02d:%02d/%d:%02d:%02d",elapsedHours,
          elapsedMinutes, elapsedSeconds, durationHours, durationMinutes,
          durationSeconds);
        } else {
          return String.format("%02d:%02d/%02d:%02d", elapsedMinutes,
          elapsedSeconds,durationMinutes, durationSeconds);
        }
      } else {
        if(elapsedHours >0) {
          return String.format("%d:%02d:%02d", elapsedHours, elapsedMinutes,
          elapsedSeconds);
        } else {
          return String.format("%02d:%02d",elapsedMinutes, elapsedSeconds);
      }
    }
  }
```

15.9 修改EmbeddedMediaPlayer.java代码

要添加控件，请修改EmbeddedMediaPlayer。

(1) 复制示例Example-18中的代码行，并将其粘贴到mediaPlayer后面。设置自动播放(真)行。

```
Example-18 Add the Source Code to Create MediaControl Object
MediaControl mediaControl =new MediaControl(mediaPlayer);
scene.setRoot(mediaControl);
```

(2) 删除示例Example-19中显示的3行，这3行之前创建了mediaView和mediaPlayer对象。

```
Example-19 Delete Lines of Code
//创建 media 视图并将 media 对象添加其中
MediaViewmediaView =new MediaView(mediaPlayer);
((Group)scene.getRoot()).getChildren().add(mediaView);
```

(3) 删除MediaView:import的导入语句import javafx.scene.media.MediaView。

(4) 调整场景高度的大小，以适应媒体的添加控制。

```
Example-20 Change the Scene's Height
Scenescene =new Scene(root, 540, 241);
```

编译并运行 EmbeddedMedia，现在构建在 15.8 节中刚刚创建的应用程序并运行它。

（1）右击 EmbeddedMediaPlayer 项目节点，从弹出的快捷菜单中选择 Clean and Build 命令。

（2）如果没有生成错误，请再次右击该节点并从弹出的快捷菜单中选择“运行”命令，结果如图 15-5 所示。

图 15-5　媒体播放器运行结果画面

EmbeddedMediaPlayer.Java 的完整源代码如下。

```
package embeddedmediaplayer;
import javafx.application.Application;
import javafx.scene.Group;
import javafx.scene.Scene;
import javafx.scene.media.Media;
import javafx.scene.media.MediaPlayer;
import javafx.scene.media.MediaView;
import javafx.stage.Stage;
public class EmbeddedMediaPlayer extends Application {
    private static final String MEDIA_URL = "http://flv4mp4.people.com.cn/
videofile7/pvmsvideo/2022/3/24/ SiChuan - YuanHanLing _ d9ff144650e1f307f7d21
582da79d0ff_ms_hd.mp4";
    @Override
    public void start(Stage primaryStage) {
        primaryStage.setTitle("Embedded Media Player");
        Group root =newGroup();
        Scenescene =new Scene(root, 540, 210);
        //create media player
        Mediamedia =new Media(MEDIA_URL);
        MediaPlayer mediaPlayer =new MediaPlayer(media);
        mediaPlayer.setAutoPlay(true);
        //createmediaView and add media player to the viewer
        MediaViewmediaView =new MediaView(mediaPlayer);
        ((Group)scene.getRoot()).getChildren().add(mediaView);
        primaryStage.setScene(scene);
```

```
        primaryStage.sizeToScene();
        primaryStage.show();
    }
    /**
     * @param args the command line arguments
     */
    public static void main(String[] args) {
        launch(args);
    }
}
```

15.10 本章小结

随着Internet上媒体内容的活跃度持续增长，视频和音频已经成为富Internet应用的重要组成部分。充分利用JavaFX多媒体功能，能够极大地拓宽传统媒体的使用范围。本章通过一个实例，分步骤详细介绍了JavaFX Media程序设计方面的知识。

参考文献

[1] 宋波. Java应用开发教材[M]. 北京：电子工业出版社，2002.

[2] 宋波，懂晓梅. Java应用设计.[M] 北京：人民邮电出版社，2002.

[3] 宋波. Java Web应用与开发教程[M]. 北京：清华大学出版社，2006.

[4] 宋波，刘杰，杜庆东. UML面向对象技术与实践[M]. 北京：科学出版社，2006.

[5] 埃克尔. Java编程思想[M]. 4版. 陈昊鹏译. 北京：机械工业出版社，2007.

[6] 刘斌，费冬冬，丁薇. NetBeans权威指南[M]. 北京：电子工业出版社，2008.

[7] 宋波. Java程序设计——基于JDK 6和NetBeans实现[M]. 北京：清华大学出版社，2011.

[8] Raoul-Gabriel Urma，等. Java 8实战[M]. 北京：人民邮电出版社，2016.

[9] Raoul-Gabriel Urma，等. Java 8实战[M]. 北京：人民邮电出版社，2016.

[10] 千锋教育高教产品研发部. Java语言程序设计[M]. 2版. 北京：清华大学出版社，2017.

[11] 赫伯特 · 希尔德特. Java 9编程参考官方大全[M]. 10版. 北京：清华大学出版社，2018.

[12] 林信良. Java学习笔记[M]. 北京：清华大学出版社，2018.

[13] 关东升. Java编程指南[M]. 北京：清华大学出版社，2019.

[14] 凯 · S.霍斯特曼. Java核心技术 卷Ⅰ基础知识[M]. 11版. 北京：机械工业出版社，2019.

[15] Kishori Sharan. Learn JavaFX 8：Building User Experience and Interfaces with Java 8[M]. Apress，2015.